JN133424

生命科学の実験デザイン［第4版］

G. D. ラクストン／N. コルグレイヴ［著］

麻生一枝／南條郁子［訳］

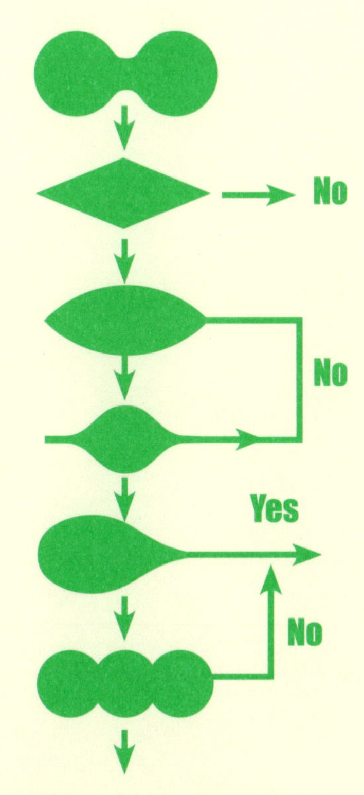

Experimental Design for the Life Sciences, 4th Ed.

Graeme D. Ruxton & Nick Colegrave

名古屋大学出版会

キャサリン，アメリー，アイラ，そしてウィリアムへ

Experimental Design for the Life Sciences, 4th Ed.
by Graeme D. Ruxton and Nick Colegrave

はじめに

本書を読むべき理由

ほんの少し努力すれば（本書は薄い），より良い実験がデザインできるようになる．より良い実験がデザインできれば，人生はもっと豊かになり，幸せになり，おそらくもっと楽になる！　何と言っても，理論を検証するためにデータをとることは，科学の本質そのものだ．

あなたがどんな科学者を目指しているにせよ，自分で良い実験をデザインできることと，他の科学者の実験の価値を見極められることは，どうしても必要な条件である．だから，実験デザインなんてどうでもいい，などと自分をごまかしてはいけない．あなたが今まで一度も実験をデザインしたことがなかろうが，もう結構長い間やってきたのであろうが，本書には，あなたがもっと自信をもってデータ採取の仕方をデザインし，評価することができるようになるためのアイデアが詰まっている．

実験デザインなんて，むやみに難しい応用数学の練習問題みたいなもので，自分の力ではとても無理だ，などと思い込んではいけない．本書をぱらぱらめくってみてほしい．数式と呼べるものはほとんどない．第4版まで版を改めるたびに，説明もできる限りわかりやすいものにしてきたつもりだ．本書を読めば，間違いなく中身を理解できるし，そのおかげでより良い科学者になれるだろう．

逆に，実験デザインは簡単だから，わざわざ本書を読むまでもない，と考えるのは危険なことだ．仮にそれが本当だとしたら，実験デザインで基本的な間違いをしたせいで低い点数を付けられた学生の実験レポートや，同じ理由で学術誌に載らなかったプロの科学者の論文原稿が，世界中にゴミのように散らかっているはずがない．

本書を読めば，今後の科学者人生において，より少ない時間と，より少ない予算と，よりシンプルな統計法を使って，より興味深い問いに，より明確に答えられる実験をデザインできるようになる．それればかりか，どんな科学論文を読み，どんな科学発表を聞いても，そこからより多くのことを学べるようになるだろう．その結果，あなたはより良い科学者となり，より幸せな人間になる．とすると，本当に問うべきことは，本書を読むべきではない理由とはいったい何なのか，である．

本書を読むべきでない理由

統計の本が欲しいなら，本書を選ぶべきではない．本書全体を通じて，実験デザインと統計解析のつながりを考えていることは事実だが，いわゆる統計学について教えている部分は非常に少ない．また，可能な実験デザインを網羅した百科事典的なものが欲しいなら，その期待にも応えられない．そんな本を書いたら，本書の少なくとも 10 倍の厚さになるだろう．本書でわたしたちがしていることは，すべての実験デザインに共通する根本的なものの考え方を理解してもらうことと，専門用語をわかりやすく導入することである．これらの専門用語が頭に入っていれば，今後，複雑なデザインについて書かれた本や論文を読むときに役立つはずだ．しかし，本書ではもっぱら比較的単純なデザインを詳しく扱う．この「単純」とは「程度が低い」という意味ではない．超一流の科学雑誌の最新号に載っている論文でも，本書で扱っている以上に込み入ったデザインの実験はしていない．それに，ほとんどの科学者は，科学者人生の全体を通じて，そのように込み入った実験をする必要に迫られることもない．

なぜ，さらに版を改める必要があったのか

実を言うと，いくつかの誤植を除けば，これまでのどの版にも大きな間違いはない．新しい版を出すたびに，読者からのフィードバックに答えるとともに，著者たち自身の科学者としての成長にもとづき，実験デザインの基本的概念の伝え方を改善してきた．今回の改訂は，前の 2 回に比べ，はるかに大がかりなものになっている．実験デザインの異なる側面どうしのつながりをより効果的に示すために，思い切って構成を変え，書き直した．これにより本書は，焦点の定まった問いに素早く答を見つけるために役立つと同時に，実験デザインの

包括的な考え方をしっかり理解するためにも役立つ本になったと思う．このような観点から，著者としては，本書を少なくとも一度は最初から最後まで通して読んでほしい．そして，そのあと，必要に応じて拾い読みするようにしてほしい．

学習のための機能

重要な定義

実験デザインと統計解析には，たくさんの専門用語がある．本書はこれらの用語を避けようとはしていない．むしろ，意図的に，できる限り多くの専門用語を導入するようにした．何度も目にするうちに，読者がいつのまにか専門用語になじみ，使い，理解できるようになることを期待している．また，そうなれば，実験デザインについてのより進んだ教科書や科学論文を読むときの気おくれも少なくなるはずだ．読者が専門用語の地雷域をより楽に通れるように，定義をあたえる重要な用語の数を増やし，定義そのものもより詳しくした．重要な語句は基本的に初出箇所で太字で示し，その近くで明確な定義をあたえている．

統計コラム

良い実験デザインと統計法との重要なつながりを強調するため，統計コラムをいくつか設けた．このコラムを読めば，デザインについて考えることが統計法について考えることにどんなに役立つかがわかり，その逆も同様にわかるはずである．統計コラムは，本文の中で統計法について考えることが特に有益だと思われる箇所に入っている（本文中でそのコラムを指示している）．

セルフチェック問題

実験デザインについて熟考すればするほど，しっかりした実験を容易にデザインできるようになる．本書を読むときにもじっくり考えてもらうために，各章にセルフチェック用の問題を入れておいた．正答と誤答がはっきり分かれるような単純な問題は少ないが，解答例を本書の末尾に載せてある．

重要なメッセージ

理解を固めてもらうために，ほとんどの節の終わりに，その節の重要事項を要約した．次の節に進む前に一瞬立ち止まり，節の内容を理解したかどうかを，一通りチェックしてみてほしい．

コラムとオンライン補足資料

最初から最後まで読み通すことのできる本にするため，不必要に細かいことは本文に書かないように努めた．しかし，細かい説明や多くの例を示したほうが概念をより良く理解できると思われる箇所では，別にコラムを設けた．一方，（著者にとっては）非常におもしろいが，読者全員に関係があるとは必ずしもいえない題材は，本文には含めず，補足資料として本書のウェブサイト（www.oxfordtextbooks.co.uk/orc/ruxton4e/）に載せておいた．その内容については脚注で適宜言及した．

章の概略

ほとんどの章の初めに，その章で扱う主な内容の概略を示した．これを読めば，何を学ぶのか，あらかじめ頭に入れておくことができる．後々，必要に応じて拾い読みするときの助けにもなるだろう．

章のまとめ

各章の最後に，その章で扱った内容の要点を列挙した．これらを読めば，その章で学ぶべきことをすべて学んだかどうか，確認できるはずだ．あやふやなところがあったら，前に戻って該当の節を読み直してほしい．

フローチャート

実験を実際にデザインする過程は，研究によって大きく異なるはずである．しかし，デザインの過程には，すべてとは言わないまでも，ほとんどの研究に当てはまる重要な段階がある．本書の最後には，これら主要な段階をフローチャートにまとめ，図に沿ってデザインの流れを辿っていけるようにした．図中の各ステップには，それと最も関係の深い節や小節の番号を記してある．

第4版の謝辞

本書とかかわってきた15年間，かぞえきれないほど多くの学生や同僚から率直なフィードバックをもらい，他のかぞえきれないほど多くの人々のおかげで，実験デザインについての考えをよりシャープにすることができた．それらの人々の名前はここには挙げないが，本書のどこかにあなたの影響の跡を見つけたら，わたしたちが深く感謝していることを信じてほしい．たとえ直接的な影響の跡が見つからなくても，実験デザインについて，また，考えをどう伝えるかについて，一生懸命考えるきっかけを作ってくれたすべての人々に，心から感謝している．

オックスフォード大学出版局の編集スタッフ（直近ではジェシカ・ホワイト）は，こちらが求めればいつでも快く支援の手を差し伸べてくれた．制作スタッフ（直近ではトマス・ファービイ）は，いつも物静かに力量を発揮してくれた．ジュリアン・トマスは，学生っぽくオープンで気さくでありながら，徹底的な仕事をやってのける原稿整理編集者だ．

わたしたちは2人とも，勤務先の大学が学問の自由を重んじているおかげで，本書の執筆に多くの時間を費やすことができた．また，2人とも，友人と家族にも恵まれた．彼らは本書執筆のためのさまざまな要求を受け入れてくれたが，いつもそばにいて魅力的な口実を思いつき，わたしたちの生活が完全に執筆に呑み込まれるのを防いでくれた．

目　次

第 1 章

デザインはなぜ大切か

・本章ではまず，良い科学研究をデザインする方法を身につけるとどういう利益があるのか（1.1 節），身につけないとどういう害悪があるのか（1.2 節）を説明する．

・つぎに 1.3 節で，研究のデザインととったデータの解析法との関係について述べる．

・実験をデザインするとき，最も重要なポイントとなるのは，ランダムなばらつきと交絡因子をどう処理するかである．1.4 節ではこれらの概念について導入的な話をする．

・どんな研究でも，母集団について何かを知りたいときは，母集団からサンプルをとって，サンプルだけを測定するのが普通である．1.5 節では，本書で実験デザインの専門用語がどのように使われるかを知ってもらうための第一歩として，サンプルを構成する「もの」の呼び名について説明する．

1.1　実験デザインはなぜ必要か

全員がそうだとは限らないが，生命科学者は「実験デザイン」という言葉を見ると，安心して熟睡してしまうか，悲鳴をあげて逃げ出すかのどちらかである．実験デザインは，彼らの多くにとって，数学や統計学の授業の嫌な記憶を呼び起こすもので，たいていは，何だか難しいもの，統計学者にまかせるべきもの，と考えられているのだ．これは間違った考えである！　単純でも効果的な実験をデザインするのに，難しい数学は必要ない．それより実験デザインに関係するのは常識，生物学的な洞察力，そして念入りな計画である．ただ，そこで必要とされる常識は確かに特別な種類のものだし，いくつか基本的なルールもある．本書では，読者が効果的な実験デザインを考えられるようになることを目指しつつ，あまり苦痛を感じないですむ道を案内していきたいと思っている．

では，多くの生命科学者はなぜこうもデザインを考えるのを嫌がるのだろうか．その理由の一部はおそらく，実験のデザインに費やす時間があるなら，実験をするのに使ったほうが良い，と考えるのが楽だからだろう．とにかくわたしたちは生物学者なのだから，生物学に集中して，デザインや解析のことは統計学者に心配してもらおうじゃないか，というわけだ．このような態度から，2つのとんでもない思い込みが生まれてきた．これらは研究者の卵からベテランの大先生まで，あらゆる年齢層の生命科学者の口から聞くことができる．

思い込み1：どのようにデータをとるかは重要ではない．統計的な「応急処置」は必ずあるので，どのようにとったデータでも解析はできる．

もしこれが本当なら，どんなに素晴らしいことだろう．でも，残念ながらそうではない．

世の中には，かぞえきれないほど多くの統計検定が存在する．このため，どんな状況でもそれに合った検定が1つはあるに違いない，という誤った印象を抱きがちだ．しかし，統計検定と名のつくものには，必ずデータについて何らかの前提条件が設けられているので，データがまずその条件を満たさなければ，検定を適用する意味がない．それらの条件の中には，ごく少数の検定に特化されたきわめて特殊なものもある．もちろん，とったデータがそれらの条件を満たさなくても，データがもっている別の特徴を前提とする別の検定は見つかるかもしれない．だが，そちらの検定を使っても，最初に立てた問いとは別の問いへの答が出てくるだけだ．そして，その別の問いはほぼ確実に元の問いよりつまらないだろう（でなければ，なぜ最初にこちらの問いを立てなかったのかということになる）．それに，非常によく使われる統計検定の多くに共通する基本的な前提がいくつかあって，それらを無視するというなら危険を覚悟でやるしかない．たとえば，たいていの統計検定は，データが**独立データ点** independent data point と呼ばれるものから成っていることを前提としている（詳しいことは第5章で述べる）．とったデータがこの前提を満たしていなければ，使える統計検定は大幅に減ってしまうのだ．

独立データ点：independent data point
独立データ点は，互いに関連のない個体からとられたデータである．
ある個体の測定値がそのとりうる値の範囲内でどのあたりになるかについて，別の個体の測定値が何の手がかりもあたえないとき，それら2つの測定値は独立である．

このような結末は，最初に注意深くデザインしておくことで避けられる．それに，たいていの場合，注意深くデザインされた実験は，粗雑なデザインの実験にくらべて，より単純な統計解析法しか必要としない．だから，時間をかけて注意深くデザインすれば，あとになって必要以上に複雑な統計法を習うために膨大な時間を無駄にしなくてすむ．

実験で使う被験体のグループ（サンプルと呼ばれる）は，わたしたちが知りたいと思っているもっと大きな個体の集団（母集団と呼ばれる）を代表していなければならない．そのために大事なことは，サンプルを選ぶとき，サンプル内の個体どうしが何らかのつながりをもっていることがないように，つまり個体どうしが互いに独立であるように気をつけることだ．たとえば，人間の食の好みを調べているとき，同じ家族の5人から食の好みのデータをとっても，5つの独立データ点は得られないだろう．家族はたいてい長年食事を共にしてきているので，同じ家族の構成員どうしは，全くつながりのない二者どうしよりも，食の好みが似ていると考えられるからだ．同様に，同一人物から時間を置いて5回データをとっても，5つの独立データ点は得られない．ある人のある時点での好みは，もう少し時間が経ったときのその人の好みを知るための，有力な手がかりになる可能性が高

【問1.1】 刑務所に収容されている人々の中に，宗教の教えを実践している人と左利きの人がそれぞれどのくらいいるかを知りたいとき，どのような母集団からサンプルをとるか．

【問1.2】 前問で，とったサンプルに属する2人が，過去12ヵ月間，刑務所の同じ監房に入れられていたことがわかったとする．2人からとったデータは独立か．

いからだ．

思い込み 2：とにかくデータをたくさんとりさえすれば，何かしらおもしろい結果が出てくるし，非常に微妙な効果でさえも検出できる．

データでいっぱいのノートがあると安心だ．少なくとも，指導教授にそれを見せれば，あなたが頑張っていることを認めてもらえる．しかし，データの量は，データの質の代わりにはならない．少量でも注意深くとったデータは，強力な統計法で容易に解析できるし，そのようなデータからは生物学的に興味深い効果が検出できる可能性も高い．逆に，どんなにたくさんデータをとっても，質が悪ければ何の発見も得られないだろう．もっとつらいのは，それだけ多くのデータをとるためには，良質のより少ないデータをとるよりもはるかに多くの時間と資金を使わなければならないだろう，ということだ．

➡ **効果的な実験のデザインに必要なのは，数学の計算ではなく，生物学的な考察である．最初に注意深く実験をデザインしておけば，データを解析するときになって大量の汗をかいたり涙を流したりしなくてすむ．**

1.2　貧弱なデザインの害悪

1.2.1　時間と金の無駄遣い

効果的にデザインされていない実験からは，注ぎ込んだ資金と努力に見合わない結果が得られるのがせいぜいで，最悪の場合は何の成果も得られない．せっかくデータをとっても，解析する方法が見つからなかったり，あなたが立てた問いに答えるものでなかったりすれば，貴重な時間と実験材料を無駄にしてしまったことは明らかだ．だが，これほど重大な失敗でなくても，貧弱にデザインされた実験には，思うように効果があがらない原因が他にもいろいろある．

よくある誤解は，実験の規模は大きければ大きいほど良い，というものだ．

しかし，問いに効果的に答えるために本当に必要とするより多くのデータをとるのは，時間と金の無駄遣いである．逆に，ひどく時間のかかることが予想されたり，高価な消耗品が必要だったりすると，実験の規模をできるだけ小さくしたくなる．しかし，規模が小さすぎて，肝心の効果を検出できる可能性がほとんどないようでは，時間も金も節約したことにはならない．おそらくもう 1 回，今度はきちんと，実験をやり直さなければならなくなるからだ．このような問題は少し注意深く考えるだけで回避できる．そのやり方は後の章（とくに第 6 章）で見ることにしよう．

同様にありがちな間違いは，なぜそうするのかをよく考えもせずに，サンプルからできる限りさまざまな種類の測定値をとることだ．これは，ひいき目に見ても，多くの時間を費やして使い道のないデータをとっているとしか言えない．下手をすると，余計なデータにかまけて，自分の問いの解決にとって決定的に重要な情報を集めそこねているかもしれないし，本当に重要な情報の収集には十分な時間と集中力を使っていないかもしれない．欲張りは禁物だ．3 つの問いに当て推量で答えるより，1 つの問いに明確な答を出すことに集中しよう．

➡ **一刻も早く実験にとりかかりたい気持ちはわかるが，最初に時間をかけて実験の計画とデザインを練ることは，長い目で見れば時間と金の節約になる（それに言うまでもなく，あとで恥をかかずにすむ）．**

1.2.2　倫理の問題

粗雑なデザインの実験は，努力と資金の無駄遣いである．それだけでも十分悪いが，生命科学の場合は，実験に動物（または動物からとった材料）を頻繁に使うので，問題がいっそう複雑になる．実験は動物にとって大きなストレスになると考えられる．単に実験室に入れておく，野外で観察する，といったことだけでも十分ストレスになるだろう．したがって，実験デザインに細心の注意を払い，動物に引き起こすストレスと苦しみを絶対最小限に抑えるよう努力しなければならない．そこでよくやるのは，使う動物の数をできるだけ減らすことだが，ここでもやはり，意味のある結果が出てくることが見込まれるくらいの規模は確保しなければならない（第6章参照）．

何かの実験をしたいとき，方法はいくつもあることが多い．よく問題になるのは，複数の異なる処理を同一の個体に施すか，それとも異なる処理は別々の個体に施すか，ということだ．前者の場合，実験に使う動物の数は少なくてすむだろうが，個々の動物はより長いあいだ実験室に拘束され，より頻繁に人にさわられることになる．後者の場合，より多くの動物を使うことになるが，拘束時間と人にさわられる回数は少なくてすむ．どちらが良いのか，実験を始める前にじっくり比較検討し，動物の苦しみを最小限にする方法をとらなければならない．この種の問題については第10章でもっと詳しく考える．

倫理の問題は，室内で動物実験をする科学者だけに関係しているわけではない．野外実験も，実験者が環境に侵入することで，そこに棲む生き物たちに有害な影響を及ぼす可能性がある．そうは言ってもせいぜい研究対象の生物が影響を受けるだけだ，と思うかもしれない．しかしそれは根拠のない期待である．たとえば，山頂で地衣類のサンプルを集めれば，鳥の巣作りの邪魔になるかもしれない．それに，病原菌が採集用具に付着して，あちこちに運ばれてしまうかもしれない．このようなわけで，倫理は本書を通じて何度もくり返し現れるテーマとなるだろう．

➡ **劣悪な実験デザインで時とエネルギーを無駄遣いするのが愚かであることは言うまでもない．それに加えて，絶対に必要とされる以上に人や動物を苦しませたり，生態系を乱したりするのが言語道断であることは，どんなに強調してもしすぎることはない．**

1.3　実験デザインと統計解析法の関係

本書はデータの統計解析については詳しく述べない，と言ったら，読者はびっくりするかもしれない．著者がそう言うからには，統計検定は実験デザインにとって重要ではなく，それについては考えなくてもよいのだろうか．そんなことはない！　実験デザインと統計はじつは密接につながっていて，データをとる前から，データ解析のために使う統計法について考えておくことは不可欠だ．すでに述べたとおり，どの統計法も，それが解析できるデータの種類や，検証できる仮説の種類について，他の検定とは少し異なる前提条件を定めている．だから，統計検定をおこなうときは，あなたのとったデータを解析でき，あなたの検証したい仮説を調べられるとわかっている検定法を使うことが非常に重要である．これを確実にするための唯一の方法は，とり終わったデータをどのように解析するか，前もって決めておくことだ．本書では，統計の細部には立ち入らない代わりに，デザインする上で統計について考えることが決定的に重要なときは，そのことを強調して注意を促すことにしたい．

本書が統計に重点を置かない理由は2つある．そのひとつは単に，すぐれた統計学の本がすでに何冊かあって，どの検定にするか決める段になったら，それらを参照すればいいからだ（参考のために，著者たちが使った本を巻末に何冊か挙げてある）．しかし，もうひとつの理由のほうが重要で，著者たちの固い信念によれば，実験デザインというものは，あなたが使う統計検定をはるかに超えるものだからだ．このことは，細かく込み入った統計の議論の中で，とかく見失われがちな点である．実験をデザインするとは，とったデータの解析に使われる統計法の仕組みを知ることだけではない．それ以上に，科学的なものの考え方を学ぶことである．自分のデータに自信をもつことである．自分が測っていると思っているものを本当に測っていると知っていることである．また，特定のタイプの実験から何が結論できて，何が結論できないかを知っていることである．

統計解析の考え方には哲学的立場から2つの学派があり，一方は帰無仮説の検証に使われるp値を重視し，もう一方（ベイズ統計）はモデルを当てはめることを重視している．

本書は，統計に関しては帰無仮説の検証という文脈で話をしているが，ベイズ流のアプローチをするときも，実験デザインへの取り組み方はまったく変わらないはずだ.

➡ 実験をデザインするとは，研究対象であるシステムの生物学的実態について考えることだ．したがって，生物学実験を計画するのに一番適しているのは生物学者，つまりあなた自身である.

1.4 良い実験デザインはなぜ特に生命科学者にとって重要なのか

実験について考えるとき（したがって本書全体を通じて），しょっちゅうぶつかる2つの重要な概念は，交絡因子とランダムなばらつきである．実際，実験デザインの二大目標は，交絡因子を考慮することと，ランダムなばらつきを最小限に抑えることだと言ってよい．これらのテーマはそれぞれ第3章と第4章で詳しく扱うが，ここでこれらを取り上げるのは，実験デザインがなぜ特に生命科学者にとって重要なのかをわかってもらうためである.

1.4.1 ランダムなばらつき

ランダムなばらつき random variation は，個体間のばらつき，個体間差異，処理内差異，ノイズなどとも呼ばれている．これは単に，サンプル内の個体（たとえば動物，植物，人，実験区画，組織標本など）が，わたしたちが関心をもっている理由以外の理由で，互いにどのくらい異なっているかを表すものである．このようなばらつきが研究に及ぼす影響については，第4章で詳しく述べる.

> **ランダムなばらつき：random variation**
> 関心の的ではない因子が原因で起こるばらつきをランダムなばらつき（またはノイズ）という．実験をデザインするとは，ランダムなばらつきを取り除いたり制御したりすることによって，関心の的である因子の影響がよく見えるようにすることである.

たとえば，10歳の男の子は全員が同じ身長ではない．今，わたしたちの研究の目的が，10歳男児の身長の，国による差異を明らかにすることだとしよう．おそらく，研究に参加した男児の身長は，全部が同じではないはずだ．そして，このばらつきの原因としては，今関心をもっている因子（国籍）のほかにも，無数の因子（たとえば食習慣や，社会経済的にどの集団に属するか）が考えられる．研究のときに問題になるのは，他の因子によるばらつきが多ければ多いほど，肝心の調べたい因子によるばらつきを検出して記述するのが難しくなる，ということだ．このため，実験デザインではしばしば，他の因子によるばらつきを減らすことが重要になる．上の例で言うと，おそらく初めはもっと一般的に，子どもの身長が国によってどのくらい違うかに関心があったのだろうが，年齢と性別によるばらつきを取り除くために，対象を10歳の男児に限定したのだと考えられる．その他のノイズ源は残っているが，そうした他の因子によるノイズが，本当に知りたい情報（国による違い）をかき消してしまわないよう，良い実験デザインなら手を打つことができる．

生物学の世界は，どこへ行ってもランダムなばらつきだらけである．群れのヒツジはすべて同じではない．だから，特定の群れを特徴づけるヒツジの体重を知りたいとき，群れから1頭だけ選んで体重を測り，その体重が群れのヒツジすべてに当てはまります，などとすまして言うわけにはいかない．それより，群れを代表するサンプルを選び，サンプル内のすべてのヒツジの体重を測るほうが良いだろう．そうすればその群れのヒツジの平均体重だけでなく，平均体重の周りにどのくらい体重のばらつきがあるかも記述できる．他の科学分野では事情が異なるかもしれない．たとえば物理学者なら，電子1個の質量を計算するだけでいい．なぜなら（ヒツジと違って）電子はどれも同じ重さだからだ．このように，物理学者はばらつきを気にしなくてよいことが多い．しかし，生命科学者はばらつきの問題から逃れることはできない．だから実験では必ずこれを考慮しなければならない．

➡ 良い実験は，ランダムなばらつきを最小限に抑えるので，関心の的である因子によるばらつきが検出されやすくなる．統計解析では，全体のばらつきを，ばらつきの原因となる因子別に分けることが多い．良い実験デザインでは，この作業が容易になる．

1.4.2　交絡因子

わたしたちはしばしば，ある因子（変数 A と呼ぼう）が別の因子（B）に及ぼす影響を知りたいと思う．しかし，B が A とは別の因子（C）からも影響を受けていたら，A の影響を知るのは難しくなる．このようなとき，変数 C は**交絡因子** confounding factor と呼ばれる（交絡変数，あるいは第三の変数と呼ばれることもある）．

> **交絡因子：confounding factor**
> 変数 **A** が変数 **B** に及ぼす影響を知りたいとする．このとき，変数 **C** も変数 **B** に影響をあたえているならば，**C** は交絡因子である（第三の変数とも呼ばれる）．

> **【問 1.3】** 喫煙者と非喫煙者の視力の違いに関心があるとしよう．人々の視力の違いには喫煙以外にどういう因子が影響すると考えられるか．あなたが挙げた因子の中に，人の喫煙性向と関係がありそうなものはあるか．

たとえば，川でサケの幼魚を観察して，水温（変数 A）が摂餌頻度（B）に影響を及ぼすかどうかを調べたいとする．ここでは日照時間（C）が交絡因子になるだろう．水温が上がれば摂餌活動がより活発になると考えられるが，日照時間の増加も同じような影響を及ぼすと考えられるからだ．水温と日照時間は結びついている可能性が高いので（冬より夏のほうが日照時間が長く，水温も高い．そして日照時間は実際に水温に影響するだろう），摂餌頻度に及ぼす水温の影響と日照時間の影響はおそらくもつれあっていて，そのもつれをほどくのはそう簡単ではないだろう．したがってここでは，2 つの因子を切り離して 1 つの因子だけの影響を知ることは難しくなる．このように交絡因子は扱いが難しいが，第 3 章を読めばわかるように，乗り越えられない問題ではない．

物理学者が得をするもうひとつの点は，非常に単純なシステムを相手にできることだ．たとえば，測定したい電子を真空チャンバーの中に隔離して，他の粒子と相互作用できないようにすることができる．これに対し，生命科学者が相手にするシステムはとても複雑で，相互作用する因子がたくさんある．1 頭のヒツジの体重は，食物の摂取や消化，降雨の影響などで，1 日のうちでもかなり変化する．このため，動物の体重を測るという一見単純そうなことが，実はそれほど単純ではない．考えてみてほしい．今日はある群れのヒツジの平均体重を測り，明日は別の群れの平均体重を測るとしよう．その結果，2 つ目の群れの平均体重のほうが重かったらどうだろう．そちらのヒツジのほうが，本当にもともと体重が重いのだろうか．上のような実験デザインだと，本当のところを知るのは難しい．問題は，測定の時期という交絡因子を持ち込んでしまったことだ．別々の日に測定することで，2つの群れのヒツジの体重は思いがけない仕方で違ってくる．もし2日目の前の晩に雨が降ったとしたら，2つの群れのヒツジの体重に実質的な違いはなくても，すべてのヒツジが（どちらの群れでも）毛が湿っているために2日目にはより重くなるだろう．わたしたちが関心をもっている因子の影響を知るためには，交絡因子を避けるかそれを考慮に入れた実験をおこなうようにしなければならない．そのための手法は第7—10章で学ぶ．だがその前に重要なのは，実験で検証したいのがどういう科学的問いなのかを明確にしておくことだ．明確に定まった問いに答えるために適切な実験をデザインしよう，というのが次章のテーマである．

【問1.4】 2つのヒツジの群れが25km離れているとする．測定時期による交絡の影響を減らすか，または取り除くために，あなたならどのように体重測定をおこなうか．

➡ 交絡因子があると，結果の解釈が難しくなる．しかし，良い実験デザインによって，交絡因子の影響を取り除くことや，制御することができる．

1.4.3　シンプソンのパラドックス

交絡因子に注意しなければならないのは，実験をデザインするときだけではない．データを解釈するときも同様だ．イギリスの統計学者エドワード・H・シンプソンの名をとったシンプソンのパラドックスは，交絡因子を考慮せずに無批判にデータをひとまとめにすることの危険性を示す例である．これを説明するため，入学者受け入れの方針が女性に不利だとして非難されたアメリカの大学の事例を取り上げよう．実際にあった事例だが，ここではわかりやすくするために数字を変えてある．この大学のある年の入学者数を調べたところ，男性入学志望者8441人のうち44％が入学を許可されたが，女性志望者のほうは

4321 人のうち 38％しか入学を許可されていなかった．このデータからは，女性志望者よりも男性志望者のほうが入学を許可されやすかったことは明らかだ．

しかし，これを男女差別的な選考の証拠として解釈する前に，いったん立ち止まって考えなければならない．大学にはさまざまな学科や学部がある．それらの垣根を取り払ってデータをひとまとめにするのは果たして賢いやり方だろうか．ためしに，同じデータを 2 つの大きな学問分野に分けて眺めてみたらどうだろう．表 1.1 を見てほしい．

表 1.1　学問分野で分けたデータ

志望者の性別	選考結果	
	合格	不合格
分野 A		
男性	2954（50％）	2955（50％）
女性	337（52％）	311（48％）
分野 B		
男性	760（30％）	1772（70％）
女性	1175（32％）	2498（68％）

学問分野で分けたこのデータを見ると，それぞれの分野内では，男性と女性で合格者の比率はほとんど違わないことがわかる．それどころか，どちらの分野でも女性のほうがやや合格率が高い．

これは一見矛盾に思える．大学全体でひとまとめにしたデータから導かれる結論と，分野を考慮して 2 つに分けたデータから導かれる結論が，正反対になっているからだ．この矛盾は，女性と男性では主な志望分野が異なること，そして，2 つの分野の合格率にかなり差があることで説明できる．男女ともに合格率がより高い分野 A へは，男性の 70％が志望しているのに，女性は 15％しか志望していない．一方，男女ともに合格率がより低い分野 B への志望者の割合は，男性の 30％に対して，女性は 85％である．女性にとってこの大学に入ることは確かに男性より大変だが，その理由は選考過程で男女差別があったからというよりは，女性のほうが合格がより難しい分野を選んだから，と言えそうだ．シンプソンのパラドックスは，重要な影響をあたえそうな交絡因子を考慮せずに無批判にデータをひとまとめにすることの危険性をはっきりと示している．

ここで挙げたのは，離散データの例だが，シンプソンのパラドックスは連続データでも起こりうる．その一例が図 1.1 である．

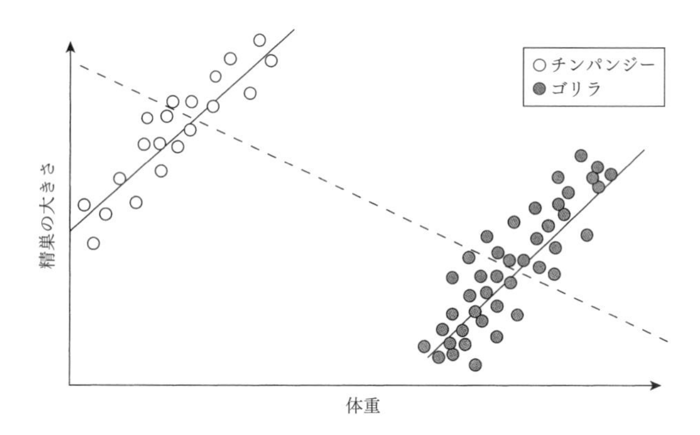

図 1.1　連続データで起こるシンプソンのパラドックスの例．横軸は体重，縦軸は精巣の大きさを表している．個体の属する種を無視すると，精巣は体重の増加とともに小さくなるように見える．実際には，チンパンジーでもゴリラでも，同一種内では精巣は体重の増加とともに大きくなる．2 つの種ではオスどうしの性競争の度合いが異なるため，精子を作るのに使うエネルギーも異なる．チンパンジーは，体はゴリラより小さいが，より大きな精巣をもっている．

➡ データを解釈する前に，どんな交絡因子がありうるかを注意深く考えることが必要だ．そうしないと，原因となる因子についてひどく的外れな結論を導いてしまう危険性がある．

1.5　被験体，実験単位，サンプル，そして専門用語

実験デザインには，他の分野と同様，これまでに築き上げられてきた独自の専門用語がある．本書を通じて著者たちが目指しているのは，読者が実験デザインについていろいろな本や論文を読む中で出会う専門用語を，わかりやすく説明することだ．本章を終えるに当たって，実験デザインの中でも，一見とても簡単そうな概念を表すために，困惑するほど多くの専門用語が使われている領域に注目してみよう．

一般に，科学研究には，「もの」からなるサンプルを測定する，という作業がつきものである．測るのは DNA 鎖の長さかもしれないし，細胞の直径かも

しれない．あるいは，血液サンプル中のストレスホルモンのレベル，魚の摂餌頻度，ペンギンのコロニー内の繁殖ペアの数，全世界の人口の中で14歳未満の人口が占める割合かもしれない．ここからわかるように，サンプルを構成する「もの」は実にさまざまだ．本書では，サンプル内の「もの」に呼び名が必要なとき，たいていは被験体 subject と呼んでいる．しかしその場に応じて実験単位，個体，反復体，参加者などと呼ぶこともある．

ここでやっかいなのは，時として，わたしたちが被験体と見なすものが研究の過程で変わってくることだ（これがまた専門用語が増える原因となる）．倫理的配慮や実際的な事情から，研究の少なくとも一過程で，被験体をグループごとに一緒にするということはよくおこなわれる．たとえば，多くの齧歯類(げっしるい)は高度に社会的な動物なので，そのような動物を単独でケージで飼えば，非常なストレスをあたえてしまう．その上，ふだんグループでいるときとはかなり違った行動をとるだろうから，もっと自然な状態にある動物に実験結果をそのまま当てはめるわけにもいかないだろう．それに，実際問題として，たとえば研究対象種の魚が80匹いる場合，水槽を4つだけ用意して20匹ずつ（一緒の水槽に入れても問題のなさそうなぎりぎりの数）入れる，というのがふだんおこなわれていることで，80もの水槽を用意してすべての魚を別々の水槽に入れるなどという贅沢はめったに訪れない．また，異なる教授法が子どもにどう影響するかを調べたければ，子どもたちは通常，学級と呼ばれるグループで教育を受けているということを，心に留めておかなければならない．

実験ではしばしば，被験体をいくつかの実験処理群にランダムに割りふろうとする．被験体がいくつかのグループに分かれているとき，割りふり方は2通りある．ひとつは，グループを無視して個々の被験体をランダムに処理群に割りふるというもの．その結果，同じグループ内に，異なる処理群に属する被験体が混在することになる．もうひとつは，グループレベルでランダム化をおこなう，つまり，個体ではなくグループをランダムに処理群に割りふるというもの．この場合，同じグループに属する個体はすべて同じ処理を受けることになる．

時には実際的な理由から，グループレベルの割りふりをおこなわなければならないこともある．たとえば，ケージの大きさがマウスの行動にどのように影響するかを知りたいとしよう．この場合，ケージの大きさは明らかに，同じケージに入れられる（つまり同じグループ内の）すべてのマウスに対して同じにならざるをえない．また，子どもたちに外国語を教える2つの方法を比べたければ，子どもたちをランダムに異なる教授法に割りふって，同じ学級に異なる教授法で教わる子どもが混在するより，学級単位で異なる教授法に割りふるほうが，はるかに実際的である．

しかし，実験操作によっては，グループ内に異なる処理を受ける個体が混在してもかまわない．たとえば，マウスにホルモンかプラセボ（偽薬）のどちらかを注射するとか，子どもに制服か私服のどちらかを着てもらうとかいう場合，ランダム化は個体レベルでもよいし，グループレベルでもよい．このことを実験デザイン用語で言うと次のようになる．――ランダム化の単位は，前者ならマウスとケージのどちらでもよく，後者なら子どもと学級のどちらでもよい．

同様の問題は，測定をどのレベルでおこなうかを考えるときにも起こってくる．観察単位（または評価単位，サンプリング単位，とも呼ばれる）は，個体のこともあるし，グループのこともある．どちらになるかは，測定するものの性質から明らかになるのが普通で，たいていの場合は個体である（常にではない）．マウスの睡眠パターンにホルモンがどのように影響するかを調べたいなら，測定のレベルは個体になるだろう（そのためには個々のマウスを識別できなければならないが）．定期的にケージをチェックし，どの個体が眠っているかを記録すればいい．同様に，子どもに対する外国語教授法の効果も，個体レベルで測るのが自然だろう．なぜなら習得の度合いは，それぞれの子どもに標準テストを受けてもらえば一番はっきりするからだ．

しかし，自然な観察単位がグループになることもある．たとえば，マウスの水飲み行動にホルモンがどのように影響するかを調べたいとき，最も自然な方法は，ケージにつけた給水器のタンクの水位の変化を記録することだ（給水器はケージに1つで，ケージ内のマウスが共用する）．こうすればグループ単位での水の摂取量を測ることができる．ただ，この例では個体レベルでより細かく観察することもできる．そのためには，マウスを視覚で個体識別できるようにしておいて，ビデオカメラで給水器周辺を撮影すればいい．ここでひとつアドバイスをすると，細かい観察単位を採用する前に，そうすることが実際的かどうかを考えてみるべきだ．マウスの水飲み行動へのホルモンの影響の例で言えば，ビデオテープを何時間も見続けるのは，あまり効率的な時間の使い方ではないだろう．個体レベルでの観察が技術的には可能だとしても，観察単位としてケージを選ぶほうが，時間の合理的な使い方という点ではより賢明かもしれない．

さて，いよいよ本章最後の専門用語，解析単位を導入しよう．これはデータの統計解析をおこなうレベルのことである．一般に，解析単位は観察単位と同じものになる．しかし，統計解析をするときは，解析単位が，データ点は互いに独立でなければならないという統計法の大前提を満たすように（詳しいことは第5章で述べる），個々の観察単位からとった測定値をもっと大きなグループごとにまとめなければならないこともある（測定は個々のマウスでおこなうが，解析ではそれらの測定値を使って出したケージごとの平均値を使う，というふうに）．

ここで注意しておきたいのは，観察単位より小さな単位での分析や考察はできない，ということだ．つまり，グループレベルでとった測定値を使って，グループ内の個体について何かを推定したり言ったりすることはできない（これをすることは，生態学的誤謬（ごびゅう）と呼ばれている）．

生態学的誤謬とは，グループレベルで解析しながら，あたかもその結果が個体レベルに当てはまるかのように誤った解釈をすることだ．有名な例として，アメリカの全州を見渡したとき，州人口に占める移民の割合と，州人口に占める読み書きできない人の割合の間には，負の相関があったと報告した研究が挙げられる．つまり，読み書きできない人の割合が少ない（非識字率が低い）州ほど，移民の割合が高い傾向にあった，というのだ．このことは，アメリカで生まれた人に比べ，移民のほうが，読み書きできない可能性が低いことを示す証拠だと解釈された．しかしこの解釈は間違っていた．実際，個々の州を見てみると，移民のほうが読み書きできない傾向がより強かった．ただ，移民はいくつかの特定の州に住みつく傾向があり，特にその傾向が強かった州の非識字率がたまたま低かったのだ．さらに，移民が人口に占める割合は，州によってさまざまではあるが一般に低く，したがって，移民集団が特定の州の非識字率に影響を及ぼしているとは言えなかった．ここでの誤りは，州レベルでとったデータから，個人についての結論を引き出そうとしたことだ．

本書では，サンプルの中の「もの」をシンプルな言葉で表すために，普通は「被験体」という言葉を使い，それがランダム化の単位の意味なのか，観察単位の意味なのか，あるいは解析単位の意味なのかは，いちいち断らないことにする．これらのうちどれを指しているかは文脈から，特に科学研究のどの段階の話をしているのか（実験の構想段階か，測定段階か，データ解析段階か）から明らかなはずである．

本章で取り上げた問題について，もっと理解を固める必要があると感じる読者は，オンライン補足資料のセルフチェック問題をやってみよう．そうでなければ，先に進もう．次章では，研究で取り組む科学的な問いをまず明確にしておくことが，効果的な研究デザインのために役に立つことを説明する．

➡ たいていの研究では，何がサンプル内の被験体であるかは明白で議論の余地はない．しかし，研究によっては，被験体と見なすものが研究の段階によって変わってくる．

まとめ

- よい生命科学者になるためには，実験デザインの基礎を理解することが不可欠である．
- 実験デザインの基礎とは，結局のところ，いくつかの単純なルールである．単純でありながら効果的な実験は，複雑な数学なしでもデザインできる．
- 劣悪なデザインの実験は，時間と資金の無駄遣いである．
- 何より大事なのは，動物や人間を苦しめ，生態系を攪（かく）乱するような害悪を，極力減らす（願わくは，なくす）ように実験をデザインすることだ．これに比べれば，時間や資金の心配はささいな問題である.

- 交絡因子があると，結果の解釈が難しくなる．しかし，良い実験デザインによって，交絡因子の影響を取り除くことや，制御することができる.
- データを解釈する前に，どんな交絡因子がありうるかを注意深く考えることが必要だ．そうしないと，原因となる因子についてひどく的外れな結論を引き出してしまう危険がある.
- たいていの研究では，何がサンプル内の被験体であるかは明白で議論の余地はない．しかし，研究によっては，被験体と見なすものが研究の段階によって変わってくる.

第 2 章

仮説を明確にする

本章の狙いは，まず研究の目的そのものを注意深く定めることの必要性を読者にわかってもらうことである．目的がきちんと定まって初めて，目的に適した良い実験をデザインすることができる．

- 科学研究をおこなう目的は，1 つまたはそれ以上の明確な仮説を検証することである．
- 何よりもまず，明確に定まった仮説がなければ，良い研究をデザインできる望みはない（2.1 節）．
- 良いデザインの目的のひとつは，仮説を検証するための最も強力な方法を作り出すことである（2.2 節）．
- 問いかけに正確に答えてくれるような実験をデザインするためには，多くの場合，対照群を注意深く選ぶことが不可欠である（2.3 節）．
- 予備研究をすると，研究の目的がより明確になる．データ採取の手法を磨くこともできる（2.4 節）．

2.1　なぜ研究の焦点を定めるのか——問い，仮説，予測

仮説 hypothesis とは，ある観察結果がなぜそうなるのか納得できるような説明を，明確に言葉で述べたものである．仮説は，この説明を否認または支持するのに使えるデータをとることができるように組み立てなければならない．

> 仮説：**hypothesis**
> 仮説とは，研究対象のシステムがどのように働いていると考えられるかを言葉で明確に述べたものである．

1つの観察結果に対して，複数の仮説を立てることが可能である．たとえば，病室の入口に一番近いベッドにいる患者のほうが一番奥にいる患者より治療の効果が高い，という観察結果があるとしよう．これを説明する仮説として，次のようなものが考えられる．

> **【問 2.1】** 仕事場に行くときのほうが帰りより運転が速い，という観察を説明できるような仮説をいくつか挙げなさい．

1）患者はランダムにベッドを与えられていない．病室係は，より重症の患者を，入口から遠くて静かな奥のほうに入れる傾向がある．
2）回診で医師が最初に診るのは，ドア近くの患者である．その結果，ドア近くの患者のほうが，時間をかけて丁寧に診てもらえる．
3）病室の入口近くにいることにより，さまざまな活動や人とのやりとりが増え，それが患者に良い影響をあたえる．

検証すべき仮説を明確にすることで，研究の焦点が定まり，興味深いことが見つかるチャンスが増える．次のような安易な考えは捨ててほしい．

「チンパンジーは本当におもしろい動物だ．動物園に行ってビデオを撮ってみよう．100 時間もとれば，たくさん興味深いことが見つかるに違いない」

確かに，チンパンジーを見るのはとても興味深いことだろう．ぜひともしばらく観察してほしい．そして観察したあとは，この探索的**予備研究** pilot study で見たものをもとに，明確な問いを生み出してほしい．問いが定まったら，それに答えるような仮説を立てる．そして，もし仮説が正しいとしたらどんなこと

予備研究：pilot study
予備研究とは，本番のデータをとる前に，研究の目的をより明確にし，データ採取の方法をより良いものにするため，研究対象システムを探索することである．良い予備研究をすると，本番のデータ採取から最大の利益を引き出すことができ，思わぬ落とし穴に落ちなくてすむ．

が観察され，どんなことが観察されないかを，予測してみる．さらに，その予測を検証するためにどんなデータをとる必要があるかを考える．ここまで来て初めて，研究をデザインしてデータをとることができる．明確な問いと，仮説と，予測を立てる，というこのやり方は，何に使うか具体的な計画もなくむやみにデータをとるのに比べて，確かな結論を生み出す可能性がはるかに高い．これは別に驚くことではない．データをどう使うかわかっていなければ，適切な種類のデータを適切な量とることができないのは当然である．

明確な問いがそれほど重要ならば，ぼんやりとチンパンジーを観察するのは2，3分でも時間の無駄だ，そんな暇があったら，明確な問いに答えるためのデータ採取に使ったほうがいい，と思うかもしれない．だがこれには賛成できない．大事なことは，いくつ論文を書いたかではなく，どれだけ興味深い研究をしたか，なのだ．ダーウィン，アインシュタイン，ワトソンとクリックが有名なのは，誰よりも多くの問いを解決したからではなく，重要な問いを解決したからだ．時間をかけて，どういう問いが科学的におもしろいか，じっくり考えよう．そうすればアインシュタインのように有名になれるとは言わないまでも，その可能性は大きくなるだろう[@]．

➡ **一般的なルールとして，実験は，研究対象のシステムについて，少なくとも1つの明瞭な仮説が検証できるようにデザインする．焦点を定めない観察の期間は，興味深い問いを見つける助けになる．しかし，焦点を定めない観察だけにもとづく研究は，そうした問いに決定的な答をあたえることはできないだろう．**

@　探索的研究と検証的研究の違いについて，より詳しいことはオンライン補足資料の2.1節参照．www.oxfordtextbooks.co.uk/orc/ruxton4e/
（上のページに行き，Student Resourcesの3番目，Supplementary materialの文字をクリックする．）

2.1.1 問いから仮説へ，仮説から実験デザインへ——具体例

前小節は少し抽象的に思えたかもしれないので，今度は例を使って考えよう．クロライチョウ（猟鳥）がスキーのリフトや，風車や，高電圧線といった人工建造物に衝突して死ぬリスクを調べる研究で，この鳥の死骸をたくさん集めたとする．それらを観察していたら，オスにはメスより多くの外部寄生虫がついていることに気がついた．当然，次のような疑問が湧く．

なぜ，オスにはメスより多くの外部寄生虫がついているのだろう．

観察から，明確な問いに行きついたわけである．そして，明確な問いがあれば，少なくとも努力次第で，明確な答が見つかるチャンスはある．次のステップは，観察結果を説明できるような仮説を立てることだ．そのような仮説として，次のようなものが考えられる．

配偶者獲得競争にともなうストレスが，寄生虫に対するオスの防御能力を減少させている．

さて，この仮説をどう検証しよう．重要なのは，仮説が正しいとしたらこんなことが観察されるはずだ，という予測をたくさん立てることだ．予測は仮説から論理的に導かれるものでなければならず，しかも，検証できるものでなくてはならない．今の場合，次のような予測を立てることができる．

寄生虫保有量と血液中のストレスホルモンレベルの間には正の相関があり，オスのストレスホルモンレベルは，メスより高い．

このように具体的な予測を立てれば，予測を検証するためにどのようなデータが必要かはおのずと明らかになる．予測を支持するデータは，仮説にいくらかの支持をあたえる（もちろんそのためには，仮説の検証に役立つように予測が考えられていなければならないが）．

統計の教科書では，仮説は帰無仮説と対立仮説というペアになって出てくることが多い．帰無仮説とは，何も起こっていないとする仮説のことだと考えて

よい．ここでは，帰無仮説は次のようになる．

寄生虫保有量はストレスとは無関係である．

この帰無仮説にもとづく具体的な予測は，

寄生虫保有量と血液中のストレスホルモンレベルの間に，関係は認められない．

帰無仮説が，何も起こっていない，観察されたパターンは単なる偶然の産物だ，という見方に立つのに対し，対立仮説は，いやそれは偶然によるのではなく，生物学的に興味深い何かが原因で起こっている，という見方に立つ．今の例で言えば，最初に挙げた仮説（配偶者獲得競争にともなうストレスが，寄生虫に対するオスの防御能力を減少させている）がそのひとつである．帰無仮説がなぜ必要なのかは，統計法がどう働くかの核心に関係しているが，ここでは細かい議論はあまり気にしなくてもいい．重要なことは，ほとんどの統計検定は帰無仮説が棄却されるかどうかをテストするためにおこなわれる，ということだ．実験や観察によって帰無仮説が棄却されれば（つまり，とったデータが帰無仮説にもとづく予測と一致しないという理由で，帰無仮説が否定されれば），対立仮説が支持されることになる．たとえば，チンパンジーの行動は給餌法に影響されない，という帰無仮説が棄却されれば，論理的に考えて，チンパンジーの行動は給餌法に影響される，という仮説を受け入れなければならない．

これは一見ひねくれたやり方に見えるが，その裏には正当な理由がある．哲学的見地からすると，科学の働き方は保守的だ．何か興味深いことが起こっているという決定的な証拠がない限り，興味深いことは何も起こっていない，と見なすのだ．このように慎重に事を進めるおかげで，とんでもない考えに流されたり，空中楼閣を築いたりしなくてすむ．対立仮説よりも帰無仮説に重きをおくのはこのためだ．ただ，統計検定の背景にはこのような哲学があるとはいえ，ここではこれ以上深入りする必要はない．次のことだけ覚えていてほしい．何かおもしろいことが起こっていることを示唆する仮説を立てるたびに，それに対応する帰無仮説（何もおもしろいことは起こっていない）が生まれる．そして，帰無仮説をテストすることによって，関心をもっている仮説について何らかの情報を得ることができる．

➡ 仮説が役に立つためには，その仮説は検証可能な予測を生み出すようなものでなければならない．

2.1.2　複数の仮説がある例

何を研究するにしても，仮説は1つでなければいけないわけではない．次の例を考えてみよう．磯を歩いていたら，岩の上のツブ貝（海産の巻き貝）がたいてい群れをなしていることに気がついた．当然，次のような疑問が湧く．

ツブ貝はなぜ群れを作るのだろう．

まず頭に浮かんだのは，砕ける波の衝撃を避けることと関係があるのではないか，という考えだ．そこでこんな仮説を立てた．

ツブ貝が群れを作るのは，波の作用から身を守るためである．

もう少し考えているうちに，群れを作るのは食べ物の多い場所に集まることと関係があるのかもしれない，と思いついた．そこから2つ目の仮説ができた．

ツブ貝は，食べ物の多い場所に集まった結果，群れをなす．

前小節の例と同様に，次にすべきことは検証可能な予測を考えることだ．理想的には，もとになった2つの仮説の区別がつくような予測であることが望ましい．最初の仮説が正しいとすると，次のことが予測できるだろう．

波の作用から守られた場所では，ツブ貝が群れで見つかる可能性は低い．

2番目の仮説が正しいとしたら，次のような予測が立つだろう．

食べ物の密度がより高い場所では，ツブ貝が群れで見つかる可能性が高い．

これら2つの予測をもとに，両方の仮説を検証するような研究がデザインできる．

もちろん，その研究でどちらかの予測が支持されたとしても，その予測のもとになった仮説は（支持はされるが）必ずしも正しいとは限らない．たとえば，波の作用から守られた場所ではツブ貝が群れで見つかる可能性は低い，という予測が支持されたとしても，そのことを理由に，ツブ貝は波の作用から身を守るために群れを作る，という仮説が正しいと言うことはできない．他の人が立てた別の仮説も，同じ予測につながるかもしれない．たとえば，

ツブ貝は，波の作用の強いところでは捕食者に対してより襲われやすい．しかし，群れを作ることで捕食者から身を守ることができる．

この仮説もやはり同じ予測につながるだろう．

波の作用から守られた場所では，ツブ貝が群れで見つかる可能性は低い．

こういう場合にしなくてはならないことは，新しい仮説と元の仮説が区別できるような別の予測を立てることだ．言っておくがこれは，2つの仮説がともに正しいことはありえないという意味ではない．今の場合はおそらく両方とも正しく，波にさらされる場所でツブ貝が群れで見つかるのは，ひとつには波の作用の物理的な影響をやわらげるためであり，もうひとつには波にさらされる場所でより活発に活動する捕食者から身を守るためなのだろう．実際，生命科学では，観察結果を十分に説明するためにいくつかの仮説を組み合わせなければならないことが多い．重要なのは，もし一方の仮説だけが正しく，もう一方の仮説が間違っているならば，研究によってそのことを明らかにできるはずだ，ということである．話をはっきりさせるため，上の2つの仮説をそれぞれ波作用説，捕食者説，と呼ぶことにしよう．このツブ貝のシステムが現実にどうなっているかについては，次の4つの可能性がある．

1. どちらの仮説も正しくない．観察されたパターンは，完全に何か別の要因による．

2. 捕食者説が正しく，波作用説は間違っている．
3. 波作用説が正しく，捕食者説は間違っている．
4. 捕食者説も波作用説も正しい．

研究の結果，仮に 1 が否定され，システムの現実に対応するのは 2，3，4 のうちのどれかだということはわかったが，2，3，4 のどれなのかまではわからないとしたら，その研究は役には立つが，最良とは言えない．最良の研究は，1 を排除するだけでなく，2，3，4 のうちのどれがシステムの現実に対応しているのかを明らかにする研究だ．つまり，研究が終わった時点で，2 つの仮説を組み合わせてできる上の 4 つの可能性のうち，どれが正しいかを明らかにする．そのような研究は，図 2.1 に示されている 4 つの実験処理を含むものになるだろう．そこでは波の作用と捕食者のうちどちらか一方または両方を取り除いた上で，ツブ貝が群れを作るかどうかを観察する．あるいは別のやり方をして，波の作用と捕食者の組み合わせが異なる複数の海岸で観察してもいい．いずれにしても大事なことは，ツブ貝の群れ作りに影響をあたえると考えられる複数の因子の影響を解きほぐすことのできる研究が一番だ，ということである．

よく考えられた検証可能な予測を立てることは，実験デザインの巧さを決める「技」のひとつである．良い予測は，検証したい仮説から論理的に導かれる．その仮説と競い合う他の仮説から導かれるのではない．良い予測はまた，それを検証するための良い研究へとつながっていく．研究を始めるとき，

問い→仮説→予測

という順序で考えていくことはとても役に立つ．それによって，研究の背後にある論理が明確になるからだ．また，予測を検証し，それによって仮説を評価するために，どういうデータが必要か，はっきりと具体的に考えられるようになる．さらに，研究の背後にある論理を他の人々に説明するのにも役立つ．著者としては本書の読

> **【問 2.2】** あるアンケート調査によると，毎日のようにコンピューターゲームをしている人は，暴力的行動をとる傾向が強いことが明らかになった．これらの結びつきを説明する仮説をいくつか挙げなさい．また，それらの仮説から導かれる検証可能な予測を述べなさい．

対照岩(捕食者あり，波の作用は通常)

波作用の影響岩（捕食者あり，左の障壁により波の作用を軽減）

捕食者の影響岩（捕食者なし，波の作用は通常)

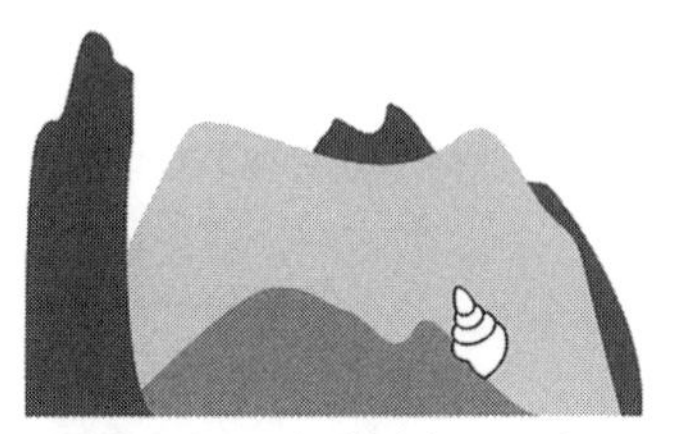

影響組み合わせ岩（捕食者なし，左の障壁により波の作用を軽減）

図 2.1　波の作用，捕食者，あるいはその両方がツブ貝の群れ作りに影響をあたえるかどうかを調べるために実験処理された岩（右上，左下，右下）と，比較対照の基準となる対照岩（左上)．実際の研究では，どのタイプの岩（捕食者と波の作用の組み合わせ）もそれぞれ複数使う．（理由は第 4 章で詳しく述べる．）

者に，このようなやり方で科学研究について考える習慣をつけるよう強くお勧めする．

➡ **生物のシステムは複雑である．このため生命科学では，観察結果を十分に説明するためにいくつかの仮説を組み合わせなければならないことが多い．**

2.1.3　そもそも（良い）アイデアはどうやって生まれるのか

これはなかなか扱いにくいテーマである．「黄金の秘訣」と呼べるものもないし，あったとしても著者たちは知らない．それでも，以下の助言は助けになるだろう．

たくさん読んで，他の研究者の発表に耳を傾けよう．ただ単にそうするだけでなく，批判的に，つまり，そこで言われていることを注意深く検討しながら，読んだり聞いたりしよう．そのとき，次のようなことを考えてみよう．

・研究の中に，どこか間違っていそうなところはないだろうか．
・この研究の限界は何だろうか．
・その限界は，どうすれば克服できるだろうか．
・限界を克服することによって，この研究でわかった以上のどういうことがわかるだろうか．
・この研究の結果はどのくらい広い範囲に適用できるだろうか．別の生物種ではどうか．あるいは別の状況ではどうか．
・この方向で研究していくと，論理的に考えて，次のステップは何だろうか．
・この研究は，著者たちが気づいていない他の問題にも適用できるだろうか．

考えたことはノートやコンピューターファイルに記録しよう．そうすれば，将来考えるときの役に立つだけでなく，書くという行為を通して，考えがよりはっきりした形をとり，明確になる．このようにして批判的に考えることを学ぶと，アイデアをたくさん蓄えることができるはずだ．しかし，それらのアイデアは，先行研究の手堅い延長ではあっても，人をアッと言わせるようなものではないことが多い．今までにない，真に新しいアイデアを得たかったら，どうすればいいのだろうか．

たぶん，本当に新しいアイデアを得るためには，目と耳をしっかり開いて，まわりで起こっていることに気づき，不思議に思うことが一番大事なのだろう．もしかしたら，今度公園を歩くときには，びっくりするようなリスの行動を見かけるかもしれない．そしてその晩，インターネットで調べてみても，十分納得のいく説明が見つからないかもしれない．腰が痛いという同僚から最近初めて父親になったと聞かされたら，父親になって経験した，子どもを抱き上げる動作や，睡眠パターンの変化が，腰痛の原因になったのではないかと考えてみることだ．20 世紀で最も偉大な物理学者のひとり，リチャード・ファインマンは，食堂を横切るように投げられた皿が特別な仕方で揺れながら飛んでいくのを見て，なぜだろうと思ったことが貴重な洞察に（そしていくらかはノーベル物理学賞受賞にも）つながったと言っている．

アイデアは思いもよらないところから生まれてくる．生まれつき好奇心に満ち，創造的思考の才能にめぐまれた人々もいるが，そうでないわたしたちも訓練すれば能力を高めることができる．訓練はまわりの人を巻き込んだほうがずっと楽しいし，効果的だ．今，不思議に思っていろいろ考えていることがあるなら，他の人に話してみよう．専門家でなくてもかまわない．その知性を尊敬している相手なら誰でもいい．

誰かの研究発表を見る機会があったら，恐がらずに質問しよう．こんな質問はおもしろくないだろう，とか，自分は何かを誤解しているだけで皆の前で馬鹿に見えるかもしれない，とか思うのは簡単だ．でも，本当に何かを誤解しているなら，他にもそういう人はいるはずだし，発表者は誤解を解く機会があたえられたことを嬉しく思うだろう．それに，ひょっとしたらそれは本当に重要な質問で，質問したおかげで発表者も気づいていなかった問題が見つかったり，発表者の仕事に役立ちそうな他の研究分野につながる問題が明らかになったりするかもしれない．とにかく，訊いてみないことにはわからない（グズグズしていると主任教授が同じ質問をして，才気と洞察力を皆に見せつけてしまうかもしれない！）．

アイデアを生み出す方法はいくつもあるし，実際に研究しきれないほどたくさんのアイデアが生まれることもある．そこで次の課題は，どれが一番良いアイデアかを決めることだ．何よりもまず，その問題を研究して価値ある答を出すことが実際に可能かどうか，自分に聞いてみよう．もし答が「ノー」なら，そのアイデアは（将来状況が変わったときのために）保留用ファイルにとっておき，他の問題を検討する．もし取り組めそうなら，それに取り組んだときに本当にワクワクするかどうか，自分自身に聞いてみなければならない．もし初めからワクワクできないなら，他の問題に移ったほうが良いだろう．本当にワクワクする問題がいくつか残ったら，尊敬する人たちにぶつけてみて，どんな反応が返ってくるかを見よう．誰もが良い反応を示して，話すたびに自分もどんどん夢中になってくるようなものがあれば，それが良いアイデアだ．それで行こう！　他人に話すことは，一番良いアイデアを選ぶ助けになるだけでなく，そのアイデアに磨きをかけるのにも役立つはずだ．

➡ **批判的に読んだり聞いたりしよう．アイデアは自分の胸にしまっておくのではなく，尊敬する人たちにぶつけてみよう．**

2.2　最強の証拠で仮説を検証する

仮説を検証するために最強の方法を見つけるよう努力しよう．例として，次の仮説を考えてみよう．

学生たちは実験デザインより人体解剖学の授業のほうが楽しいと感じている．

この仮説が正しいかどうか調べるために，両科目の試験結果を比較するという方法を思いついたとする．授業が楽しい科目のほうが試験勉強に熱が入るので，試験の点数がより高くなるだろうと考えて，次のような予測を立てたわけだ．

学生たちは実験デザインより人体解剖学の試験でより高い点数をとるだろう．

しかしこの試験の点数を比べるという方法は，仮説を検証するための弱いテストにしかならない．仮に，人体解剖学のほうが，試験の点数が実際はるかに高かったとしよう．この結果はたしかに仮説と整合する．しかしこれは，他の多くの要因によっても説明できてしまう．予測通りの結果が出たのは，単に人体解剖学のほうが試験が簡単だったからかもしれない．あるいは，人体解剖学の試験は，学生がまだ元気な初日におこなわれたのに対し，実験デザインのほうは試験疲れした最終日におこなわれたせいかもしれない．このような他の要因による代替の説明という問題については，2.2.3 小節でもう少し詳しく考える．

➡ **仮説と整合するデータをとっても，それが他の妥当な仮説とも整合するならば，仮説を裏付ける証拠としてはあまり役に立たない．**

2.2.1　間接尺度

学生がどれだけ授業を楽しんでいるかを知るために，試験の点数を使うのがあまり良いやり方ではないのは，この場合，試験の点数が**間接尺度** indirect measure だからである（間接尺度は代理変数，代理尺度，代理標識などとも呼ばれる）．間接尺度とは，（一般に測定がより難しい）他の変数を測る代わりに，その代理として測る変数のことだ．たとえば，いろいろな年齢の母アザラシが赤ちゃんアザラシにあたえる乳の量を比べたいとき，乳の量を直接測る代わりに，授乳にかかった時間を測ってもいいように思えるかもしれない．実際，データ採取はずっと楽になる．しかし，これが本当に良い代理変数かどうかは確認したほうがいい．単位時間当たりの乳の分泌量が母親によって違うなら，授乳時間は実際にあたえられた乳の量の貧弱な尺度にしかならないだろう．このため，乳の分泌率がどの母親でも同じであることを証明しないかぎり，他の人たちにこの尺度の使用を納得してもらうことはできない．母アザラシの年齢，健康状態，最後の授乳からの経過時間，今進行中の授乳にかかっている時間などのすべてが，時々刻々，乳の分泌率に影響を及ぼすはずだ．

間接尺度：indirect measure
間接尺度とは，それ自体は直接の関心の対象ではないが，測定が難しかったり不可能だったりする別の変数の状態をあらわす指標として使われる尺度のことである．

【問 2.3】 問 2.2 で述べたアンケート調査で，研究者たちが元々興味をもっていたのは，コンピューターゲームをする人々に暴力的行動をとる傾向が見られるかどうかである．しかし研究者たちは，そのような傾向を直接測る代わりに間接尺度を用い，いくつかの特別な状況でとる態度についてアンケートの質問に答えてもらって，その回答を使えば暴力的傾向の推測ができるように，質問を注意深くデザインした．暴力的傾向を直接測らず，このようなやり方をしたのはなぜだと思うか．

間接尺度から生み出される結果は，上で述べた試験の点数の場合のように，たいていはぼやけている．できる限り，調べたいものを直接測るようにしよう．授業の楽しさを比較する研究なら，どちらの授業が楽しいかを学生に直接訊いてみるほうがいい（ただし1人ずつ別々に．これについてはデータ点の独立性を扱った第5章参照）．しかし，もしここで質問するのが人体解剖学の講師だったら，学生が正直に答えるかどうかは疑わしい．学生がこの人は回答に興味がないなと思うような人に質問してもらうのが望ましい[@].

➡ 使わずにすむなら，間接尺度は使わないほうがいい．使わざるを得ないときは，その解釈に注意を払うこと．

2.2.2 可能な実験結果をすべて考慮する

本節のここまでの教訓は次のようになる．実験を始める前に，実験から得られる可能性のある結果をすべて挙げ，それら一つ一つについて，検証しようとしている仮説に照らして，それがどのように解釈できるかを考えることが必要だ．可能な実験結果の中に解釈できないものがあれば，その実験はしないほうがいい．次のような報告をしなければならないとしたら，科学者として情けない印象をあたえてしまうだろう．

こんな方法でデータをとりました．データはこんな具合です．でもこのデータから，わたしが研究しているシステムについて，何を結論すればいいのかわかりません．

すべての可能な結果を事前に考えることが難しい場合もある．しかし，予備研究がそれらを明らかにするための手助けをしてくれるはずだ．

この教訓のもうひとつの側面，それは，狙い通りの結果が出るかどうかによって実験結果が役に立つかどうかが決まるような実験には慎重になれ，ということだ．「この実験をしよう．これによって仮説が支持されたら，すごいセンセーションを巻き起こすぞ」という考えが悪いというわけではない．だが，得られた結果がたとえ望み通りのものでなくても，なおその結果が興味深く，役に立つような研究をするべきである．

@ 人間からデータをとって研究をするときは，デザインの段階で考えておかなければならない特殊な問題がある（本文に出てきた質問者の問題のほか，偽装の使用やランダム回答法など）．これらについてさらに知りたければ，補足資料の 2.2.1 小節へ．

今，ある因子が別のある因子に及ぼす影響を，実験で調べたいとしよう．そこで考えてみてほしい．実験の結果，何の影響も見出せなかったらどうするか．たとえ結果が否定的でも，この実験には科学的な価値があり，これに時間と資金を費やしたのは有意義だったと他人に判断してもらえるだろうか．そこを自問してみなくてはならない．たとえば，次の仮説を検証するのに効果的な実験をおこなったとしよう．

大麻の使用は運転能力に影響を及ぼす．

この場合，仮に2つの因子の間に何の関係も見られなくても，それは興味深い結果である．なぜならそれは，大麻の影響について現在わたしたちがもっている理解と対立するからだ．薬物が脳にあたえる影響の基本的理解という点でも，薬物使用に関する道路交通法の科学的基礎という点でも，この結果は有意義だ．しかし，仮説のとおりに影響が見つかって，それを定量化できたとすれば，それもやはり，脳機能の理解と法制度のどちらにとっても意義のある，興味深い結果である．

それでは今度は，次の仮説を検証するのに効果的な実験をおこなったとしよう．

マーガリンよりバターが好きであることは，運転能力と関連している．

この仮説を支持する強力な証拠が見つかったら，それは思いがけない，おもしろいことである．なぜなら，運転能力に影響をあたえる要因について現在わたしたちがもっている理解と対立するからだ．しかし，バターとマーガリンのどちらが好きかということと運転能力の間に何の関係も見つからなかったら，おもしろさは激減する．そんな全く関係のない因子の間に関連など見つかるわけがない，もっと生産的な研究に時間を費やすべきだったと言われるのが落ちだろう．

何も著者たちは「ありうる結果のひとつがつまらないなら，その実験はするな」と言っているわけではない．もしバター好きなことと運転が上手なことの結びつきを証明できたら，それは実際とてもおもしろい．そんな結果を発見することで富と名声が手に入るなら，たくさんのつまらない結果しか得られないリスクを負うだけの価値はある，と思う人もいるだろう．それは自分で決めることだ．著者たちの務めは，リスクがあることを指摘することである．

よくある誤解は，非常に強い関係性を示す結果が得られるような実験だけがおもしろい，と思ってしまうことだ．そんな考えは間違っているだけではなく，危険でもある．思い描いている特定の結果を得たいばかりに，信用のおけないデータ記録係になってしまう恐れがある（11.6.3 小節参照）．データから出てくる特別な結果がおもしろい実験ではなく，問いそのものがおもしろい実験をデザインしよう．

➡ **実験することを決める前に，得られる可能性のあるすべての結果について，それがどのように解釈できるか，よく考えよう．**

2.2.3　懐疑主義者を納得させる

本書を流れるテーマのひとつは，実験のデザインとデータ採取に際しては，つねに「悪魔の代弁者」（弱点を巧みにとらえて批判や反論をする人）を想定し，その批判や反論に答えられるようなデザインやデータ採取法を考える，というものだ．その意味は，実験はそこから引き出された結論が可能な限り強いものであるようにデザインされていなければならない，ということである．

今，ある観察結果が，相反する 2 つのメカニズム（A，B）のどちらによっても説明できるとしよう．研究の目的は，その結果の背後で働いている真のメカニズムが，本当のところは A と B のうちどちらなのか，を明らかにすることだ．次のような結論で終わる実験に満足してはいけない．

この実験結果は，メカニズム A が働いていることを強く示唆している．結果はメカニズム B でも同様に説明可能だが，A のほうが可能性が高そうに思われる．

投稿論文の査読や研究プロジェクトの審査をする人々は「悪魔の代弁者」だと

考えておけば間違いはない．彼らはかならず言ってくる．「あやふやなことを大目に見るつもりはない．証明したまえ」．今の場合，彼らの結論はこうだ．

> **AとBのどちらが可能性が高そうかというのは，単に意見の問題だ．したがってきみの実験からは何も結論できない．**

それより，もっと強い結論が出せる実験をデザインするべきである．たとえば次のように．

> **これらの結果は，メカニズムAが働いているとする仮説と整合する．しかしメカニズムBとはまったく整合しない．したがって，実際に働いているのはメカニズムAだと結論できる．**

悪魔の代弁者は，鵜(う)の目鷹(たか)の目で論証のあらを探している．極力彼らに攻撃材料をあたえないようにしよう．メカニズムBが働いていないことを証明すれば，彼らもさすがにそれが働いているとは主張できない．

➡ **悪魔の代弁者は，ものすごく頭が切れて疑り深い人だと思ってほしい．論証に弱いところがあれば，必ずそこを突いてくる．彼らが論証を信じることもありうるが，それは他に妥当な代替の説明がないときに限る．筋の通った疑いが残るかぎり，大目に見てはもらえない．**

2.3　対照群

実験では，いくつかの異なるグループどうしで，そこに属する個体を比較するということがよくおこなわれる．このときグループの1つは，それ自体は特別な関心の対象ではないが，他のグループの個体の測定値と比較するときの基準値を提供するために使われることが多い．このようなグループを**対照群** control group という．対照群を注意深く選ぶことは非常に重要で，そうすることによって実験がこちらの聞きたいことにずばりと答えてくれるものとなる．

対照基準：**control**
対照群：**control group**
処理群：**treatment group**
対照基準とは，実験操作の結果を比較するときの基準値を提供するものである．たとえば，喫煙が人の肺組織に及ぼす影響を調べたいなら，喫煙者の肺組織標本からなる処理群だけでなく，対照基準として，非喫煙者の肺組織標本からなる対照群が必要である．

今，仮にわたしたち著者が，本書を買えば今後の試験の成績が上がる，と主張しているとしよう．あなたは点数が上がるならこの程度の金を払う価値はあると思い，本書を買う（そして読みさえするかもしれない）．その後，試験の結果が発表されると，うれしいことに期待以上の良い成績だった．これは著者たちの主張が正しかったことを意味しているのだろうか．なるほどあなたは本書のおかげで，より良い実験デザインができるようになったとか，文献を批判的に読めるようになったとか，（あるいは夜，眠れるようになったとか，）感じているかもしれない．実際，わたしたちは本書がいろいろな意味であなたの科学的能力を向上させるのに役立つことを願っている．しかし，あなたの経験だけにもとづいて，本書はとにかくあなたの試験の結果に影響を及ぼした，と言うのは難しい．なぜなら，もしあなたが本書を買わなかったらどういう点数をとったかわからないからだ．本書を買ってみて試験の点数に影響するかどうかを調べる，というあなたの実験に欠点があるのは，**対照基準** control が欠けているからである．

2.3.1　対照群のタイプ

ほとんどの実験は対照基準を必要とする（必要としない実験については 2.3.4 小節参照）．対照基準が必要かどうか，また，それがどういうものであるべきかは，本書のアドバイスに従って，検証すべき仮説を明確に言葉にしてみれば，比較的簡単にわかる．例として次の仮説を考えよう．

ケージで飼っているラットに，餌とともにビタミン剤をあたえると，ラットの寿命が伸びる．

これを検証するには，ビタミン剤をあたえるラットの寿命を測らなければならない．しかし，それだけでは検証のための問い（ラットの寿命は伸びるか？）に答えるには十分ではない．なぜなら，もしビタミン剤をあたえなかったらラットがどのくらい生きたはずか，わからないからだ．対照基準が必要である．理想を言えば，同じラットの寿命を，ビタミン剤をあたえた場合とあたえなかった場合とで比べたいところだ．しかし，ラットは二度死ねないので，そんな実験は現実には不可能である．その代わり，対照群が必要だ．対照群のラットは，実験操作を受けないことだけを除けば，他のすべての面で**処理群** treatment group（実験群ともいう）のラットと同一でなければならない．ここで「同一」というのは，同じ仕入れ元の同じ系統で，同じ条件下で飼育された，など，あらゆる面で実質的に同じと見なせるという意味だ．これを実現するのは簡単で，実験用に飼われているラットを2つのグループ（処理群と対照群）にランダムに割りふればいい（第7章参照）．対照群があれば，ビタミン剤をあたえない場合の寿命が測定できるので，処理群との比較により，ビタミン剤の効果を評価することができる．

良い実験をデザインするには，まさに必要とされている最適な対照群を注意深く選ぶことがきわめて重要である．このことを理解してもらうために，**陽性対照群** positive control，**陰性対照群** negative control という2つの専門用語を導入しよう．

陰性対照群：negative control
陽性対照群：positive control
よく使われる対照群は，測定している変数に何の影響もあたえないような処理操作を施されるグループである．これは陰性対照群と呼ばれる．しかし，研究によっては，影響（一般には，すでに知られ理解されている影響）が出るような処理操作を施されるグループが必要になることもある．このようなグループは陽性対照群と呼ばれる．

上に述べたラットの寿命の研究で使われた対照群は，陰性対照群である．なぜならこの対照群の個体が受ける操作は，関心の的である因子（寿命）に何の効果も生まないことが期待されているからだ．陰性対照群は薬剤の効果を調べる薬効試験でよく使われる．このとき対照群の被験体にあたえられる錠剤は，調査中の有効成分を含む錠剤と見た目は完全に同じだが，その成分をまったく含んでいない．これらは偽薬，プラセボなどと呼ばれている．

もうひとつのタイプの対照群は，研究によっては必要になるもので，陽性対照群と呼ばれている．陽性対照群として使われるのは，測定するものに効果が出ることが期待されている処理群である．これを使うのは，実験の手続きが順調におこなわれたことを確認するためであることが多い．

たとえば，地元の病院で採取された病原細菌の分離株に，抗生物質メチシリンへの耐性があるかどうか調べることになったと想像してほしい．各分離株のサンプルをメチシリン入りの寒天培地に塗り，病原細菌が増殖するかどうかを見る．翌日，実験室に戻ってみると，嬉しいことにどの分離株にもメチシリンの下での増殖は見られなかった．しかし病院側に，結果は陰性です，メチシリン耐性の細菌はありませんでした，と太鼓判を押す前に，この結果が何を意味しているのか，よく考えなければならない．説明のひとつは，病院の経営陣が導入した新しい感染対策が功を奏し，メチシリン耐性の細菌は確かにないと言ってよい，というものだ．しかし，別の説明も考えられる．ひょっとすると実験の手続きが正しくおこなわれなかったかもしれないのだ．たとえば，培地に重要な培養成分を入れ忘れ，それで細菌がうまく増殖できなかったのかもしれない．あるいは，夜中に何かの故障で培養器内の温度が長時間にわたって下がり，そのために細菌の増殖が緩慢になって，測定できるレベルまで増えなかったのかもしれない．このようなことは，工夫しだいで避けられたはずである．病院で採取した細菌のほかに，メチシリン耐性があることがわかっている細菌を，陽性対照基準として処理群の中に含めておけばよかったのだ．実際，これらの耐性細菌が期待通りに増殖できれば，実験の手続きが順調におこなわれたことに確信が持て，実験結果が意味のあるものとなる．逆に，これらの細菌も育たなかったら，そもそも実験の結果を解釈する意味がない．一言付け加えれば，メチシリンに弱い細菌も陰性対照群として使い，実験室のメチシリンが抗生物質としての機能を果たしたこと（あるいは，メチシリンを培地に入れ忘れなかったこと！）を確認してもいいだろう．

陽性対照群には別の使い方もある．次の仮説を考えてみよう．

人のイボの新しい治療法は，現在使われている方法より良い効果を生む．

この場合，新しい治療法を受けた患者グループでイボが消える速さを測らなければならない．しかし，これを，全く治療を受けなかった患者グループにおける速さと比べても，上の仮説を検証したことにはならない．その代わりに，次の仮説を検証したことになってしまう．

新しい治療法は，何の治療もしないことに比べれば，イボを消すのに効果がある．

元の仮説を検証したかったら，何の治療も受けなかった患者ではなく，従来の治療を受けた患者からなる対照群が必要だ．

もちろん，メチシリンの例と同じく，陰性と陽性の対照群を両方使ってもかまわない．もし，新しい方法で治療することに対して，陽性対照群，つまり従来の治療法群しか使わなければ，新旧どちらの治療法がよりすぐれているか，しか確かめることができない．しかし，ありそうもないとはいえ，どちらの治療法もイボを悪化させ，片方はもう一方よりましだっただけ，という可能性もまったくないわけではない．第3のグループとして陰性対照群を入れれば，この可能性を調べることができる．そして，このグループと比べることにより，新旧治療法の比較だけではなく，2つの治療法がまったく治療をしないのに比べて効果があるかどうか，あるとすればどのくらいかを自信をもって言うことができる．

しかしこの例で，対照群は本当に必要だろうか．従来の治療法の効果については，おそらく先行の研究があるはずだ．わたしたちの研究には対照群を入れず，新しい治療法を施した処理群の結果と，従来の治療法の効果について発表された先行研究の結果を，比べるだけではいけないだろうか．専門用語ではこのことを，**歴史的対照群** historical control を**同時進行対照群** concurrent control の代わりに使う，という．このやり方には労力と出費が少なくてすむという魅力がある．労力と出費を節約するのはどんな研究でも価値のあることだ．しかし，そこに重大な欠点がひそんでいる恐れもある．あるグループが対照群であるために最も重要な要件は，検証のための処理というただ1点を除き，他のいかなる点でも処理群

同時進行対照群：concurrent control
歴史的対照群：historical control
処理群と対照群の実験が同時進行でおこなわれるとき，この対照群は（陰性であれ陽性であれ）同時進行対照群と呼ばれる．これに代わるものとして，過去にとられたデータを対照基準として使うとき，このデータは歴史的対照群と呼ばれる．

と異ならないことだ（これによって交絡因子を避けることができる）．この要件をより容易に満たすのは，歴史的対照群より同時進行対照群のほうである．

たとえば，新しい治療法のもとで，人々のイボが2週間で消えたとしよう．これに対して，3年前に他の病院で従来の治療法を使ってなされた研究では，イボが消えるのに4週間かかっていたことがわかったとする．もちろん，これら2つの研究結果の違いは，治療法の違いによるのかもしれない．しかし，2つの研究の間に何か系統立った（つまり，一定の傾向や規則が見出せるような）違いがあれば，それが何であっても，研究結果の違いはむしろそちらの違いから来ているのかもしれない．たとえば，過去の研究で治療を受けた人々のほうがイボが深刻だったのかもしれないし，イボの種類が違っていたのかもしれない．あるいは，過去と現在とでは治療を施す技術に違いがあるかもしれないし，何をもってイボが消えたとするかの定義も違っているかもしれない．このように交絡変数がいくらでもあるので，2つの研究結果に見える違いが本当に治療法の違いから来ているとは自信をもって言えなくなってしまう．

【問 2.4】著者はあるとき同僚が次のように言うのを聞いた．「実験が終わってやれやれだ，あとは対照実験をするだけだ」．彼は本当に一息ついてもよいのだろうか．

歴史的対照群を使ったおかげで労力と資金が節約できたかもしれないが，結果に自信がもてないようでは本当の節約とは言えない．歴史的対照群は確かに時間と資金を節約できるし，倫理面での魅力もある．しかし，同時進行対照群の代わりに歴史的対照群を使うことを決定する前に，研究のためにそれがどれだけ有効な対照群となるか，じっくり考えたほうがいい．

➡ **検証する仮説を注意深く言葉にすると，どのタイプの対照群が必要かを決めるのが容易になる．**

2.3.2　対照群の効果をできる限り上げる工夫

実験の結果に最大限の自信をもちたければ，対照群の実験操作は，処理群の操作にできる限り似たものであることが必要だ．時には，対照群にどういう操作を施すべきか，細心の注意を払って考えなければならないこともある．うっかりしているといくつか交絡因子が紛れ込む恐れがあるからだ．

たとえば，鳥が巣の中で抱く卵の数を人為的に増やすと，親鳥の巣を守る行動が変化するかどうかを見る実験を考えてみよう．この実験では，対照基準として，卵の数を増やさない巣のグループが必要である．今，これら対照群の巣は処理群の巣と同じ方法で観察されるだけで，実験者からは何の操作も受けなかったとしよう．これに対して処理群の巣のほうは，観察に先立ち，実験者が卵を1つずつ加えるという操作を受けている．このようなやり方だと，たとえ処理群と対照群の間で親鳥の行動に違いが見られたとしても，それが抱く卵の数の違いのせいだと断言することはできない．悪魔の代弁者ならこう言うだろう．2つのグループの間に見られた違いは，抱く卵の数とは何の関係もない．卵を加える実験者によって巣が乱され，それに親鳥が反応したために生まれた違いにすぎない，と．このように批判されないためには，対照群にも処理群と同じような操作を施すべきだっただろう．つまり，観察の前に実験者が巣に卵を加える，ただし加えた卵をすぐに取り除くのだ．

もうひとつ例を挙げてみよう．実験用のラットにペースメーカー（脈拍調整器）を埋め込むと，ラットの寿命にどう影響するかを調べたいとする．外科手術はラットにとって大きなストレスになるだろうから，このストレスが寿命にペースメーカーとは何の関係もない影響を及ぼすかもしれない．したがって，対照群にも処理群と同様の外科的処置をすることを考えるべきだろう．外科手術はするが，処理群と違って，ペースメーカーを入れないか，入れてそのあとすぐに取り除くか，あるいは機能しないペースメーカーを入れる，などの処置をする．これにより，麻酔その他の外科的処置による交絡効果を制御することができる．ただ，このような対照群は魅力的だが，倫理面では問題となるかもしれない（2.3.3 小節参照）．

もしかしたら読者は，こんな手の込んだ芝居のようなことをするなんて，ばかばかしいと感じているかもしれない（実際，このような手続きを専門用語では「ニセの手続き」という）．だが，そんなふうに思ってはいけない．愚かなのは，可能なかぎり最良の対照群を考えようと努力しない人のほうである．

最後にもうひとつ．処理群と対照群に属する実験単位に対する操作や測定はすべて，ランダムな順番でおこなわれることを確認してほしい．まず処理群ですべての測定をすませ，それから対照群の測定にとりかかる，というようなことをすれば，「測定の時期」をひそかな交絡因子として持ち込むことになる（11.1 節参照）．

➡ 対照群にどのような操作を施すのが最良かは，細心の注意を払って考えるべきことである．

2.3.3　対照群への倫理的配慮について

陰性対照群を使うことは，場合によっては倫理に反することがある．たとえば，医学や獣医学の研究で，治療を必要としている人や動物に故意に治療を施さないのは，正当化するのが難しい．ラットに外科手術をする先ほどの例では，倫理的な配慮から，対照群にも同様の操作をするのをやめて，もっと苦痛の少ない方法を考えるほうがいいかもしれない．たとえば，（ペースメーカーではなく）外科的処置そのものは寿命に及ぼす影響がきわめて少ないと（先行研究をもとに）言えるなら，操作を受けないラットからなる対照群を使うことが，科学的厳密さと倫理的配慮のバランスを考慮した最善の解決策になるだろう．

また，飼われるだけでストレスになるような種を相手にしているならば，対照群の動物たちを拘束しないために，歴史的対照群を（もしあれば）使うことを検討してもいいかもしれない．ただし，そのような選択には最大限の注意が必要である．なるほど歴史的対照群を使えば実験動物の苦しみは減らせるだろう．これはどんなに強調してもしすぎることはない大事な目標だ．しかし，もしその歴史的対照群が適切でなく，人々を納得させることができなかったら，処理群に使われたすべての動物の苦しみが無駄になり，こんなことなら最初から実験しないほうが良かったということになる[@]．

➡ **倫理的配慮を理由に不適切な歴史的対照群を使わないよう気をつけよう．歴史的対照群を使って説得力のない実験をするくらいなら，初めから実験をしないほうがましである．**

2.3.4　対照群がいらない場合

ここまでの話を考えると，対照群がいらないこともある，と言われたらビックリするかもしれない．なぜそういうことがあるのかを理解するために，次の問いに答える実験を考えてみよう．

3つの品種のニンジンのうち，これこれの条件下で最もよく育つのはどれか．

ここでは対照群は必要ない．なぜなら，すべきことは単に3つの処理群の間で成長率を比べることだけであり，それらを何か他の成長率と比べることではないからだ．同様に，次の問いに答える実験でも，対照群は必要ない．

液体肥料をあたえる時間的間隔は，どのようにトマトの成長に影響するか．

ここでも，わたしたちがすべきことは，異なる処理群どうしの比較（つまり，肥料をあたえる時間的間隔が異なるグループどうしの比較）であり，対照群は必要ではない．しかし，このような問いに答えるために適切な処理群を選ぶことは，それ自体が実験デザインの巧さを決める「技」のひとつである（コラム6.2参照）．

➡ **時には（たびたびではないが）対照群がいらないこともある．そういうケースに該当するかどうかは，仮説が明確に述べられていればおのずと明らかになる．**

@　対照群（特に，対照群に関する倫理的問題），偽薬効果，症例対照研究についてのさらなる議論は補足資料の2.3.3小節にある．

2.4　予備研究と予備データの重要性

研究を始めたとたんに時間の重圧を感じるのは避けられないことのように思える．学部生の研究は短期間で終わってしまうし，博士課程も十分長いとは言えない．ポスドクの助成金は，始まったと思ったらもう終わりが見え始める．こんな重圧にさらされると，しゃにむに実験を始めてさっさと終わりたくなる．とにかくデータがたくさんあれば安心だ．しかし他のすべての分野と同様，生物学の研究にも古い格言「急がば回れ」が当てはまる．そして，実験生物学の重要なステップなのによく飛ばされるのが，研究の最初に少しばかり時間をさいて予備観察をすることだ．予備研究には，野外の研究場所に行って数時間または数日観察することから，小さな規模で実験を試してみることまで，いろいろなことが含まれる．予備研究で具体的に何をするかは，状況によって異なる．予備研究では微調整ができるので，それをしてから本番の実験に取り組むほうが，予備研究なしに本番に飛び込むよりも得るものが大きい．3 日の予備研究で気づいたはずの落とし穴にはまって，3ヵ月にわたる本研究がおじゃんになるというのも，決して珍しいことではない．2.1 節では，予備研究が，焦点の定まった興味深い問いを生み出すためにきわめて有益だという話をした．次の 2.4.1 小節と 2.4.2 小節では，他の利点をいくつか挙げて予備研究の重要性を説明しよう．

2.4.1　解決の見込みのある問いかどうかを確かめる

予備研究の目的のひとつは，これから研究しようとしているシステムをよく知ることである．この段階でシステムについて情報を得ておけば，本番の実験のためにより良いデザインができる．だが具体的には何をすればいいのだろう．おそらく予備研究の最も重要な目的は，取り組みたいと思っている生物学的問いが，実際にその研究で解決できる見込みがあるかどうかを確かめることだ．

たとえばこんな状況を想像してみよう．あるとき何かの本で，ヒゲペンギンの石盗み行動について読んだ．ペンギンが互いの巣から石を盗んで，自分の巣材にするという現象があるのだ．これはおもしろいと思い，研究テーマにすることに決めた．さいわい，地元の動物園にヒゲペンギンのコロニーがあるので，通って研究すればいい．そこで，石盗み行動のいくつかの側面について仮説を立て，それらを検証するために綿密な実験計画をデザインした．計画はペンギンの巣へのいろいろな操作を含み，大きさや色がさまざまに異なる石を足したり取り除いたりしなければならない．この仕事はなかなか大変で，ペンギンたちの生活も著しくかき乱された．しかしようやくそれも終わり，デッキチェアにゆったりと座ってデータ採取にとりかかる．1日観察したが，石盗み行動は見られなかった．でも大丈夫．石盗み行動を証拠づける記録は山ほどあるし，これについて書かれた論文も多い．ただ残念なことに，このペンギンたちは論文を読んでいない．1ヵ月観察を続けたが，ついに1回も石盗み行動を見ることはなく，研究を断念した．

こんな苦労をする前に，ほんの2，3日でもペンギンを観察してみればよかったのに．そうすれば，このコロニーでは石盗み行動はほとんど見られないことに気づいて，研究の企画を考えなおしただろう．あるいは，別のおもしろい行動を見つけて，それをもとに価値ある別の研究を始められたかもしれない．あるいはもしかすると，本で読んだのとはまったく異なるタイプの石盗み行動に気づき，2つの石盗み行動を比較できるような実験をデザインして，研究をもっとおもしろくすることさえできたかもしれない．

ちょうど良い機会だから，ここで，予備的な情報を他人に頼ることの危険性を指摘しておこう．どうしてもそうしなければならない場合を除き，他人に頼るのは，それがどんなに権威のある人でも危険である．指導教授は，その動物園のコロニーで石盗み行動が見られるだろうと言うかもしれない．しかしその根拠はといえば，わたしたちと同じ論文を読んだだけなのかもしれない．あるいは動物園の飼育係から，2年前に石盗み行動が見られたのだから今も続いているに違いないと聞いただけなのかもしれない．もしそう言われたら，少なくとも，その行動が見られたのは正確にはいつで，何回ぐらいだったのかと尋ねなければならない．何といっても自分の研究だ．労力を注ぎ込むのも自分なら，失敗して時間を無駄にするのも自分である．しっかり予備観察をして，本体の研究が可能であることに確信を持とう．もちろん，そのまま信じるしかない事柄もある．しかし，自分の目で容易にチェックできることを鵜呑みにしてはいけない．

もしかしたら読者は，上に述べた哀れなペンギン・ウォッチャーはどうせ架空の人物で，自分はここまで馬鹿ではないと思っているかもしれない．これについて著者たちに言えるのは，実に数多くの似たような実験が水の泡と化すのを見てきたということ，そして自分でも同じ間違いを何度も犯して身をよじるほど恥ずかしい思いをしてきた，ということだけである．

➡ 予備研究をすれば大恥をかかずにすみ，資金の無駄も防げる．それにたぶん，実を結ばない実験で動物を苦しめることもないだろう．

2.4.2　本番の実験で使う手法を確かめる

予備研究でもうひとつ大事なことは，本番の研究で使おうとしている手法を実際に使ってみて，その有効性を確かめることだ．これには，デッキチェアに座ったままでペンギンについて必要な観察がすべてできることの確認，あるいはそれらの観察があまりペンギンの邪魔にならないことの確認，といった単純なことも含まれる．ペンギンの行動を追いかけるために略記法を作ったのなら，それを使いこなせるかどうか，あるいは観察すべき行動にはすべて省略記号が作ってあるかどうかをチェックしようとするかもしれない．限られた時間内に必要なものをすべて測定できるかどうかもチェックしなければならないだろう．もちろん，これは野外研究だけに言えることではない．たとえば，ある実験のなかに，顕微鏡を使って細菌の数をかぞえるという作業が含まれているとしよう．どのくらい長いあいだ顕微鏡を覗き続けていると，正確さが怪しくなってくるだろうか．それを知る唯一の方法は，実際にやってみることだ．そしてそれによって，どのくらいの規模までの実験なら計画でき，実行できるかが決まってくる．

実験で使おうとしているすべての手法と方法を，本番の実験に取りかかる前に使ってみることの重要性は，いくら言っても言い足りない．もし実験の中に蚊を解剖する作業が含まれているなら，手際よく解剖できることをぜひ確かめてほしい．でないと，貴重なデータ点をダメにしたり，不必要に動物を苦しめたりすることになる．

条件をさまざまに変えてテストを試運転することも，本番のテストで有益な結果を得るために微調整をするのに役立つ．たとえば，メスのチョウに数種類の植物を選択肢としてあたえ，どの植物に産卵するかを見る，という選択テストを計画しているとしよう．もし産卵のための時間をあたえすぎれば，メスはすべての植物に卵を産んで，微妙な好みの違いを検出しにくくなるだろう．逆に，あたえる時間が少なすぎれば，メスはすべての植物を探索する時間がなく，ランダムに卵を産みつけるかもしれない．予備実験でメスにあたえる時間をさまざまに変えてみれば，本番でどのくらいの時間を見込んでおけばよいかを知ることができる．

研究で複数の観察者を使う場合，予備研究は手法を均一にするチャンスでもある．たとえば，ある人に攻撃的と見える行動が，他の観察者たちにも攻撃的と見えるかどうか，あるいは全員が同じ方法で，または同じ位置から測定しているかどうか，確かめる必要があるかもしれない．これに関するもう少し突っこんだ議論は11.5節でおこなう．

予備研究のさらなる利点は，本番の実験で得られるはずのデータの小型版が手に入ることである．これを使って，本番で予定している統計解析が使えるかどうか，試してみることができる．統計コラム2.1を見てほしい．

要約しよう．本番の実験で起こりうる問題の多くは，あらかじめ注意深く考えることによって取り除くことができる．しかし，実験にひそむ欠陥や問題点をくっきりと浮かび上がらせるためには，本番で使う予定の手法を，本番と同じ条件のもとで使ってみるのが一番だ．できる限り予備実験をするようお勧めする．

> **【問2.5】** 農地の草を食べている野生ガンの群れの大きさが，ガンの種（しゅ）と農地の使われ方によって異なるかどうかを調べる観察研究を任されたとしよう．あなたなら予備研究でどういうことを調べるだろうか．

本章の内容を理解したかどうか，もう少し確かめたければ，オンライン補足資料にあるセルフチェック問題を考えてみよう．しかし，本章に出てくる考え方がよくわかったと思ったら，第3章に進もう．そこでは仮説に取り組むために，広い意味でどのようなタイプの研究方法が適しているかについて考える．

統計コラム 2.1

予備データの利点：実験デザインと統計法の微調整

予定している研究の小型版を予備研究で実際にやってみることの利点は何かというと，データ採取の手法に問題さえなければ，本番で得られるのと同類の実験データが前もって手に入る，ということである．これには次の2つの意味で大きな価値がある．

まず，これらのデータにもとづいて，本番の実験が予定通りの規模で行けそうかどうかを判断することができる．これについては第6章で統計的検出力の話をするときにもう少し詳しく説明しよう．

次に，これらの予備データを使って，予定している統計検定を試してみることができる．研究をするときはつねに，とったデータをどのように解析するか，あらかじめ決めておかなければならないが，その解析法が使えるかどうかを知る一番の方法は，予備実験で得たデータで実際に試してみることだ．どの統計検定を使うにしても，データはその検定法が要求する多くの前提を満たしていなければならないので，データをとり終わった最終段階に来て解析できない（または必要以上に解析が難しい）ことに気づくほど惨めなことはない．この種の問題は予備データを解析してみればただちにわかるので，手遅れにならないうちに研究のやり方を修正することができる．

予備研究にはさらにもうひとつ利点がある．多くのことと同様に，データの操作や統計検定は，実際にやって慣れてくるにつれて，より簡単にできるようになる．予備データで適切な解析法の使い方を習得すれば，本番のデータで同じ解析をするのはいとも簡単なことだ．研究を始めてみると，データ採取に思ったより時間がかかり，最後にデータを解析して結論をまとめる時間が少なくなる，といったことは必ずと言っていいほど起こる．もしこの時点で初めて統計の心配をするとなると，時間の重圧はさらに大きくなるだろう．しかし逆に，統計の細かいことは予備研究で経験済みだとしたら，解析に労力をとられず，より多くの時間を使って結果の意味することを書いたり考えたりできるだろう.

実のところ，自分で予備データをとるのが現実には不可能な場合でも，誰かからデータを借りたり，本番でとるつもりのデータと同じ種類のダミーデータを作ったりして，予定している解析を試してみることを強くお勧めする.他のすべての手法と同様，統計法でも，必要なときにそれが使えることを確かめる一番の方法は，気持ちにゆとりのある最初の段階でそれを試してみることだ.

➡ **本番の実験に取りかかる前に，データ採取に関係するすべての手法を，本番に近い状況のもとで実際に使ってみよう.**

まとめ

- 良い実験をデザインするには，仮説を明確で検証可能なものにしなければならない.
- 予備研究は良い仮説を立てるのに役立つ. データ採取の手法や統計解析法を試す良い機会でもある.
- 実験で集めた証拠が，仮説を支持または棄却するための最も明確で強力な証拠になることを確かめよう. 多くの場合，その鍵は，対照群を注意深く選ぶことである.
- 実験から出てくる可能性のある結果をすべて解釈できるかどうか確かめよう.
- 間接尺度を使うときは注意が必要である.
- 結果を信じる気のなかった人でさえ納得してしまうくらい，決定的な答を出せる実験をデザインしよう.

第 3 章

デザインの大枠を選ぶ

・研究をデザインするとき，まず考えるべき重要なことは，実験操作をするか，それとも単に自然にあるばらつきを記録するか，ということだ．どちらにも長所と短所がある．多くの場合，2 つを組み合わせると効果的である（3.1 節）．

・次に考えるべきことは，被験体を自然環境の中で研究するか，それとも環境がより制御された実験室で研究するかということである（3.2 節）．また，生体外実験にするか，それとも生体内実験にするかを決めることである（3.3 節）．

・これらの決定にはいくらかの妥協がともなう．科学研究には良いものから悪いものまでさまざまな段階があるが，完璧な研究は 1 つもない（3.4 節）．

3.1　実験操作か，それとも自然のばらつきか

操作的研究：manipulative study
相関的研究：correlational study
観察的研究：observational study
操作的研究では，研究者が研究対象システムの何かに変化を加え，その変化の影響を測定する．一方，相関的研究（観察的研究）では，研究対象システムに変化を加えない．

研究でどういう問いを取り上げるか決まったら，次は，仮説をどのように検証するかという問題に直面する．これは実験デザインの核心ともいうべき部分である．最初に決めなくてはならない重要な事柄は，**操作的** manipulative な研究をするか，それと

も**相関的** correlational な研究をするかということだ．操作的な研究は，この言葉が示すとおり，実験者が研究対象のシステムに何らかの操作を施し，操作が対象に及ぼす影響を測定する．これに対して相関的な研究は，操作的な研究のように人為的にばらつきを作り出すのではなく，自然にあるばらつきを利用して，ある因子が別の因子に及ぼす影響を見つけ出す．相関的な研究は，測定的実験あるいは**観察的** observational な研究などとも呼ばれている．

3.1.1 操作的方法と相関的方法のどちらでも取り組める仮説の例

次のような仮説があるとしよう．

多くの種の鳥に見られる，吹き流しのように長い尾羽は，オスをメスにとってより魅力的にするために進化した．

この仮説からただちに，尾羽の長いオスは尾羽の短いオスより多く交尾できるという予測が立つが，この予測をどう検証すればいいだろう．

相関的方法

ひとつの方法は次のようなものだ．調査場所へ行って，オスをたくさんつかまえ，1 羽ずつ尾羽の長さを測り，個体を識別するための足輪をつけて，再び空に放つ．それから繁殖期が終わるまで観察して，それぞれのオスが何羽のメスと交尾したかを記録する．もし，適切な統計解析の結果，尾羽の長いオスのほうが多く交尾していたことがわかれば，この仮説は支持される．

このような研究が相関的な研究である．関心の的である因子（尾羽の長さ）に操作を加えることなく，自然にあるばらつきを利用して，尾羽の長さと交尾の回数の間に見られる関係を調べているからだ．ついでにひとつ注意しておくと，相関的研究という名称から，この方法で研究するときは同じ名で呼ばれている統計検定を使ってデータ解析をしなければならないと思い込んでいる人がいるが，その必要はない．

操作的方法

もうひとつの方法では，尾羽の長さを実際に操作する．この場合もオス鳥をつかまえるが，単に測定して空に放つのではなく，尾羽の長さを操作する．たとえば，オス鳥たちを次のような3つのグループに分ける．第1グループでは，尾羽の先を切ってから再び貼りつけて尾羽の長さが変わらないようにする．これは対照群である．第2グループでは，尾羽の先を切り取って尾羽を短くする．第3グループでは，尾羽の長さがより長くなるように，まず先を切ってから再び貼りつけたのち，第2グループで切り取った部分をさらに貼りつける．こうして得られる3つのグループでは，すべての鳥が似たような手続きで処理されているが，尾羽の長さだけはそうではなく，ひとつのグループでは処理前と変わらず，もうひとつのグループでは短くなり，最後のグループでは長くなっている（図3.1）．このあと足輪をつけて空に放ち，交尾の回数を記録する．もし尾羽が長くなった鳥たちのほうが他のグループの鳥たちより交尾回数が多ければ，この仮説は支持される．さらにもし，尾羽が短くなった鳥たちが尾羽の長さが元のままの対照群の鳥たちよりも交尾回数が少なければ，仮説はより強く支持される．

この例では，操作的な方法と相関的な方法はどちらも仮説の検証に実効性がありそうに見える．次小節では，自分の研究でこれら2つの方法のうちどちらがふさわしいかを考えるとき，どういうことを考慮に入れるべきかについて述べる．

➡ 操作的研究と相関的研究はどちらも仮説の検証に効果的でありうる．どちらが良いかは状況によって異なる．

3.1.2　相関的研究の長所（と操作的研究の短所）

相関的研究にはいくつかの長所がある．まず，多くの場合，操作的研究より簡単に実行できる．たとえば，尾羽の長さについての仮説を検証する方法を2つ述べたが，そこに使われている単語の数をかぞえただけでも，相関的研究の

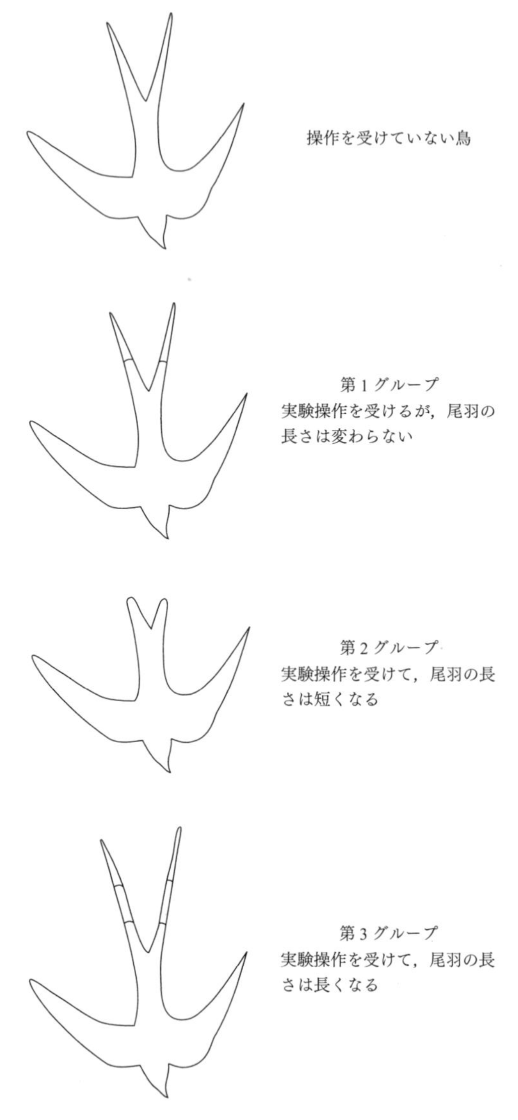

図 3.1　3.1.1 小節で述べた，吹き流しのように長い尾羽をもつ鳥の尾羽の長さと交尾回数の関係を調べる実験では，3 つの実験群が必要だと考えた．どのグループの鳥も尾羽に操作を受けるが，操作前と操作後では尾羽の長さはグループによって異なる．第 1 グループでは変化しないが，第 2 グループでは短くなり，第 3 グループでは長くなっている．

ほうが少ない労力ですむことは明らかだ．これは単に時間と労力が節約できるというだけでなく，生き物にさわったり拘束したりしなければならない場合，その時間がずっと少なくてすむという意味である．人にさわられるとストレスを受けたり傷ついたりしやすい生物や，汚染の恐れのあるサンプルを扱っている場合，これは明らかに良いことだ．

一方，操作的研究には，施した操作が研究者の意図していなかった結果を引き起こすかもしれないという難点がある．生物個体は1つの統一された単位なので，体の一部が変化しただけでも他の機能に甚大な影響が及ぶ可能性がある．たとえば，オス鳥の尾羽の一部を切り取ることは，その鳥の魅力だけでなく飛行能力にも影響するだろう．そうなると，わたしたちが目にする結果は，もしかしたら飛行能力の変化によるもので，直接的に尾羽の長さのせいではないのかもしれない．遺伝子工学の先端技術のおかげで，たった1つの遺伝子を変更またはノックアウトできる分野においてさえ，施した操作が研究対象の形質以外のものを変えていないと確信することは不可能だ．実験を注意深くデザインして，目的にかなった適切な対照群を使えば，そのような偽（にせ）の結果があらわれても見破ることはできるはずだが，用心するに越したことはない．上の研究で言えば，尾羽への操作によってオス鳥の飛行能力が損なわれ，そのために採餌能力が低下して，健康状態が悪くなった可能性があることは想像できる．サンプルの鳥の健康状態が全体的に悪化したということは，この研究の結論を，さまざまな健康状態の鳥がいる母集団にそのまま適用するのが難しくなった，ということである．その上，健康状態が悪化すればメスにとっての魅力も減るので，グループどうしの差の検出も難しくなるだろう（床効果．11.6.5小節参照）．相関的研究では，今述べたような問題は起こらない．

相関的研究の最後の長所は，自然のばらつきに手を加えていないので，観察された個体間のばらつきが，生物学的に意味のあるものだと確信できることである．たとえば次のような状況を考えてみよう．上の実験操作では，尾羽の長さを約20cm伸ばしたり縮めたりしたが，自然状態では，母集団全体を見渡しても，尾羽の長さのばらつきはせいぜい2cm位しかないとする．わたしたちが手を加えた結果，鳥が，自然に起こる範囲をはるかに超える形質を持ってしまったのだから，この実験が，研究対象のシステムについて，生物学的に意味のあることを教えてくれるかどうかは疑わしい．もちろんこれは必ずしも操作的研究の致命的な欠陥というわけではない．研究対象システムに関する適切な生物学的知識と予備データにもとづいて，操作を注意深く計画しさえすれば，このような問題は回避できる．とはいえ，どういう操作を計画したにせよ，それを実行に移す前に，その生物学的な意味を是非ともよく考えるようにしてほしい．

➡ **相関的研究は一般により容易に実行でき，操作的研究に比べるととんでもない失敗をする可能性が低い．**

3.1.3　操作的研究の長所（と相関的研究の短所）

前小節で挙げられたさまざまな難点を考えると，どうしてわざわざ操作的研究をするのかと疑問に思ったかもしれない．実は，相関的研究は，長所も多い代わりに，**第三の変数** third variable と逆の因果関係という2つの問題を抱えているのだ．しかもこれらは，かなり大きな問題となる．

> **第三の変数：third variable**
> 第三の変数とは，関心の的である**2**つの変数（**A**，**B**）に別々に影響を及ぼして，実は何の関係もない**A**と**B**の間に，あたかも直接の関係があるように思わせてしまう変数（**C**）のことである．第三の変数は交絡因子，あるいは交絡変数とも呼ばれる．

第三の変数

因子Aと因子Bの間に直接の関係はないのに，わたしたちが間違って因果関係を推測してしまうことがある．このようなことは，もうひとつの因子CがAとBに別々に影響を及ぼしているときに起こりうる．このCが第三の変数で，AとBを直接につなぐメカニズムは何もないのに，これが原因でわたしたちには両者の間に関係があるように見えてしまう．

たとえば，一般開業医の待合室で患者を調べたところ，バスで来た人たちのほうが車で来た人たちより病気の症状が重かったとしよう．ここからすぐに，バスを使うことは健康に悪い，と結論するのは性急すぎるだろう．この相関関係の原因はおそらく第三の変数（たとえば社会経済的要因）にありそうだ．実情は，バスの使用と健康状態の悪さの間に直接の因果関係はなく，ただ社会経済的地位の低い人のほうが，より裕福な人よりも体を壊しやすく，かつ（それとは別に）バスを使う傾向が高い，ということなのかもしれない．

ここで，先に述べた鳥の尾羽に関する相関的研究の例に戻ってみよう．この研究では，オスの尾羽の長さと交尾回数の間に相関関係があることを見つけたが，この関係は尾羽の長さが交尾回数に影響を及ぼすことを示しているだろうか．もしかしたらメスは，本当は尾羽の長さではなく，縄張りの質にもとづいてオスを選んでいるのかもしれない．そして，縄張りの質が良いほど，（より多くの餌がとれるなどの理由で）オスはより長い尾羽を発達させることができるのかもしれない．わたしたちはオスが得る交尾の回数と尾羽の長さの間に因果関係を見たが，実際に起こっているのは，別々の2つの因果関係（ひとつは縄張りの質と交尾回数，もうひとつは縄張りの質と尾羽の長さ）なのかもしれないのだ．この場合，縄張りの質が第三の変数であり，オスの尾羽の長さと交尾回数のどちらにも影響を及ぼしている．両方に影響を及ぼすために，たとえメスが尾羽の長さでオスを選んでいるのではなくても，尾羽の長さと交尾回数の間に因果関係があるように見えてしまうのだ．

ほとんどどんな相関的研究にも，第三の変数が隠れている可能性がある．研究では測定しなかった第三の変数が，わたしたちの観察に相関関係を作り出す．第三の変数の概念をはっきりと理解することはきわめて重要なので，他にもいくつか例を見てみよう．

有名な（そしてちょっと変わった）進化生物学者で統計学者のロナルド・フィッシャーは，パイプ愛好家でもあった．喫煙と呼吸器系疾患の相関関係を弱く見せるために，彼は第三の変数を使って次のように議論したという．喫煙が病気を引き起こすのではない．愛煙家と呼ばれる人々が，たまたま他の理由で呼吸器系の病気にかかりやすい人々でもある，というのにすぎない．おそらく呼吸器系疾患はストレスによって引き起こされ，ストレスのある人は喫煙の傾向が高いのだろう．

大卒の女性で一生結婚しない人の割合は，女性一般に占める一生独身の人の割合より多い．これは，大学に行くと女性が結婚から遠ざかる（あるいは大学で出会うような男性とは結婚したがらない）という意味ではない．そうではなく，たぶん性格や社会環境が大学への少し高い進学率と関係していて，それがまた少し低めの結婚率とも関係しているのだろう．

イギリスである週に売れたアイスクリームの量と水難事故の件数の間には相関関係がある．この相関関係も直接的な影響によるものではなさそうだ．つまり，アイスクリームをたくさん食べたから，泳いでいる間に筋肉がつったとか，意識を失ったとかいうわけではないだろう．むしろ考えられるのは，第三の変数のしわざである．暑ければアイスクリームが売れるし，（それとは別に）経験のない人がボートを借りたり，泳ぎのうまくない人が川や湖に飛び込んだりもするからだ．

要するに，第三の変数の問題とは，操作を受けていない自然のシステムで特定のパターンが観察されたとき，そのパターンが本当にわたしたちが測った因子によるものであって，測定していない他の因子との関連によるものではない，と確信することができないということだ．このような問題を確実に取り除く方法はただ1つ．それが実験操作である．

【問 3.1】 交通事故で死んだアナグマを調べたところ，腸内の寄生虫が多いほど体重が軽いことがわかった．このことから，腸内の寄生虫は体重の減少をもたらす，と結論しても大丈夫だろうか．それとも，この観察をうまく説明できる第三の変数があるだろうか．

逆の因果関係

相関的研究の2つ目の問題は，**逆の因果関係** reverse causation である．これは因子Aと因子Bの間に相関関係を見ているときに起こりうる．逆の因果関係とは，実際はBの変化がAの変化を引き起こしているのに，その逆，つまりAがBに影響を及ぼしているのだと誤って解釈してしまうことだ．

逆の因果関係：reverse causation
逆の因果関係とは，本当は変数 **B** が変数 **A** に影響を及ぼしているのに，**A** が **B** に影響を及ぼしている，と間違って結論することである．

たとえば，ある調査によって，麻薬の常習者だと自覚している人は，経済的な心配事があるとも自覚していることがわかったとしよう．そう聞くと，麻薬の常習が経済的問題を引き起こすのだと結論したくなるだろう．これを逆の因果関係によって説明すれば，経済的な問題を抱えている人は（おそらく一時的に心配事から逃げようとして）麻薬に手を伸ばしやすい，となる．この例の場合，多くの人は最初の説明のほうが正しそうだと考えるが，逆の因果関係による説明も少なくとももっともらしいとは言える．現実には，両方のメカニズムが同時に働いているのかもしれない．

逆の因果関係の例をもうひとつ見てみよう．オランダの農家の煙突に巣を作っているコウノトリの数と，その家に住んでいる家族の子どもの数の間には，相関関係がある．これは奇妙なことに思えるが，子だくさんの大家族ほど大きな家に住むので煙突の数が多く，したがってコウノトリが巣を作れる場所も多い，と考えれば納得がいく．子だくさんの家族がコウノトリの巣作りに多くの機会をあたえるのであって，コウノトリのおかげで子どもがたくさん産まれるわけではないのだ！

逆の因果関係の問題は，相関的研究でかならず起こるとは限らない．逆の因果関係による説明が説得力をもたないこともある．先に述べた，オス鳥の尾羽の長さと交尾回数に関する相関的研究がそれに当たる．繁殖期の終わりにわかるオスの交尾回数が，繁殖期の初めに測った尾羽の長さに影響するなど，とてもありそうには思えない．しかし，仮にオスをつかまえて尾羽を測定するのが，繁殖期の終わりだったらどうだろう．その場合，交尾の回数がオスのホルモンレベルに影響をあたえることは十分考えられる．そして，ホルモンレベルの変化が繁殖期中のオスの尾羽の伸び方に影響するならば，尾羽の長さは繁殖期中の交尾回数に依存することになるだろう．この場合，尾羽の長さと交尾回数の間には予想していたような関係が見出されるだろうが，その相関関係は当初考えていた理由（メスは長い尾羽を好む）によるものではない．おそらく読者はそんなことは起こらないと思うだろうし，そんなことが起こった例も知らないだろう．しかし，悪魔の代弁者ならきっと，そうでないという確実な証拠がないかぎり，今述べたような議論を非常に説得力の高いものと見なすに違いない．操作的研究ならば，変数を人為的に操作するので，逆の因果関係の問題を回避

AとBの間に相関関係が見える.

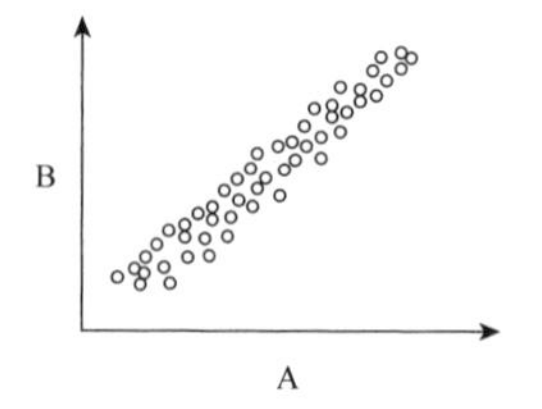

こうかもしれない.

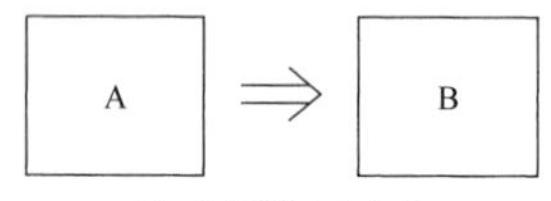

AはBに影響をあたえる

しかし，こうかもしれない.

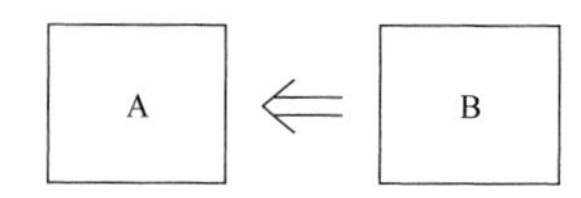

原因と結果が逆で，BがAに影響をあたえる（逆の因果関係）

あるいは，こうかもしれない.

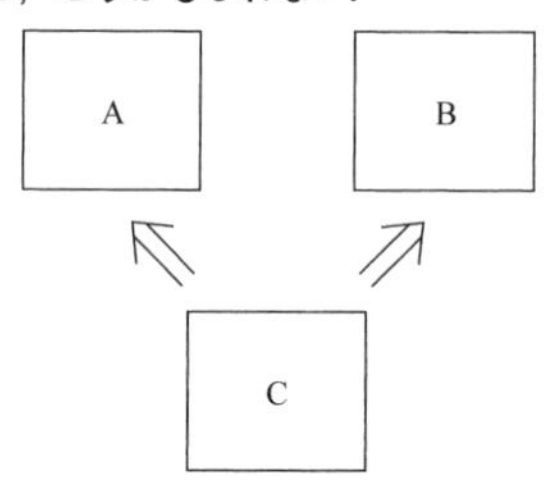

AとBは互いに何の影響も及ぼし合わないが，両方とも第三の変数Cから影響を受ける

図 3.2　2つの変数（AとB）の間に相関関係を見つけたとき，その背後にあるメカニズムの解釈には十分気をつけなければならない．なぜなら，いくつもの（互いに排除し合わない）解釈が可能だからだ．もし，Aの値がBの値に影響するという説明が最も確からしいと主張したいなら，これが他の2つの説明（逆の因果関係と第三の変数）よりも説得力があることを明示しなければならない．この図で言えば，逆の因果関係説は，変数BがAに強い影響をあたえていると説明し，第三の変数説は，本当はAとBを結ぶ直接の因果関係はなく，第三の変数CがAとBの両方に強い影響を及ぼしている，と説明する．

することができる．

非操作的研究が抱える上の2つの問題は，「相関関係があるからといって因果関係があるとは限らない」という警告に要約されている．図3.2はこれをわかりやすくまとめたものだ．わたしたちが生命科学者として検証することになる仮説はたいてい「因子Aは因子Bに影響をあたえる」という形をとっている．わたしたちの仕事は，それが本当かどうかを明らかにすることだ．相関的研究をおこなって，AとBの間に相関関係が見つかれば，それは確かに仮説にいくらかの支持をあたえる．しかし，支持そのものは決定的ではない．もしかしたら現実には，逆の因果関係を通してBがAに影響をあたえているかもしれない．あるいは，AとBの間に直接の因果関係はなく，別の因子（C）がAとBのどちらにも影響をあたえているのかもしれない．これらのことが何を意味しているかというと，相関的研究はせいぜい仮説と整合するデータを提供するだけだ，ということである．AがBに影響することをはっきりとした証拠で示したければ，操作的研究をせざるを得ない．こういうわけで，相関的研究だけでやっていこうと思ったら，実行に移す前に，今述べたことをよく考えてみるようお勧めする．

【問3.2】以下の問いについて調べたいとき，あなたなら相関的研究と操作的研究のどちらを選ぶか．
(a) 加工食品を多くとると憂うつになる傾向が強まるか？
(b) 飽和脂肪を多くとると心臓発作のリスクが上がるか？

➡ **第三の変数と逆の因果関係の問題は，相関的研究の大きな短所である（といっても，逆の因果関係の問題は第三の変数の問題ほど重大ではないが）．操作的研究はこの問題を回避できるという意味でより魅力的である．**

3.1.4　操作が不可能な場合もある

前小節では，相関的研究についてかなり厳しいことを述べた．にもかかわらず，多くの相関的研究が日々おこなわれ，科学雑誌は相関的研究であふれている．実は，相関的研究はかなり多くの場合に貴重なデータを提供することができるのだ.

まず，操作が不可能な場合がある．これは実際的な理由によることもあれば，倫理的な理由によることもある．たとえば，子どもが受ける受動喫煙のリスクを測るために，大勢の赤ちゃんを保育器に入れ，1日に8時間タバコの煙を送り込んだとしたら，どういう（当然の）非難を浴びるか想像できるだろう．このような問題は，人間集団を対象とした健康と病気に関する研究（疫学）ではよく起こる．このため，相関的研究はとくにこの分野で重要な役割を果たしている（疫学における相関的方法の使用についてはコラム3.1を参照）.

そのほか，仮説を検証するために必要な操作が技術的な理由で不可能な場合もある．先に述べた研究で，尾羽の長さを変えるだけでも難しい操作だった．それがクチバシの長さや目の色を変えるとなると，被験体の鳥の正常な機能を損なわないような操作は，技術的にまず不可能だろう.

もうひとつ，相関的研究が重要な役割を果たすのは，より詳しい研究の前段階として相関的研究を使う場合である．たとえば，ある地域の植物の多様性にどのような因子が影響を及ぼしているかを知りたいとしよう．ひとつ考えられるやり方は，重要だと思う因子をすべて——土壌中の化学物質から気候的要因に至るまで何もかも——リストアップして，それらをまず別々に，次に組み合わせて，体系的に調べるための実験計画をデザインする，というものだ．もし無限の研究資金をもっているなら（もちろん熱意も底なし，研究助手も大勢いるなら）そんな研究も良いだろう．しかし，もっと効率的なやり方をしたければ，まず大規模な相関的研究をおこなって，どの因子がとくに重要そうかを知ることから始めるほうがよい．そして，そのような因子が見つかったあとで，もっと標的をしぼった操作的研究によって相関的研究の結果を確認するとよいだろう.

結局のところ，相関的研究に悪いところは何もない．それどころか，相関的研究は生命科学の分野で重要な役割を果たしている．まず相関的研究をして，そのあと，的をしぼった注意深い操作的研究をすると，どちらか片方だけの場合より説得力のある議論ができることが多い．相関的研究には弱点があり，その弱点のために，研究から引き出せる結論が限られてしまう．しかし弱点を承知しているかぎり，そして結果が語っている以上のことを結論しないかぎり，相関的研究は非常に役に立ちうる研究法である．

コラム 3.1

疫学における相関的研究の役割

3.1.4 小節で述べたように，相関的研究は疫学でとくに重要な役割を果たしている．疫学は個体集団の健康や病気に関する因子を研究する学問であり，操作的研究をするのは実際的でもなければ倫理的でもないことが多い．操作的研究をするなら，倫理的観点から言って，被験者の健康と福祉が操作によって改善されるか，せいぜい元のままに保たれることが望まれる．このため，操作的方法は新しい治療法の臨床試験で最もよく使われている．

臨床試験では，計画と準備に細心の注意を払うことが必要である．なぜなら，患者個人のために最善と考えられる治療介入と，臨床試験のために必要な操作が，食い違ってしまうことがあるからだ．ある患者が新しい治療法にランダムに割りふられて，その治療法を受けたとする．もし，試験中にその患者にあらわれた反応が医師の期待するほど良くなかったら，医師は当然ながらその患者の治療法を従来のものに切り替えたくなるだろう．逆に，新しい治療法が従来の治療法よりはるかに優れていることが試験中に明らかになったら，今度は研究に参加している医師の誰もが，実験を中止して患者全員を最も有効に見える新しい治療法で治療したいと（これも当然ながら）思うだろう．このような問題は，盲検法を使うとか（11.6.3 小節参照），臨床試験の意義について参加者にきちんと説明をするとか，あるいは，途中結果の解析ではっきりした結論が出たら予定より早く試験を終了する旨を実施要項に記しておくとかいった方法で，ある程度は解決できる．しかし，それですべての問題がなくなるわけではない．たとえば，臨床試験では通常，参加患者のインフォームド・コンセント（十分説明を受けた上での同意）を得なくてはならないが，これは時間がかかる上に，細心の注意を払わないと患者の自己選択（4.3.6 小節参照）によるバイアス（偏り）が生じる恐れがある．患者の同意を得るのが特別難しいのは，試験で偽薬を使うときだ．エイズに効く可能性のある新薬を試すためにおこなわれた，ある大規模な臨床試験では，試験に参加した患者たちが自主グループを作り，偽薬群に割りふられた患者も新薬の潜在的恩恵にあずかれるように協力して薬を溜め込んだため，研究が台無しになってしまった．こういうことがあるので，疫学では相関的研究がとくに有益な方法となっている．

➡ 相関的研究は，生物学上の問いに取り組むための有益で実際的な方法である．しかし，その限界をつねに心にとめておかなければならない．

3.2　野外か，それとも実験室か

もうひとつ生命科学の研究でしばしば選択を迫られるのは，実験室と野外のどちらで研究をおこなうかということだ．その答はどういう問いを研究するかにもよるし，研究対象システムの生物学的実態にもよる．どちらのやり方にも長所と短所がある．たとえば，キンカチョウが養うヒナ鳥の数が増えると，母鳥の寿命が短くなるかどうかを知りたいとしよう．キンカチョウの巣の卵の数を増減することによってヒナの数を操作し，ヒナたちが巣立ったあと，母鳥を観察して寿命を調べるとする．

このような実験は，実験室でも野外でも可能だろう．どのように選べばよいのだろうか．まず実験室から考えてみよう．おそらく最初に考えなくてはならないのは，研究対象の生物が実験室で快適に暮らせるか，ということだ．今の例では，問題はないだろう．なぜならキンカチョウは，飼育下でも容易に繁殖するからだ．しかし，飼育するのが難しい鳥（たとえばアホウドリ）で同じことをするとしたら，実験室での研究は難しくなる．実験室での研究に適しているかどうかは生物によって非常に異なるので，細心の注意を払って決めなくてはいけない．捕らえて飼うのが難しい動物なら，動物の福祉に反するだけではない．せっかく研究しても，その結果は自然界における状況を知るための参考にならない恐れがある．

さて，研究対象の生物が実験室で幸せにすごしているならば，実験室での研究にはいくつかの長所がある．まず，一般的に言って，実験室のほうが一定の環境を保つのがはるかに容易である．そして，一定の環境を保つことで，制御されていない環境因子によるばらつき（ノイズ）をなくし，関心の的である因子に注意を集中することができる．たとえば気温や日照時間のような因子はどれも生物に非常に大きな影響をあたえるが，これらに起因するばらつきによって調べたい肝心の因子の影響が覆い隠されることがあるのだ．また，実験室では，すべての動物に十分な餌をあたえ，すべての植物に十分な水をあたえることができるので，自然のままにしておけば栄養摂取量の違いによって起こりうる個体間のばらつきも取り除くことができる．さらに，一般的に言って観察も実験室でおこなうほうがはるかに容易である．陽光溢れるオーストラリアの奥地でキンカチョウを観察すると言えば，いかにものどかに聞こえるが，現実には鳥を見つけるだけでも何週間もかかるなど，必ずしも楽しいことばかりではない．多くの動物では，細かい観察は実験室でするほうが，たいていは楽である．

その一方で，実験室での研究は，環境が制御されているということそのものが，そのまま大きな短所にもなっている．実験室の生物たちは，野外での生活につきもののストレスの多くを経験しない．このため，実験室での研究結果にもとづき，それを自然界に一般化するのは，普通は難しい．たとえば，実験室でキンカチョウに対しておこなった操作が，メスの寿命にまったく影響を及ぼさなかったとしよう．そこから何が結論できるだろうか．この実験で使ったこれこれの条件下では測定できるほどの影響は見られませんでした，とは言える．しかし，わたしたちが本当に関心のある野外でのなりゆきについて，だからおそらく野外でも影響はないでしょう，とは言えない．実験室の鳥なら，室温制御された部屋にいて，寄生虫にも悩まされず，餌もたっぷりあるのだから，少しばかりヒナを増やされたって何ともないだろうことは想像がつく．しかし，野外のもっと厳しい環境にいれば，ヒナが1羽増えるだけで，母鳥の払う犠牲はかなり大きくなるのではないだろうか．もちろん，何の影響も見られなかったのが野外研究の結果だったとしても，それがその研究期間における特定の環境のもとでの結果にすぎないことは，実験室の場合と同じである．それでも，そのときの野外の環境は，実験室のそれに比べれば，はるかに研究対象種の自然環境を代表していると言えるだろう．したがって，実験室での研究よりも，野外での研究にもとづいて一般化するほうが安全である．一般化というテーマは，統計的方法論の核心にかかわるので，統計コラム 3.1 でもう少し詳しく考えてみよう．

時には，扱う問いそのものの理由により，実験室での研究が実際的でないこともある．たとえば，巣にいるヒナを養うための行動が親鳥のオスとメスの間で異なるかどうかを，キンカチョウを使って調べたいとしよう．この場合，野生の鳥が経験するのに近い採餌環境を，鳥小屋の中に作り出すのはきわめて難しい．野外なら，親鳥は時には数百メートルも離れたさまざまな場所から，多種多様な餌を巣に持ち帰る．これを実験室で忠実に再現するのは不可能だ．それに，どんな鳥小屋実験をおこなっても，悪魔の代弁者からは，そんな実験はまったくの作り事だ，進化を通して鳥たちが適応してきたのとはまったく違った採餌環境でテストしているのだから，と批判されるのがオチだろう．しかし，研究で扱う問いが，たとえば，メスの体のさまざまな部位に蓄積されたカルシウムの分布は産卵によってどのように変わるか，のようなものならば，蓄積カルシウムの分布は環境条件には影響されにくいという理由で，容易に実験室での研究を擁護できるだろう．したがってここでも，**最も適切なやり方は研究で解明したい問いによって決まる**と言える．

統計コラム 3.1

研究結果を一般化する

研究を解釈するとき考えなければならないのは，研究結果をどのくらい広い範囲に適用できるかという問題である．つまり，研究で使った特定の被験体の集合から，より広い世界に一般化するとき，どこまでなら間違いを犯さずに広げられるか，ということだ．

たとえば，イギリスの成人男女を代表するサンプルで身長を測ったら，男性が女性より平均 5cm 背が高かったとしよう．わたしたちは別段，このサンプルをなしている人々の身長が知りたいわけではない．知りたいのは，このサンプルの研究をもとに，より広い範囲の人々について何が言えるか，である．その答を簡単に知るには，このサンプルがどういう母集団からとられたかを考えればいい．この研究では，サンプルはイギリスの成人を代表するようにとられた．これがきちんとできていれば，自信を持ってサンプルの結果をより広いイギリスの成人全体に一般化できるはずだ．では，それより広い範囲まで一般化することはできるだろうか．たとえばヨーロッパの成人，あるいは人間の成人一般にまで広げられるだろうか．ここではかなり用心しなければならない．もしヨーロッパの成人の身長に関心があるのなら，最初からヨーロッパの成人全体を代表するサンプルをとるよう研究をデザインするべきだっただろう．しかし適切な用心をした上でならば，生物学的な知識を使って，元々標的としていた集団からどのくらい結果を広げられるか，考えてみてもいいだろう．ここに挙げた例では，5cm という身長差は，最初に標的としていたイギリスより広い範囲ではほとんど意味をもたないと思われる．なぜなら，身長に影響する可能性の高い因子（人種の比率や食習慣など）が，他の国々ではかなり異なっていると考えられるからだ．

➡ まず野外研究を目指そう．普通はそのほうが研究結果を一般化しやすい．しかし，研究で扱う問いによっては，野外研究が実際的でない場合もある．

3.3　生体内か，それとも生体外か

野外か実験室かという問題は，生命医科学における生体内 in vivo 研究か生体外 in vitro 研究かという問題と，多くの点でよく似ている．たとえば，抗マラリア薬によってマラリア寄生虫の繁殖戦略が変化するかどうかを知りたいとき，宿主生物の体内にいる寄生虫で薬の影響を測るのと，シャーレの中の寄生虫で測るのとでは，どちらが良いだろうか．一般には後者，つまり生体外研究のほうが容易である（もちろん，常にそうだというわけではないが）．条件の制御も，測定も，生体外でおこなうほうが容易である．しかしその結果は，自然のシステムで起こるであろうことを知るための参考になるだろうか．最も効果的なやり方は研究の詳細によって異なるだろうし，生体内と生体外のどちらにも

長所と短所がある．実際，最良の研究と言えるのは，両方のやり方で得られた証拠を総合したものだろう．

➡ 結果の一般化を考慮すると生体内実験のほうが望ましい．しかし実際的なのは生体外実験のほうである．

3.4　完璧な研究はない

ここまで読んできて，すべての実験に使える完璧な実験デザインは存在しない，という印象をもってもらえただろうか．実際，そんな便利なものは存在しない．それどころか，ある研究のために最良の方法と，別の研究のために最良の方法とは，かなり異なっているのが普通である．自分が選んだ仮説を検証するのに最も適した実験方法を決めるには，研究対象システムの生物学的実態をよく知っていなければならず，異なるタイプの研究方法の良し悪しをその実態に即して正しく評価できなければならない．だからこそ実験デザインでは，生物学的洞察が決定的に重要な役割を果たすのだ．これらのことを具体的に説明するために，もうひとつの例として，喫煙と癌の関係を考えてみよう．

わたしたちがとるデータはすべて，ある意味で何かを教えてくれる．しかしこの何かが役に立ち，興味深いかどうかは，データによって大きく異なる．データの中には検証したい仮説と整合するものもあるだろうが，それらは他の多くの仮説とも整合するだろう．これが典型的にあらわれるのは，逆の因果関係や第三の変数の影響を排除しにくい相関的なだけの研究である．肺がんと喫煙の間には，確かに正の相関がある．このことは喫煙が肺がんのリスクを高めるという仮説に支持をあたえるが，他の多くの仮説とも整合する．もしかしたらストレスの高さが，たまたま喫煙と癌の両方に影響をあたえていて，それがこの相関を作り出したのかもしれない．あるいは，ストレスは確かに重要な因子ではあるが，喫煙と癌の間には直接の因果関係もあるのかもしれない．確かな結論を出すためには，正の相関以外の何かが必要だ．たとえば，第三の変数の中から両方への影響力が最も高そうなもの（ストレスや社会経済的階層など）をいくつか選んで測定し，それらの影響を差し引いたり制御したりすることができれば，結論の正しさにもっと自信がもてるだろう．これによって，喫煙と癌の相関関係が何か別の因子から来ている可能性が減るからだ．しかし，その可能性がまったくなくなるわけではない（なぜなら，測定しなかった他の因子が交絡しているかもしれないからだ）．

もし，人々を実験室にとめおき，タバコを吸ったり吸わなかったりしてもらう実験ができるなら，そのような研究から浮かび出る喫煙と癌の関係は，喫煙が癌の原因であることのもっと説得力のある証拠になるだろう．そしてもしこの実験を，実験室の外の人々を対象にくり返すことができるなら，現実の世界でも喫煙が癌の原因であることの動かしがたい証拠となるだろう．しかし，そのような実験は倫理的にゆるされない．それに，そのような実験ができなくても，仮説の正しさにもっと自信をもつためにできることは他にもある．たとえば，タバコが癌を引き起こすメカニズムを明らかにするのもひとつの方法だ．タバコの煙に含まれる化学物質が，シャーレの中の細胞に異常を引き起こすことを示せたら，相関的証拠によって喫煙が癌のリスクを上げるという仮説が支持されたことに，もっと大きな信頼を寄せられるようになる．動物実験をするという手もある．しかし，動物実験にはさまざまな倫理的問題があるし，その結果を人間に一般化できるかどうかも問題になるだろう．

良い実験をデザインするとは，限られた時間と資金を使って，得られる情報をいかに最大にするかということだ．時には，とったデータがせいぜい仮説を支持する弱い証拠にしかならないこともある．もしそれが研究対象システムの限界ならば，その限界を受け入れるしかない．しかし，結論に限界をあたえているのが，自然界のあり方ではなくてわたしたちの貧弱な実験デザインだったとしたら，わたしたちは時間を無駄にしただけではなく，おそらく誰かのお金も無駄遣いしたことになる．さらに重要なのは，実験に動物を使った場合，動物たちの苦しみも無駄になったということだ．

願わくは，研究を始める前に，本章で述べた論点について，注意深く考えるようにしてほしい．そうすれば，多くの落とし穴を回避できるはずだ．本章で導入した概念についてもう少し知識をチェックしたい読者は，補足資料の問題を考えてみるといい．そうでなければ次の章に進もう．次章では実験デザインの中心課題，すなわち，生物界に広く見られる個体間のばらつきにどう対処するか，を考える．

➡ **実験デザインには妥協がつきものである．しかし，最善の妥協に向けて努力すべきだ．**

まとめ

- 相関的研究はシンプルなところが魅力的である．しかし第三の変数の影響や逆の因果関係に関する欠点も抱えている．
- 相関的研究が抱えている欠点は，操作的研究によって避けることができる．しかし操作的研究は相関的研究より複雑で，場合によっては実際におこなうのが不可能だったり，倫理的理由でおこなうべきではなかったりする．
- 操作的研究を計画するときに注意すべきことは，操作は生物学的に見て現実的か，また操作する因子以外の因子に影響をあたえないか，ということである．
- まず相関的研究をしてから操作的研究をすると効果的なことが多い．
- 動物実験を野外と実験室のどちらでおこなうかの決定は，テストされる動物を実験室で問題なく飼えるか，必要な測定を野外でおこなうのは可能か，実験室での結果を自然界に適用するのはどれだけ妥当か，に影響される．これらのことはすべて個々の研究によって異なる．
- 完璧な研究は存在しない．しかし少し気をつければ悪い研究の代わりに良い研究を生み出すことができる．

第4章 個体間のばらつき，反復，サンプリング

- どんな実験でも，被験体の間には違いがある．
- 実験をデザインするとは，関心の的である因子の影響がよく見えるように，関心外の因子によるばらつき（ランダムなばらつき，つまりノイズ）を取り除くか，または制御するということである（4.1 節）．
- ばらつきに対処する上で大事なことは，たった 1 つの個体を測定するのではなく，多数の異なる被験体を測定することである．これを専門用語で，反復という（4.2 節）．
- 互いに独立な被験体からなる母集団が決まったら，そこからサンプルをとる必要がある．これにはいくつかの異なる方法がある（4.3 節）．

4.1　個体間のばらつきと実験デザインの基本原理

自然界はどこを見てもばらつきだらけである．川のサケは体の大きさが違うし，シャーレの細菌は増殖率が違う．生命科学の分野では，物理学や化学以上に，ばらつくのが普通の姿であり，その原因もさまざまで，数が多い．原因の中には，わたしたちの関心を引くものもある．たとえば，細菌の増殖率が違うのは，種が違うからかもしれない．あるいは，培地に含まれるこれまで利用できなかった糖を利用できるように，研究者が遺伝子を挿入したからかもしれな

い．その一方で，関心の対象ではない原因もある．もしかしたら増殖率の違いは，意図していなかった培養器間のささいな温度差によるのかもしれない．あるいは，実験者が完全には制御しきれなかった培地の質の違いによるのかもしれない．さらに，測定値のばらつきには，実在のものでさえなく，増殖率を測るのに使った器具が100％正確ではなかったせいで生み出されたばらつきもあるかもしれない（11.2節参照）．

したがってばらつきは，関心の的である**因子** factorによるばらつきと，それ以外の因子による**ランダムなばらつき** random variation，つまり**ノイズ** noiseに分けることができる．もちろん，同じばらつきでも，関心の的である因子によるものと見なされるか，それともランダムなばらつきと見なされるかは，どういう問いを考えているか，つまり研究で何を知りたいのかによって異なる．たとえば，寄生虫の系統の違いによって宿主の受ける被害の度合いが違うかどうかを知りたいとき，宿主の齢（とし）はわたしたちが本当に関心をもっている因子ではない．しかし，観察されたばらつきの原因の一部にはなっているだろう．この場合，宿主の齢が原因で起こるばらつきはランダムなばらつきと見なされる．これに対して，寄生虫が若い宿主より年とった宿主により大きな被害をあたえるかどうかを知りたいならば，宿主の齢が原因で起こるばらつきはまさにわたしたちが関心をもっている因子によるばらつきであり，これが研究の焦点となる．

因子：factor
実験の対象となっている個体のある性質（変数A）が，他の2つの性質（変数BとC）からどのように影響を受けるかに関心があるとする．このときAは応答変数，従属変数などと呼ばれ，BとCは独立変数，独立因子，あるいは単に因子などと呼ばれる．おそらくAは，関心の的である2つの因子BとC以外の因子からも影響を受けているだろう．

ランダムなばらつき：random variation
ノイズ：noise
サンプル内の個体間の応答変数のばらつき（個体間差異）のうち，関心の的である独立因子によって説明できないものは，ランダムなばらつき，あるいはノイズと呼ばれる．ランダムなばらつきのその他の別称（英語）については，索引の「ランダムなばらつき」の項を参照．

ごく大まかに言うと，生命科学者とは，個体間のばらつきを眺めて，そのうちどのくらいが注目している説明可能な因子によるもので，どのくらいがその他の原因によるものなのかという観点から，自分のまわりにあるばらつきを理解しようとしている人たちだと言えるだろう．だから生命科学者は，実験や観察的研究をするときはいつでも，ランダムなばらつきの測定に興味をもつか，あるいは（こちらのほうが多いが）うまくランダムなばらつきを取り除くか減らすかして，調べたい因子の影響がもっとはっきり見えるようにする方法はないかと考える．生命科学はそのために使える道具をたくさん蓄積してきた．道具とその名称が一見あまりにも多いので，怖じ気づいてしまうかもしれないが，根底にあるアイデアは単純なものばかりだ．本節では，実験デザインの基本原理を述べた．次節以降は，反復とサンプリングの概要を述べ，本当に調べたい因子の影響を覆い隠すランダムなばらつきを取り除くために，これらがどのように使われるかを説明する．

➡ **一般に，実験デザインでは，関心の的である因子の影響がよく見えるように，関心外の因子による個体間のばらつきを取り除くかまたは制御しようとする．**

4.2　反復

ランダムなばらつきがあると，たった1つの観察にもとづいて一般的な結論を出すことは難しくなる．今，人間の身長に男女差があるかどうかに関心があるとしよう．つまり，以下の仮説を検証したいとする．

性別は人の身長に影響を及ぼす．

この仮説を検証するために，風変りな方法ではあるが，ピエール・キュリーとマリー・キュリーの身長を歴史的記録から探し出したとしよう．その結果はマリーのほうがピエールより背が低かった．このことから人間の女性は男性より背が低いと結論できるだろうか．もちろん，できるわけがない！　確かに2人の身長差のいくぶんかは，性別が人の身長に及ぼす一般的な影響によるだろう．しかし，彼らの身長に影響を及ぼす，性別とはまったく無関係の他の因子はいくらでもある．もしかしたらピエールのほうが子どもの頃に良いものを食べていたかもしれないし，とても背の高い家系の出身なのかもしれない．2人の身長に影響をあたえたと考えられる要因の中には，ピエールが男でマリーが女であるという事実とはまったく無関係なものがたくさんある．ピエールとマリーの間に見られる身長差は，わたしたちが関心をもっている因子（性別）によるかもしれないが，それと同じくらい他の因子によるのかもしれないのだ．

この問題への解決策は，もっと多くの個体をサンプルにとって，男性と女性の身長をいくつも測定することだ．そこで，10組の夫婦を選んで身長を測ったところ，どの夫婦でも男性のほうが女性より背が高かったとしよう．今度は，男性は平均すると本当に女性より背が高い，という結論にかなり自信がもてそうだ．その理由は別に大層なものではない．常識的に考えて，1人の男性と1人の女性の身長差が性別以外の因子による，というのは大いにありうることだ．しかし，女性のほうが背が高い夫婦も本当は半分くらいいるのだが偶然選ばれた10組が10組とも男性のほうが背が高かった，というのはありそうにないことだからだ．これは，1枚の硬貨を10回投げて10回とも表が出るのと同じくらい，珍しいことである．選ばれたすべての夫婦で，男性のほうが子どもの頃に良いものを食べていたとか，女性のほうが特に背の低い家系の出身だとかいうことは，ほとんどありそうにない（ありそうにないが，ありえないことではない．このような交絡因子に関する考察については1.4.2小節および第7章参照）．同じパターン（夫のほうが妻より背が高い）が，もし100組中98組で見られたとしたら，結論への自信はさらに強まるだろう．このようにすることが，観察を**反復する** replicate ということである．もし男女の身長差が単なる偶然によるならば，同じ傾向が大きなサンプル全体で見られることはないだろう．しかしそれが男女間の真の差であるならば，異なるカップルで測定がくり返されても，同じ一定の傾向が見られるはずである．一定の観察がくり返されればくり返されるほど，真実のパターンを観察している可能性は高くなる．すべての統計解析法は，反復の上に成り立

反復：replication　反復体：replicate
反復とは，多数の異なる被験体を選び，それらで同じ測定をおこなうことである．この観点から，被験体は反復体（あるいは略して反復）とも呼ばれ，その総数は反復体数とも呼ばれる．

【問 **4.1**】性別が人の身長に影響を及ぼすかどうかを調べるとき，サンプルを夫婦に限るのは問題ではないだろうか．

っている．どんな統計法も，ある現象を観察する回数が増えれば増えるほど，それが単に偶然によって起こっている確率は低くなる，という考えを定式化したものである．コラム 4.1 では，ランダムなばらつきと反復の関係をさらに詳しく扱っている．［訳注：このコラムの内容は後の章の本文にも関係するので，飛ばさずに読むとよい．］

コラム 4.1

ばらつきと反復の詳しい例：遺伝子改変食をあたえられたニワトリの卵の殻は薄くなるか

ばらつきと反復は非常に重要な概念なので，例を使って少しばかり時間をかけて考えてみよう．

ある飼料会社に勤務する研究者を思い浮かべてほしい．この会社では，ニワトリの標準的な餌に，遺伝子を改変した穀物を加えようかと考えているところだ．ところが，あるタイプの遺伝子改変を施すと，ニワトリの生んだ卵の質が落ちるという話が聞こえてきた．卵の殻が薄くなり，卵が割れやすくなるというのだ．これが本当かどうか，どうやって調べればよいのだろう．本書を読んでいるあなたなら，何をすべきかすぐにわかるはずだ．そう，実験である．

こうしてこの研究者は生物学的なばらつきと，それにどう対処するかという問題に取り組み始めた．卵殻の厚さは，生物学で測定するほとんどすべてのものと同様に，卵によって違う．その理由はたくさんある．もしかしたら殻の厚さは，ニワトリが遺伝子改変の餌を食べたかどうかによって違うのかもしれない．しかしそれ以外にも，たとえば生み落とされた時刻によっても違うだろうし，ニワトリの齢や品種，飲んだ水の量，鶏小屋の温度，その他もろもろの条件によっても違ってくるだろう．研究者の仕事は，このばらつきを理解し，そのうちのどのくらいが（もしあればだが）ニワトリの餌によるものかを判断することだ．つまり，次の帰無仮説を検証しなくてはならない．

卵殻の厚さは，その卵を生んだニワトリが標準の餌を食べたか，遺伝子改変の餌を食べたかには影響されない．

まず，標準の餌（以下では標準食と書く）を食べたニワトリについて考えよう．そんなニワトリが5羽いるとすると，それぞれのニワトリから卵を1個ずつ取って（なぜ1個だけなのか．……これについては第5章で詳しく述べる），殻の厚さを測る．ひとつ自信をもって言えるのは，これらの卵殻の厚さは十中八九，同じではないだろうということだ．卵殻の厚さは，生物学で扱うほとんどすべてのものと同様，ばらついているのが普通である．このばらつきは，餌以外のさまざまな条件を一律にすることによって，かなり減らすことができる．たとえば，品種も齢も同じニワトリを選んで，同じ環境で飼育し，同じ日に生み落とされた卵を，すべて同じやり方で測定する，などだ．実験をおこなうとき，このようなやり方でその条件を注意深く制御する理由のひとつは，そうすることでばらつきを減らすことができるからである．しかし，あらゆる条件を一律にしようとどんなに頑張っても，殻の厚さはある程度はばらついているだろう．実験の手法を工夫することでばらつきを減らすことはできるが，完全に取り除くのは不可能に近い．

さて，ここで，卵殻の厚さのばらつきが一般にどのように見えるか，考えてみよう．標準食を食べたニワトリが生んだそれこそ何十万という卵を取ってきて，殻の厚さを測ったデータが手元にあると想像しよう（ただし，卵はそれぞれ異なるニワトリが生んだものとする）．このデータの分布をグラフにしたら，おそらく図4.1のどちらかのように見えることだろう．

測定値はおそらく平均値（ここでは300 μm）の周りに集まっているが，その多くは平均値よりわずかに小さいか大きいもので，平均値よりかなり小さいものやかなり大きいものは少ない．この釣鐘（つりがね）形の曲線は，統計学では，正規分布またはガウス分布と呼ばれている．生物学で現れるばらつきは，このような形に見えるものがきわめて多い．

どのガウス分布にも，平均値のほかに，**標準偏差** standard deviation と呼ばれるものがある．標準偏差は，データが平均値の周りにどのくらい広がっているかを表す尺度だ．図4.1を見てほしい．上下2つの分布はどちらも同じ平均値の周りに集まっているが，上の分布のほうがより遠くまで広がっている（上の分布のほう

> **標準偏差：standard deviation**
> 標準偏差は，平均値（平均ともいう）の周りの値の広がりを測る尺度である．値の分布がガウス分布ならば，値のうち約**95%**は平均から**2**標準偏差内（標準偏差の**2**倍だけ離れた所まで）に収まる．たとえば，卵殻の厚さの平均が**300 μm**で標準偏差が**50 μm**ならば，**2**標準偏差は**100 μm**なので，卵の約**95%**は殻の厚さが**200 μm**と**400 μm**の間にあることになる．

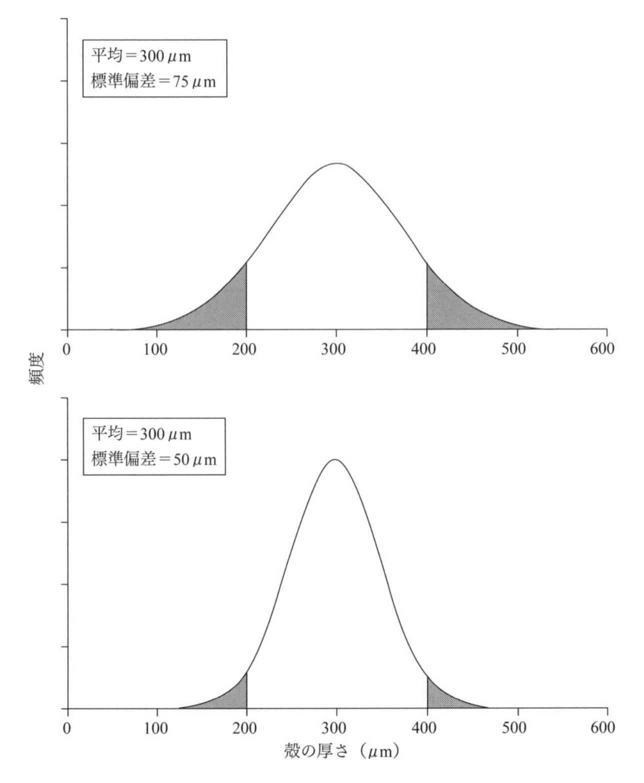

図 4.1　上の2つのガウス分布（正規分布）は，標準食を食べたニワトリが生んだ何十万個という卵の殻を測ったとしたら見られるであろうばらつきを図示したものである．どちらの分布でも，測定値は同じ平均（300 μm）の周りに集まっているが，標準偏差は上の分布のほうが大きい．これは，上の分布のほうが，測定値のばらつきが大きいからだ．殻の厚さが 400 μm を超えるか 200 μm に達しない卵は，上の分布では約 18％あるが，下の分布では約 5％しかない．

が標準偏差が大きい．あるいはばらつきが大きい）．標準偏差が小さければ小さいほど，データは平均値のより近くに密集して，極端に大きな測定値や極端に小さな測定値は見られなくなる傾向にある．そう言われてもパッとわからなかったら，もう一度2つの分布を見てほしい．それぞれの分布で，卵をランダムに1つとり，その殻が 400 μm より厚いか 200 μm より薄い確率（つまり殻の厚さが平均値から 100 μm 以上離れている確率）はどのくらいかを問うとしよう．その答を知るには，400 μm より厚いか 200 μm より薄い卵殻がその分布の中でどのくらいの比率を占めているかを知らなければならない．図ではこれに当たる部分を網掛けで示している．2つの分布を比べると，網掛け部分は上の分布のほうが大きい（曲線の下の部分の面積はどちらの分布も同じである）．つまり，上の分布のほうがそのような卵の割合が多いのだ．こうして，殻の厚さのばらつきが大きければ大きいほど，極端に厚い殻や極端に薄い殻を偶然選んでしまう確率が高くなることがわかる．

さて，これと同じことを，遺伝子改変された餌（以下では改変食と書く）を食べたニワトリの卵でやったらどうなるだろう．ばらつき方はほとんど同じだろうと思われる．実際，餌のタイプが殻の厚さに影響をあたえないならば，分布は標準食の場合とまったく同じに見えるに違いない．しかし，餌のタイプが殻の厚さに確かに影響をあたえるならば，測定値は標準食の場合とは異なる平均値の周りに集まるだろう．図4.2はこれら2通りのシナリオを図示したものだ．

図4.2の（a）は，帰無仮説が正しく，改変食が殻の厚さに何の影響もあたえない状況を表している．つまり，ニワトリが標準食と改変食のどちらを食べようが，卵殻の厚さの分布は基本的にまったく同じである．これに対して（b）は，帰無仮説が誤りで，改変食によって殻の厚さの平均値が約20 μm減った状況を表している．標準食でも改変食でも，分布はともにガウス分布である．また，殻の厚さのばらつき方は餌のタイプには影響を受けないので，これら2つのガウス分布の標準偏差は同じ（20 μm）である．しかし，その平均値は今や異なっている．

これら2つの分布は，それぞれの母集団を代表していると考えてよい．一方は標準食をあたえられたニワトリの卵殻（略して標準卵）の全体，もう一方は改変食をあたえられたニワトリの卵殻（略して改変卵）の全体だ．仮にこれらの母集団に属する卵殻を，一つ一つ，すべて測定することができたとしたら，統計にはまったく頼らずに，2つの平均値が異なるかどうかをただちに言うことができるだろう．しかし，普通はそのような研究をすることは明らかに不可能だ．その代わり，わたしたちは実験をする．本当に欲しいのは母集団についての知識なのだが，母集団そのものを調べることができないので，代わりにそこから比較的小さなサンプルをとり，サンプルから得られた情報を使って，母集団について何かを結論する．今の例で言えば，標準卵と改変卵のサンプルを測定し，それらの測定値を使って，それぞれの母集団の平均を推定する．そのあと適切な統計検定を用いれば，サンプル間の平均

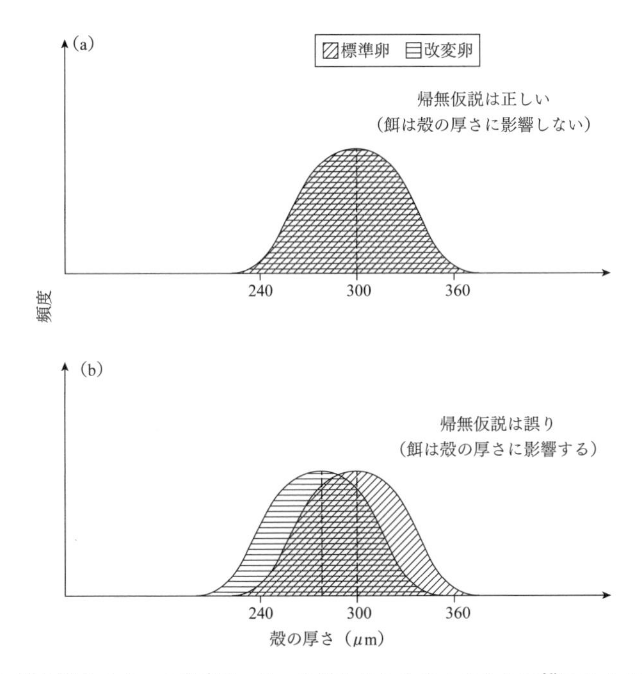

図 4.2　卵の殻の厚さの2つの分布を，2つの異なるシナリオのもとで描いたもの．どちらのシナリオでも殻の厚さはガウス分布にしたがうが，シナリオ（a）では2つの分布の平均が同じなのに対し，シナリオ（b）では2つの分布の平均は相異なる．これは，(a) では実験処理が殻の厚さに何の影響もあたえない（つまり帰無仮説が正しい）のに対し，(b) では実験処理が殻の厚さに影響をあたえる（つまり帰無仮説が誤っている）からである．

の差が，それらによって代表される母集団が同じ平均をもつことを示唆するか，それとも異なる平均をもつことを示唆するかを調べることができる．

このような手順でおこなわれる実験において，反復がいかに重要かを理解するため，コンピューターと乱数生成器を使って仮想実験をしてみよう．まず，わたしたちは図 4.2 の（b）のような世界に住んでいると仮定する．つまり，この世界では帰無仮説は誤りで，改変食は実際に殻の厚さに影響して，殻を平均 20 μm 薄くすることを前提とする．さて，ここで反復についてのこれまでのすべての助言を無視して，たった1つの標準卵とたった1つの改変卵をサンプルに選んで比べたとしよう．コンピューターと乱数生成器でこの実験を再現するには，まず，平均が 300 μm で標準偏差が 20 μm の正規分布から，1つの乱数を選ぶ．これが標準卵の測定値だ．次に，改変卵の測定値を得るために同じ手続きをくり返すが，今度は，標準偏差は同じだが平均が 280 μm の正規分布から選ぶ．こうして実験から得られたデータが，標準卵＝318 μm，改変卵＝285 μm だったとしよう．この結果から，改変食をあたえると卵の殻は 33 μm 薄くなることが推定される．ところが，ここに同僚がいて，同じ実験を同じ方法でおこなったとする（おーいコンピューター，あと 2 つ乱数をくれ！）．そのデータは標準卵＝280 μm，改変卵＝277 μm だった．この結果からは，改変食により殻が 3 μm 薄くなると推定される．先の実験で得た推定値より，はるかに少ない．

これは仮想実験で，母集団の分布がどのように見えるかあらかじめわかっているので，こういうことになったのは，同僚が少し薄い標準卵を選んだせいだということがわかる．しかし現実の実験では，もとの母集団の分布がわかるなどという贅沢は許されない（というより，この母集団の分布こそわたしたちが実験から推測したいものだ）．そこで 2 人の出した結果のうち，どちらが正しいのか悩むことになる（実は，どちらの「実験」から得られた推定値も，20 μm という真の差からは程遠いのだが）．

さて，本物のニワトリではなくコンピューターを使ってこのような仮想実験をすることの大きな利点は，何度も何度も手軽に実験をくり返せることだ．そこで「それぞれの母集団から卵をただ 1 つとって比べる」実験を 10,000 回やってみよう．その結果が図 4.3 の上のグラフである．これを見てまず気づくのは，実験結果は確かに真の値 −20 μm の周りに集まっているけれども実験間で大きなばらつきがある，ということだ．事実，10,000 回の実験のうち 2,427 回が，改変食によって殻が厚くなることを示唆し，2881 回が，改変食によって殻が 40 μm 以上（つまり真の差の 2 倍以上）も薄くなることを示唆している．というわけで，反復のない実験の明らかな問題点はまず，わたしたちが知りたいことについては一般にほとんど当てにならない推定値しか得られない，ということである．

次に，少し違った角度から考えてみよう．今度は，図 4.2（a）のような世界にいるとする．つまり，帰無仮説が正しく，改変食が卵殻の厚さに影響をあたえない世界である．統計用語を使って言うと，改変卵の母集団が，標準卵の母集団と同じ平均 300 μm と同じ標準偏差 20 μm をもつ，と仮定する．乱数生成器を使って，正規分布からランダムに数を選び，この世界でも仮想実験をしてみよう．「それぞれから卵をただ 1 つとって比べる」実験をこの世界で 10,000 回おこなった結果が，図 4.3 の下のグラフである．

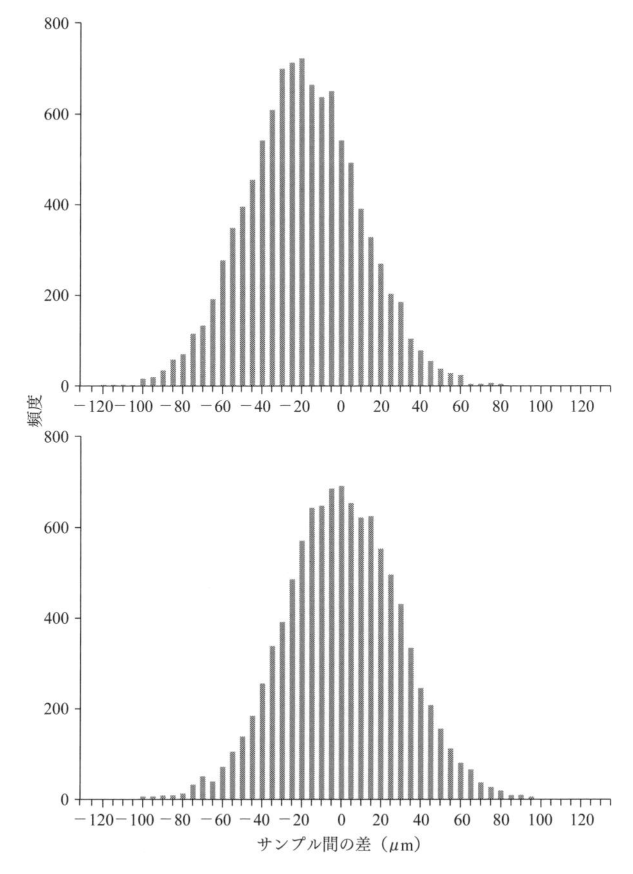

図 4.3　「それぞれの母集団からただ1つの卵をとって比べる」仮想実験を 10,000 回おこなった結果．上は改変食が殻を 20 μm 薄くする世界．下は改変食が殻の厚さに影響しない世界．棒の高さは，ある特定の差（最も近い5の倍数まで丸めたもの）を推定した実験の数をあらわす．どちらの世界でも，実験の推定値は母集団間の真の差の周りに集まっている．しかし，どちらの場合も実験間で推定値にかなりのばらつきがある．

ここでも，ヒストグラムは真の値の周りに集まっているが（この場合，2つの母集団の平均が同じなので真の値は 0 μm）かなりばらついている．この世界では改変食の影響は事実上ないはずなのに，一部の実験はその影響が（正負両方向に）きわめて大きいことを示唆している．このことを最初の仮想実験と関係づけると，次のことがいえる．帰無仮説が間違っているという仮定のもとでおこなった仮想実験の 1 回目では，改変食は卵の殻を 33 μm ほど薄くすると推定された．ところが，図 4.3 の下の図から明らかなように，帰無仮説が正しい（つまり 2 つの母集団の間に差はない）という仮定のもとでおこなった仮想実験の多くでも，改変食の影響はそれと同じくらい大きいのである．事実，今回の仮想実験 10,000 回のうち 1,274 回で，改変卵は標準卵より 33 μm 以上薄くなっている．

つまり，サンプルが小さいと（ここでおこなったサンプルサイズ 1 は，これ以上小さくできない），異なる処理を受けたサンプル間に，単に偶然だけで，大きな違いが生じやすいのだ．

ところで，上の実験に見られるばらつきの度合いは，サンプルをとった母集団のばらつきに左右される．上の例（母集団の標準偏差は 20 μm）では，標準卵と改変卵の平均が事実上同じだとしても，改変卵のほうが 33 μm 薄いという実験結果が出る確率はかなり高かった．しかし，もし母集団の標準偏差がもっと小さければ，標準卵と改変卵の平均が事実上同じときに，33 μm という実験結果が出る確率はもっと低くなる．図 4.4 の下のグラフは，母集団の標準偏差を 5 μm として，同じ仮想実験をくり返した結果を示している．これによると，改変食によって殻が 33 μm あるいはそれ以上薄くなることを示唆した実験は 10,000 回のうち 1 回もなかった．

したがって，母集団のばらつきがどのくらいかわかっていれば，異なる仮説のもとで個々の実験結果が出てくる確率について（それがかなりありそうなことなのか，そうでもないのか，など），ある程度妥当なことが言える．しかし，実際に実験をするときは，サンプルをとった母集団の標準偏差を知らないのが普通である．それでも，各処理群で複数の個体をとってサンプルとするならば，サンプル内の個体がどのようにばらついているかを見ることによって，母集団のばらつきを見積もることができる（簡単に言うと，サンプル内の個体が互いに似通っているなら，母集団のばらつきは少なく，サンプル内の個体が互いに大きく異なっているなら，母集団のばらつきはおそらく非常に大きい）．それぞれの処理群でたった 1 つの個体をとってサンプルとしたのでは，母集団のばらつきについて何も言うことができない．

では，反復によって，上で述べてきたようなただ 1 つの個体からなるサンプルの問題点はどのように解決されるのだろうか．先と同じような仮想実験を，それぞれの母集団（標準偏差＝ 20 μm）から今度は複数の卵をサンプル

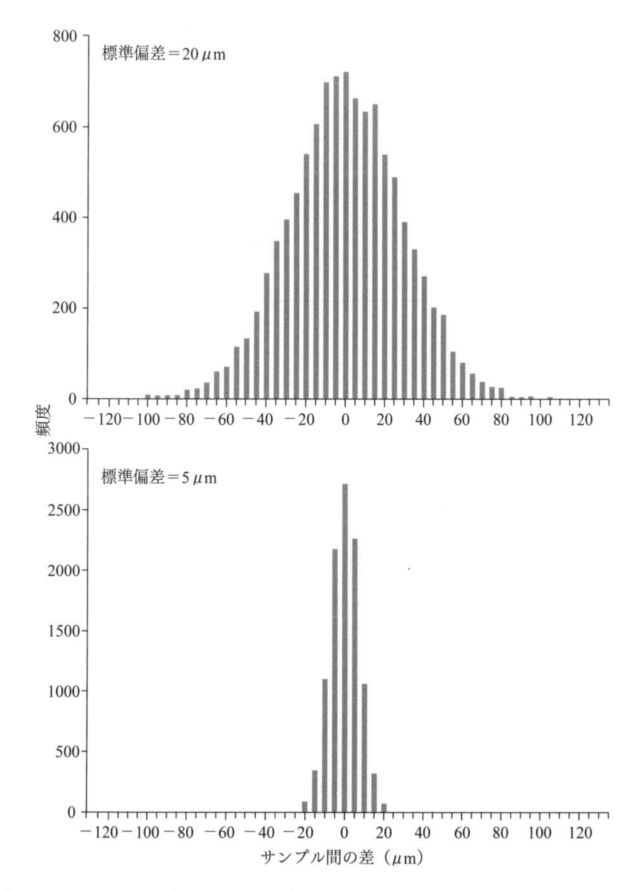

図 4.4　母集団のばらつきの違いは実験の推定値にどのような影響をあたえるか．ここでは帰無仮説が正しい世界に住んでいると仮定して，母集団の標準偏差が 20 μm の場合（上）と 5 μm の場合（下）で，改変食が殻の厚さに及ぼす影響を推定する仮想実験をそれぞれ 10,000 回おこなった．各実験では，標準卵と改変卵をそれぞれの母集団から 1 つずつとり，改変卵の殻の厚さから標準卵の殻の厚さを引き算して推定値とする．棒の高さは，ある特定の差（±2.5 μm）を推定した実験の回数を表している．どちらの場合も改変食の影響は見られず，分布はゼロを中心に対称形に広がっている．しかし母集団における殻の厚さのばらつきが小さい（標準偏差＝5 μm）下のグラフのほうが，そこからサンプルをとった推定値のばらつきも小さい．

にとってやってみよう．各サンプルの卵でとった測定値（殻の厚さ）を平均し，それらの差を改変食の影響の推定値とする．各母集団から卵を5個，25個，100個とる実験をそれぞれ10,000回おこなった結果が図4.5である．

これらを図4.3と見比べてまず気づくのは，どの場合も，実験間で結果にばらつきがあることに変わりはないとはいえ，たった1つずつの卵を測定した場合と比べると，そのばらつきが小さいということだ．それに，ばらつきは，サンプルサイズが大きくなるにつれて，小さくなっている．なぜこのようなことが起こるのだろうか．その理由は簡単にわかる．正規分布からたった1つ数をランダムにとってきたとき，それが極端に大きい（または小さい）というのは，ありえないことではない．しかし正規分布から5つ数をランダムにとってきたとき，それらの平均が極端に大きくなるためには，5つの数のほとんどが極端に大きくなければならず，そうなる確率は1つだけのときに比べるとずっと低い．そして，25個の数をランダムにとってきたとき，それらの平均が極端に大きくなる確率はさらに低くなる．あるいはこんなふうに考えてもよい．正規分布からいくつかの数をランダムにとると，中には極端に大きい数もあるかもしれないが，小さい数も適度に混じっていて，平均をとるとそれらが打ち消し合うため，平均が極端に大きい数や極端に小さい数になる確率は比較的低い．以上で述べたことの実際的な意味は次のとおりである．サンプルが大きくなるにつれて，母平均（母集団の平均）の推定値はより信頼のおけるものとなる．そして，サンプル平均の差は母平均の差のより信頼のおける推定値になる．

改変食が何の影響もあたえない世界でも，1個体からなるサンプルにもとづいた実験では，単に偶然によって大きな差が生じやすいことはすでに見た通りだ．サンプルサイズが大きくなるにつれて，このばらつきは小さくなり，改変食が何の影響もあたえないときに処理群と対照群の平均が大きく違ってくる確率はどんどん低くなる．

こうして，反復は実験で2つの重要な役割を果たすことがわかる．1つ目は，複数の個体を測定してその平均をとることにより，ランダムなばらつきが効果的に打ち消しあい，その結果，本当の違いが見やすくなること．2つ目は，複数の反復体を使った実験では，偶然のせいでたまたま極端な結果ばかりが出る確率は低いので，処理群間で大きな違いが出た場合，その原因が母平均の違いにあることにかなり強い確信をもてることである．最後にもうひとつ付け加えると，反復体を測定することによって，母集団のばらつきも

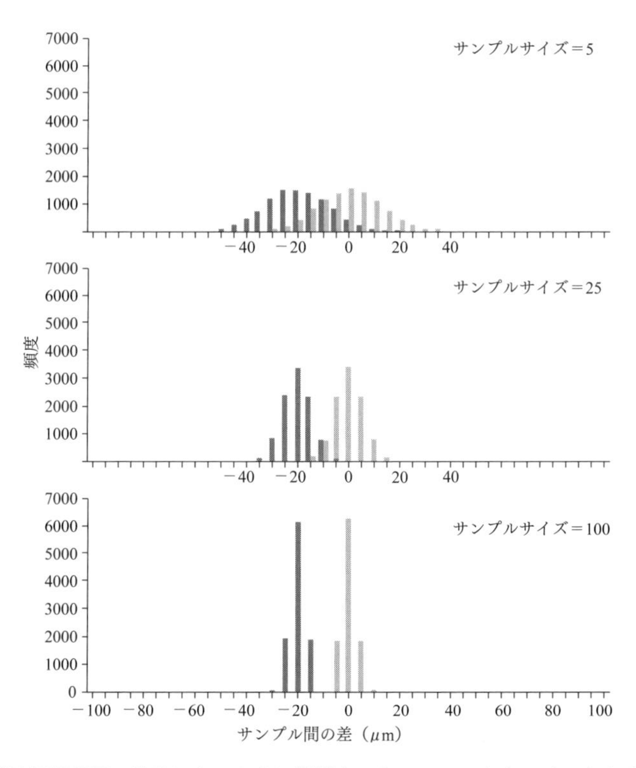

図 4.5　反復は処理効果の推定にどのように影響するか．ここではサンプルサイズを変えて，処理の効果を調べる仮想実験を各 10,000 回おこなっている．それぞれのグラフは，10,000 回の実験の結果（ただし最も近い 5 の倍数まで丸めたもの）の分布を表している．薄い色の棒は改変食が殻の厚さに影響しないと仮定した世界での実験結果で，濃い色の棒は改変食が殻を平均 20 μm 薄くすると仮定した世界での実験結果である．各実験では，改変卵サンプルの殻の厚さの平均から標準卵サンプルの殻の厚さの平均を引き算して，改変食の影響の推定値とする．サンプルサイズは上段から順に 5，25，100 である．サンプルサイズが大きくなるにつれ，どちらの世界でも処理効果の推定値は真の値により近くなり，極端な推定値を出す実験はほとんどなくなる．このことの実際的な意味は，サンプルサイズが大きくなればなるほど，ただ 1 回の実験の結果をもとに，2 つの世界の違いを識別するのがより易しくなる，ということである．

推定できる．

➡ **反復は，生命科学の実験につきもののランダムなばらつきによる個体間の差に対処するためのひとつの方法である．反復体の数が多ければ多いほど，異なるグループ間で観察された違いは（少なくともその一部は），関心の的である因子によるのであって，単なる偶然だけによるのではない，とより強く確信できるようになる．**

4.3 サンプルを選ぶ

第 1 章で述べたように，関心の対象である母集団に属するすべての個体を測定するのは，普通は不可能である．そこで代わりに，母集団を代表するようなサンプルを選び，サンプルを研究する．たとえば，スコットランドの 10 歳の男児と女児の身長差を知りたいからといって，スコットランド全土の約 75,000 人の 10 歳児全員の身長を測ってまわるのは，およそ現実的ではない．それなら何人くらいを測るのが適切かという問題は第 6 章にゆずるとして，ここでは仮に男女 1000 人ずつのサンプルが妥当だということにしておこう．本節で考えたいのは，適切なサンプルサイズが決まったあと，サンプルに入れる個体をどのように母集団から選んでくるかという，サンプルの選び方の問題である．研究によっては，サンプルを選んだあと，サンプルに属する個体を，異なる処理を受けるいくつかのグループに割りふらなければならないこともあるが，そのような割りふり方は第 7 章で扱う．ここでは母集団から最初にサンプルをとる方法に焦点をしぼり，最もよく使われているやり方を説明する[@]．

4.3.1 単純ランダムサンプリング

サンプルの選び方で最も単純なのは，単純ランダムサンプリングというやり

@ さらなるサンプリング法（雪だるまサンプリング，比例割当サンプリングなど）については，補足資料の 4.3 節参照．

方だ．今，仮に，政府の人口調査のデータから，スコットランドのすべての10歳女児37,467人のリストを手に入れたとしよう．この母集団からサイズが1000の単純ランダムサンプルを得るには，まずリストのデータを一覧表に入力し，一人一人に1から37,467までの番号をつける．次に，これら37,467個の数のうち，どの数が選ばれる確率も同じにしておいて，コンピューターにそこからランダムに1つの数を選ぶよう指示する．選ばれた数がたとえば21,416なら，その番号をつけられた女児がサンプルに入る最初の個体である．このような選び方を1000個の異なる数が得られるまでくり返す（同じ数は2度と選ばない）．こうして，完全にランダムに選ばれ互いに独立な女児からなる，サイズ1000のサンプルが得られる．これが，欲しかった単純ランダムサンプルである．

母集団がもっと小さければ，コンピューターを使わなくてもランダムサンプルを得ることができる．たとえば57頭の牛の群れからサンプルに15頭を選ぶとしよう．どの牛も耳にタグをつけていて，そこに彫り込まれた番号で個体が識別できるようになっている．それらの番号を，全く同質同形のカードに書き取り，袋に入れてかき混ぜたのち，15枚を引き抜く．これで単純ランダムサンプルがとれるはずだ．

上に述べた2つの方法の最も重要な点は，個体がサンプルに選ばれるときに起こりうる無意識の偏りについて，悪魔の代弁者に批判の余地をあたえない，ということである．上述の方法の代わりに，たとえば次のような方法ではいけないだろうか．紙の上に牛の個体識別番号を書き並べ，目を閉じて人差し指を紙の上に置き，指先に一番近い個体識別番号を読み上げる．そしてこれを15の相異なる数が得られるまでくり返す．こちらのほうが「カードを袋に入れる」方式よりいくぶん簡単だ．しかしこの方法は，偏りの危険をはらんでいる．いったん番号リストの上のほうを指したら，次は意識しなくてもより下のほうを指すことが多いからだ．これはランダムサンプリングの考え方に反している．サンプリングがランダムであるためには，サンプル選びのどの時点でも，次にサンプルに加わりうる（つまり，まだ選ばれていない）個体のどれもが，同じように選ばれる確率をもっていなければならない．これは初めに述べた2つの方法では成り立っているが，最後の方法では成り立っていない．リスト全体をまんべんなく指そうとする無意識の働きで，下のほうを指したあとは上のほうを指しがちになるからだ．したがって，良いランダムサンプリングの秘訣は，選択過程から人的要因を取り除くことである．そうすれば，誰もあなたのサンプル選びに偏りがあるとは言わないだろう．

サンプルをとりたい母集団のすべての個体の一覧表さえあれば，単純ランダムサンプルはいつでも作れることに注意しよう．57 頭の牛の例のように，この要件が簡単に整う場合もある．しかし，いつもそんなに簡単だというわけではない．たとえば，スコットランドの 10 歳児全員の例を考えてみよう．もちろん，スコットランドの全住民の人口調査にもとづく年齢データは，政府のどこかの部局には存在するだろう．しかし，それを手に入れるのは難しく，もしかしたら不可能かもしれない．それに，仮に手に入ったとしても，その調査データはおそらく，しばらく前にとったもので，今では正確とは言えなくなっているだろう．こういうときは，データの不正確さがどのくらい研究に影響を及ぼすかをよく考えなくてはならない．たとえば，調査が 12ヵ月前におこなわれたとすれば，その時点で 9 歳だった子どもは当然 10 歳になっているはずだが，中には亡くなった子どもや国を離れた子どももいるだろう．また，この 12ヵ月の間に入国した子どももいるはずだ．ただ，今の場合は，そのような不正確さが研究（男女の身長差）に及ぼす影響はきわめて小さいと考えられる．12ヵ月前のデータを使って単純ランダムサンプルを作っても，悪魔の代弁者に対して十分申し開きができるだろう．

➡ **単純ランダムサンプルを作るには，まず関心の的である母集団のすべての個体をリストアップし，そこからランダムかつ独立に，決まった数の個体を選ぶ．母集団のどの個体も，サンプルに選ばれる確率は同じである．**

4.3.2　母集団を代表するサンプルを選ぶことが大事

欲しいのは，母集団を代表するサンプルである．ほとんどの単純ランダムサンプルは母集団を代表するものになる．しかしすべてが必ずそうなるとは言い切れない．たとえば，57頭の牛の群れが，三歳牛20頭，四歳牛19頭，五歳牛18頭から成っているとし，ここから単純ランダムサンプルとして15頭を選んだところ，三歳牛14頭と五歳牛1頭が選ばれたとする．これは年齢的にかなりバランスの悪いサンプルに見える．問題ではないだろうか．そうかもしれない．もし，このサンプルで測ろうとしている形質が，年齢に影響を受けそうだと思われるなら，サンプルの年齢構成が本来の関心の的である母集団の年齢構成と大きく異なっていることは問題である．その場合はあっさりとこのサンプルを捨て，改めて15頭を選びなおすほうがいいだろう．新しいサンプルがまたしてもこのように極端なサンプルになる可能性は低いと考えられるからだ．しかし，今述べたような状況が起こるのはきわめて稀であり，ほとんどすべての単純ランダムサンプルは，母集団を代表するものになる．また，サンプルが大きければ大きいほど，単純ランダムサンプルが母集団を代表していない確率は低くなる．もしかしたら，科学者としての全生涯を通じて，母集団を代表していないという理由で単純ランダムサンプルを捨てなければならないことは，ただの一度もないかもしれない．

しかし，実際にサンプルの個体で測定を始める前に，サンプルをよく見て，それが確かに母集団を代表しているかどうかをチェックしてほしい．早い段階でそうする理由のひとつは，時間と労力と資金をかけ，動物を苦しめて測定したデータを，後で捨てるようなことにならないためである．もうひとつの理由は，再サンプリングするのは最初のサンプルが代表的でなかったからではなく，不都合だったからだろう，と非難されるのを避けるためだ．たとえば，関心の的である形質をサンプルの15頭で測ったあと，データを統計解析したら，予想と異なる結果が出たとする．そこで初めて極端な年齢構成に気づき，別のサンプルで実験をやり直すことにしたとしても，悪魔の代弁者ならこう言うはずだ．もし最初の実験で，きみの欲しかった結果が出ていたら，再サンプリングはしなかっただろう．きみは欲しい結果が出るまでサンプリングをくり返しているね，と．このようなやり方が科学的にきわめてお粗末なことはわかるだろう．実際，これを科学における不正行為と呼ぶ人もいる．母集団を代表していないサンプルを避けるためのひとつの方法は，層化サンプリングを使うことだ．次小節ではこれについて説明しよう．

➡ **母集団を代表するサンプルをとるように気をつけよう．ほとんどすべての単純ランダムサンプルは（とくにサイズの大きいサンプルは）母集団を代表している．しかし，ごく稀に，代表的でないランダムサンプルが選ばれることもある．そのときはそれを捨てて，新しいサンプルをとろう．**

4.3.3 層化サンプリング

57頭の牛の群れの例に戻ろう．サンプリングの前に，研究で調べたい形質が，年齢にかなり左右されるらしいことに気づいたとする．そこで，サンプリングではぜひ統計的母集団（57頭の群れ）の年齢構成がサンプルに反映するようにしたいと，思っているとしよう．これは層化サンプリングによって実現できる．まず，この群れの牛たちが3つの年齢層に分かれていて，各層には全体の約3分の1ずつの牛が入っていることに注意しよう．そこで母集団を3つの層（3つの年齢別クラス）に分け，それぞれの層で別々に単純ランダムサンプリングをおこなう．つまり，15頭のサンプルを得るために，三歳牛20頭から5頭，四歳牛19頭から5頭，五歳牛18頭から5頭を，それぞれ単純ランダムサンプリングで選ぶ．これは多少手間がかかるが，層化したい形質（年齢）に関しては，サンプルの分布は確実に母集団の分布に似たものになっている．

層化するときは，年齢に限らず，被験体で測定できる形質なら何で分けてもよい．スコットランドの10歳男女の身長差の例を考えてみよう．ここで人種が身長に大きな影響を及ぼすと考えたとする．先に述べた人口調査のデータには，それぞれの子どもの人種も記載されているだろう．今，仮に10歳女児の人種構成が，白人96％，アジア人2.7％，黒人0.7％，混血0.3％，アラブ人0.2％，その他0.1％だったとする．ここから層化サンプリングで1000人の女児を選ぶには，まず少女たちを人種によってグループ分けし（層化し），白人グループから960人，アジア人グループから27人，というふうに選べばよい．

これによって，サンプルの人種分布は母集団の人種分布と確実に似たものとなる．

上のケースでは，人種は身長にそう極端な影響は及ぼさないだろうし（10歳の黒人女児の身長はアジア人女児の2倍はないだろう），1つの層が圧倒的多数を占めているので（96％が白人），層化の必要性はそれほど強くない．しかし，正しく層化するならば，多少手間がかかることを除けば，層化サンプリングをしても別に不都合は生じない．逆に，層化が効果を発揮するのは，母集団のわずかな部分が結果に大きな影響を及ぼす可能性があるときだ．たとえば，陸生無脊椎動物の生物多様性を測るために，落とし穴式の罠を大きな森のどこに仕掛けるか，その地点をサンプリングで選ばなければならないとしよう．森の周縁部は，森全体の中で比較的小さな部分しか占めないが，森の内部に比べて，かなり高い生物多様性をもっている可能性がある．こういうとき層化サンプリングを使えば，典型的ではないが影響力は大きいと考えられるいくつかの地点が，選ばれたランダムサンプルの中に適切な（小さな）割合で必ず含まれているようにできる．もし単純ランダムサンプリングで選んだとしたら，森の周縁部に近い地点は1つも選ばれないかもしれない．そうなると，そこに住むおそらく重要な母集団の一部は調査されないままになってしまうだろう（図4.6参照）．

層化のグループ分けには，2つ以上の変数を使ってもよい．スコットランドの10歳児の例で言うと，人種別と地域別を組み合わせて層化することもできる．たとえば，白人グループから選ぶ女児960人のうち8％をエディンバラ市から選ぶ，というふうに．

層化サンプリングをするときは，グループ分けに使う変数の分布について，正しい情報をもっていなければならない．ある変数によって注意深く層化したあと，その変数が影響力をもたないことがわかったとしても，層化サンプルを使うことには何の危険もない．たとえば，人種が10歳児の身長には影響しないことがわかったとしても，人種で層化したためにサンプルとしての価値が下がるわけではない．しかし，層化に使う変数の影響力が強く，かつ層化の仕方が不適切だと，層化サンプルは母集団の層を正しく反映せず，偏ったものにな

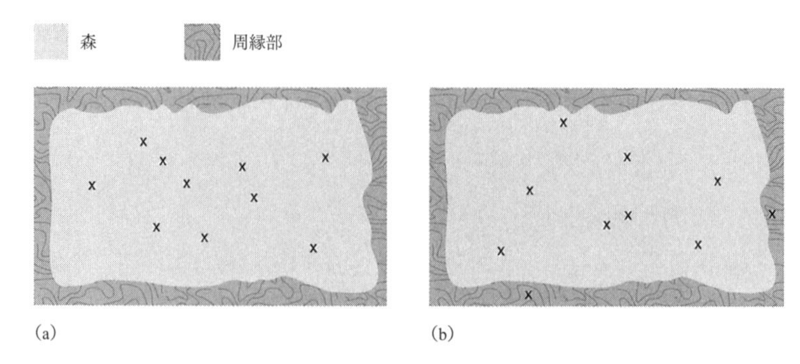

図 **4.6**　単純サンプリングと層化サンプリングの比較.
(a) のように森全体でランダムに 10 個の罠を仕掛けた場合，森の 20％を占める周縁部には罠が 1 つもない状況はかなりの確率で起こりうる．層化サンプリングでは，(b) のように 10 個の罠のうち 2 個をランダムに周縁部に仕掛け，残り 8 個を森の内部に仕掛ける．これによって，仕掛けた罠が森全体の無脊椎動物を代表するサンプルを提供する可能性を最大にすることができる.

る恐れがある．たとえば，森の周縁部は本当は森の総面積の 7％なのに，誤って 17％だと思い込んで層化サンプリングをしたとしよう．選ばれたサンプルは，周縁部の地点が全体の 17％を占めているので，周縁部の重みが大きすぎ，森を代表するサンプルとは言えないだろう．このようなわけで，層化サンプリングは次の 2 つの条件が揃ったときだけにするほうがよい．(i) 影響力の強い変数があり，それが適切にサンプルに反映されるようにしたい．(ii) その変数が統計的母集団でどのように分布しているか，よくわかっている．これ以外のときは，単純ランダムサンプリングのほうが安全である.

➡ 層化サンプリングを使う目的は，測定したい形質に強い影響力を及ぼすと考えられる変数があるとき，この変数について母集団を正しく反映するようなサンプルを選ぶことである.

4.3.4　集塊サンプリング

単純ランダムサンプリングか層化サンプリングを使って，スコットランドの

10 歳の女児と男児それぞれ 1000 人のサンプルを選んだとしよう．これらの子どもたちはスコットランド全土に散らばっているだろう．彼らの身長を測るには，かなりの下準備と長距離ドライブが必要になる．もちろん，事前に電話をしておけば，地理的に近いところに住む子どもたちの測定を同日に済ませることはできる．1 人を測定したら車に戻り，カーナビを使って次の子どもの家の近くまでドライブする．それから約束の時間になるまで，車の中でコーヒーを飲みながら待つ．全体として見ると，子どもの測定よりもドライブとコーヒーによほど多くの時間を費やすことになる．そうする価値はあるかもしれないが，時には，下準備や実行にかかる労力と時間を減らして，なおかつ良いサンプルをとることができる．サンプルをとるとき，一つ一つの個体を選ぶ代わりに，自然にできている集団（塊）を選ぶのだ．これが**集塊サンプリング**の大事なポイントである［訳注：集塊サンプリングは通常，集落サンプリングと訳されている］．集塊サンプリングは，単純ランダムサンプリングに比べて理論的にすぐれた点があるわけではない．しかし，事情が許せば，はるかに少ない労力で同じくらい良いサンプルがとれる．事情が許せばと言うのは，このサンプリングを使うには，個体が自然な集団に分かれていなければならないからだ．

スコットランド全土の 10 歳児は，自然な集団に分かれている．彼らは小学校別に自然にグループ分けされている．1 つの小学校には，平均 30 人くらいの 10 歳児がいるだろう．そこで，人口調査のデータを手に入れて単純ランダムサンプリングで 10 歳の男児と女児を 1000 人ずつ，合計 2000 人を選ぶ代わりに，集塊サンプリングでは，全国の小学校から単純ランダムサンプリングで 70 校を選ぶ．そして，これらの 70 校で 10 歳児全員の身長を測る．これによって，データ採取の面倒な下準備は大幅に軽減され，ドライブの距離もかなり減る．

この方法でとったサンプルは，スコットランドの 10 歳児たちを代表するサンプルになっているだろうか．おそらく大丈夫だ．学校ごとの児童の平均身長は，地域の人種構成や社会経済的要因に影響されるだろう．したがって，これらの要因によるばらつきが平均化されていなければならないが，70 校をランダムに選んでいるので，これはかなり達成されていると見ていいだろう．

しかし，集塊サンプリングを使うときは，そのほかにもうひとつ注意しなければならないことがある．それは，気づかないうちに重大な仕方で母集団を変えていないか，ということだ．学校レベルでサンプリングをすると，学校に行かずに家庭で教育を受けている子どもはサンプルに入らなくなってしまう．実際には，学校システムの外で教育を受けている子どもは，（すべての年齢を合わせても）スコットランド中に 800 人しかいないので，この例では，サンプルをとる母集団の変化をそれほど気にする必要はないだろう．しかし，一般論としては，便宜上の理由で集塊サンプリングを採用するときは，それによって母集団を（したがって，研究している問いそのものを）変えてしまわないよう，十分気をつけなければならない．

異なるサンプリング法を組み合わせ，何段階かに分けてサンプルをとることもできる．たとえば上のスコットランドの 10 歳児男女の身長差の調査で，2000 人はサンプルとして妥当な人数だが 70 校はちょっと少ないのではないか，と考えたとしよう．こういうとき，まず全国の小学校から 100 校をランダムに選び，次に各学校内で 10 歳児男女をそれぞれ 10 人ずつ単純ランダムサンプリングで選んでもよい．とはいえ，児童の数が少なくてそのような単純ランダムサンプルがとれない小規模校もあるかもしれない．そんなときは，その学校の 10 歳児童を全員サンプルに入れる（そして学校の数を増やす）か，それともそういう学校はサンプルから外すか，決めなくてはならないだろう．最善のやり方は，実際面での問題と，特定のタイプを除外することで起こる偏りの問題との，バランスを考えたものになるだろう．より多くの学校をサンプルに入れるか，それとも各学校でより多くの児童数をサンプルに入れるかというこの問題は，11.2.1 小節で扱うサブサンプリングの概念の一例である．

さて，ここで 10 歳児の身長の話をしばらく離れて，別の研究，子どもたちを異なる処理群に割りふらなければならないような研究を想像しよう．たとえば，子どもに外国語を教える 2 つの方法のうち，どちらのほうが効果的かを知りたいかもしれない．あるいは，2 種類の歯磨き粉のうち，どちらのほうが効果的に虫歯を予防できるかを知りたいかもしれない．このような研究のために集塊サンプリングでサンプルを選んだ場合，1 つの処理に割りふるのは集団全体（学校全体）でもいいし，個人（個々の児童）でもいい．どちらにするかは，実際面でのやりやすさと，個体どうしが相互作用するリスクを考えることで決まってくる．

教授法の場合は，学校レベルで割りふりをおこない，同じ学校の子どもがすべて同じ教授法を受けるようにするほうが，はるかに楽に実施できる．それに，こうすることによって，個体間の相互作用から生じる問題を避けることもできる．子どもたちは教室の内外で交流して知識を分け合うので，もし同じ学校の半分の子どもたちを一方の教授法で教え，あと半分をもう一方の教授法で教えるようにすると，異なる教授法を受けたグループの間にはあまりはっきりした効果の差が現れない恐れがある．なぜなら，子どもたちが交流したとき，より良い方法で教わっている子どもたちが，もうひとつの方法で教わっている子どもたちを助けるからだ．

一方，歯磨き粉の比較では，子どもたちが歯磨き粉を分け合う可能性は低いだろうから，子どもはそれぞれ独立だと考えてよいだろう．それに，同じ学校の子ども一人一人に，2 種類の歯磨き粉のうちのどちらかを渡すのはそれほど大変な作業ではないだろう（特に，包装を工夫して 2 つの歯磨き粉の見た目が同じになるようにしてあれば簡単だ．2.3.1 小節の偽薬の説明を参照）．

最後に，集団（学校）を選ぶときは，どの学校もサンプルに選ばれる確率が同じである単純ランダムサンプリングをお勧めする．しかし，集団の選ばれる確率が集団の大きさによって重みがつけられているような集塊サンプリングに出会うこともあるだろう．10 歳児の身長の例で言うと，その重みとは厳密には各学校の 10 歳児の人数になるが，それより学校の全児童数のほうが簡単にわかるし，それで十分だろう．重みをつけたサンプリングは実施するのが面倒だ．しかし，集団の大きさに応じた重みをつけることで，どの個体もサンプルに選ばれる確率が同じであるという，単純ランダムサンプリングの大前提に戻ったことがわかるだろう．ここで重みづけにふれたのは，論文を読んでいて出くわすかもしれないからにすぎない．あなた自身の研究のためには，重みをつけることでサンプリングを数学的に複雑にする（したがってミスも増やす）のはやめておいたほうがよいだろう．

➡ **個体が自然な集団に分かれているときは，集塊サンプリングを使うと，より少ない労力で良いサンプルをとることができる.**

4.3.5　便宜的サンプリング

とくに科学者としての道を歩み始めたばかりで，研究につぎ込む十分な時間もお金もないときは，便宜的サンプリングと呼ばれる別のタイプのサンプリングがよく使われる．はっきり言って，このサンプリングはこれまで述べてきたサンプリング法ほど方法論的に純粋ではない．しかし，とても便利な方法ではある．純粋主義者にとってはあまり魅力的ではないかもしれないが，このサンプリング法でもきちんとした研究はできる（もちろん，ひどい研究もできるが！）.

スコットランドの10歳児の男女の身長差を推定したいが，何しろお金がなくて，先に述べたようなサンプリングをして国中を旅してまわることはできないとしよう．だからといって有益な研究ができないわけではない．たとえば，地元に動物園があることに目を付ければ，そこから道は開ける．動物園には家族連れや，先生に引率された小学生たちがスコットランド中から（もっと遠くからも）やってくるだろう．動物園と交渉して，子どもたちが研究に参加してくれるよう呼びかける許可をとればいい．動物園では，来園者が通る場所に待機して，10歳くらいだと思われる子どもを含むグループが通ったら，そのグループの大人（親や先生などの引率者）に近づき，研究の趣旨と，その子（またはその子たち）が研究対象として（国籍と年齢の面で）適していると思われることを説明する．子どもの条件が合って，グループの同意が得られたら，子どもをサンプルに入れる．このようにして，かなり手っ取り早く必要なサンプルを集めることができる.

しかし，ここで注意すべきことが2つある．選択バイアス，そして外的妥当性の問題だ．便宜的サンプルには選択バイアスが紛れ込みやすいので，よくよく目を光らせなければならない．選択バイアスとは，ある一定の傾向をもつ被験体がより多く選ばれたためにサンプルに偏りが生じてしまうことである．サンプルの選択手順を自分自身で注意深く定めることが大事だ．そうすれば，選択バイアスを避けるとともに，そのために手を打ったことを他人に説明することができる．この例の場合，問題は，10歳児がいそうなグループに，その子をサンプルに入れる目的で近づいていることである．危ないのは，子どもが10歳に見えるかどうかの判断の一部に，まさに測定したい因子そのものである身長を使っていることだ．10歳にしては背が低すぎるという理由で，もっと年下だろうと判断し，本当はサンプルに適している子どもに声をかけずに終わるとしたら困ったことである．このようなことにならないためには，グループの子どもに10歳である可能性がほんの少しでもあれば必ず声をかけること，つまり，心を鬼にして，どう見ても5歳より上で15歳より下だと思う子どもが1人でもいるグループすべてに声をかけることだ．これは余計な労力がいるし，時には恥ずかしい思いもするだろうが，選択バイアスを避ける助けになる．

ここで，人を集めてサンプルにするときの，もうひとつのタイプの偏り，**同意バイアス**について話しておくほうがよいだろう．これまでは，声をかけられた人々がすべて研究への参加に同意する，と仮定してきた．つまり，関心の的である形質（身長）と研究への参加意思の間には何の関係もない，と仮定してきた．この仮定が成り立たないとき，同意バイアスが生まれる．これには気をつけなければならない．自分の身長が普通ではないと思って気にしている子どもは，研究に参加したがらないかもしれないからだ．ここでもやはり，サンプルの選択手順を考え抜いておくことが，同意バイアスを避けるとともに，そのための手を打ったことを他人に説明するのに役立つ．今の例で言えば，被験者になってもらえそうな人々に，次のような説明をするとよいだろう．(i) 声をかけたのは10歳児だと思ったからであり，身長に変わったところがあったからではない．(ii) 名前は記録しない．(iii) 他の人から数値が見えないようにして身長を測定する．(iv) 身長の測定値は誰にも見せない．このようなステップを踏んだからといって，同意バイアスが完全になくなるという保証はないが，その心配を大幅に減らす助けにはなるだろう．

外的妥当性とは，研究の結果を母集団にどのくらい一般化できるかをあらわす概念である．前小節までに述べたサンプリング法はどれも外的妥当性が非常に高い．なぜならこれらの方法では，母集団のどのメンバーもサンプルに選ばれる可能性を秘めているからだ．子どもの身長の例では，スコットランド中のどの学童もサンプルに含まれる可能性があった．これに対して，たった1か所でとった便宜的サンプルを使う場合，研究の外的妥当性を人々に信じてもらうには，より多くの努力が必要になる．子どもの身長の例では，参加者に人種を尋ね，スコットランドのどこから来たかを聞いておくとよいだろう．このようにして，サンプルが地理的に広範囲から集められ，人種構成も母集団（全スコットランドの10歳児）と似たものになっていることが示せれば，研究の外的妥当性を人々に納得してもらいやすいだろう．外的妥当性を考えることは，研究結果を妥当な範囲でどれだけ一般化できるかという問題（統計コラム3.1参照）を別の角度から考えることである（ところで，もう驚かないと思うが，実験デザインには，内的妥当性と呼ばれる専門用語もある．これは，因果関係についての推測がどのくらい妥当かをあらわす概念であり，したがって交絡因子を避けることに関係する．1.4.2小節と3.1.3小節参照）[@]．

➡ **便宜的サンプリングは他の方法にくらべてはるかに簡便なサンプリング法である．理論的な裏付けは弱いが，サンプル選びの手続きを注意深く考えておきさえすれば，十分役に立つ．**

4.3.6　自己選択

新聞やテレビ局は，電話を使った投票や調査が大好きだ．しかしその妥当性は，自己選択（自分で自分をサンプルに選ぶこと）によって大きく制限される．

@　人をサンプルにとる研究ではとくに，バイアスのかかったサンプリングに関する専門用語はうんざりするほどある．選択バイアスに始まって，志願者バイアス，非回答バイアス，診断バイアス，検出バイアス，情報バイアス，回答バイアス，評価バイアス，観察者バイアス，想起バイアス，割り付けバイアス，症例減少バイアス……（英語名は索引参照）．文献を読んでいて，もしこの中のどれかに出会ったら，補足資料の4.3.5小節を見るといい．簡単な定義が書いてある．

人々は新聞やテレビで，たとえばペプシよりコークが好きならある番号に電話をかけ，ペプシのほうが好きなら別のある番号に電話をかけるよう呼びかけられる．ペプシの番号に電話をかけた人がコークの2倍いたとして，そこから何が結論できるだろうか．まず，サンプルがとられた母集団について考えなくてはならない．電話番号が載った新聞記事を見た人々の集団は，コーラを飲む人々の集団のランダムな代表ではない．人々は新聞販売店でランダムに抜き取った新聞を買うわけではないので，サンプルがランダムでないことはすぐにわかる．だがもっと悪いのは，新聞を読んだ人が全員電話をして回答するわけではなく，実際にそうするのはほんの一部の読者にすぎない，ということだ．このような人たちが読者のランダムなサンプルだと言えるだろうか．一般的に言って，そう断言するのはかなり危険なことである．なぜなら，普通は，電話をかけてくるのは，とても強い意見をもっている人に限られるからだ．こう考えてきただけで，このような電話調査の結果が一般の人々の好みや考えを正しく反映していないことは明らかだ．調査の質問は公平だったか，とか，同じ人が何度も回答しないように予防策を講じていたか，といったようなことを尋ねるまでもない．著者のアドバイスは，このような方法でとられたデータの解釈は眉に唾をつけて読むように，また自分がサンプリングをするときは，この種の自己選択がどういう結果をもたらすかよく心得ておくように，ということだ．

> **【問4.2】** 本文のペプシとコークの例で，質問が「公平」とはどういうことか．公平でない質問の例を挙げなさい．

人を対象とする研究では，ある程度の自己選択はほとんど避けられない．街頭に立ってランダムに人をつかまえ，ペプシとコークのどちらが好きかを尋ねるとしても，人々には回答を断る権利があり，結局は彼らが自ら研究への参加不参加を選択していることになる．実験をデザインするときは，自己選択の余地をできるだけ少なくするようにしなければならず，それでも残っている自己選択については，結論にどのくらいの影響をあたえるか，自分の判断力を使って正しく見積もらなければならない．

自己選択が起こるのは，人を対象とする研究だけではない．たとえば，野生のある齧歯類の個体群の性比を測ろうとすれば，生け捕りの罠をしかけ，罠にかかった個体の性別を記録してから放つ，という方法が妥当に思える．しかし，この方法で推定できるのは，この齧歯類の個体群のうち，罠にかかった個体からなる部分集合の性比であって，必ずしも個体群全体の性比とは限らない．母集団の中には，他の個体に比べて，罠の餌に釣られにくい一団や，罠の小さな空間に入りたがらない一団が含まれているかもしれない．したがって，罠を仕掛けて得られた性比の推定値は，罠にかかりやすい個体たちが，ある意味で，研究への参加を自己選択したことの影響を受けていると言える．もし，個体の罠へのかかりやすさが，性別に関係しているとしたら，罠にかかった個体のサンプルの性比は，もっと大きな個体群の性比とはかなり異なっているだろう．

【問 4.3】齧歯類の性比の推定値に自己選択がどれだけ深刻な影響を及ぼしているかを調べるために，あなたはどんなことができるだろうか．

それでは次章に進むことにしよう．次章では反復についてもう少し詳しく検討し，いくつかの隠れた落とし穴について警告する．

➡ **自己選択が避けられないこともある．しかし，それを最小にするように努め，それでも取り除けなかった自己選択については，それが結果にどのような影響を及ぼすかを正しく判断しなければならない．**

まとめ

- 実験をするときはいつでも，関心の的である影響がよりはっきりと見えるように，ランダムなばらつきを取り除いたり減らしたりする方法を考えよう．
- 反復とは，数多くの異なる個体に同じ処理を施し，同じ測定をおこなうことである．
- 反復は，生命科学で常に存在するランダムなばらつきによる個体間の差に対処するためのひとつの方法である．

- 生命科学の研究ではほとんどいつも，より大きな母集団からとられた被験体のサンプルを測定する．サンプル内の個体が互いに独立であるためには，どの個体の測定値も，サンプル内の別の個体で測られるその因子の測定値に関して，何ら役に立つ情報をあたえるものであってはならない．

- 単純ランダムサンプルを作るには，まず関心の的である母集団のすべての個体をリストアップし，そこからランダムかつ独立に，決まった数の個体を選ぶ．母集団のどの個体も，サンプルに選ばれる確率は同じである．

- 単純ランダムサンプリングを使えば（とくにサンプルサイズが大きい場合は），ほとんどつねに母集団を代表するサンプルが得られる．しかし，科学者としての生涯で 1 度か 2 度は，得られた単純ランダムサンプルが代表的でなく，それを理由にそのサンプルを捨てなければならないかもしれない．

- 母集団における特定の形質の分布を反映したサンプルが欲しいときは，層化サンプリングをするとよい．

- 個々の被験体が自然な集団に分かれているときは，個体レベルよりも集団レベルでサンプリングをするほうがずっと簡便である．

- 最終的に便宜的サンプリングに落ち着くことはよくあることだ．便宜的サンプルで得られた結果を一般化するのはなかなか難しいが，サンプルをとるときの手続きをあらかじめ注意深く考えておけば，この問題は乗り越えられる．

第 5 章

偽反復

前章では反復の概念を導入した．この概念には，測定するサンプルの個体は互いに独立である，という条件が含まれている．本章では，偽反復，つまり見せかけだけの偽の反復，本当は被験体どうしが独立ではないのに，あたかも独立であるかのように扱った「反復」に対して警告を発する．

・まず，独立とはどういうことを意味しているか，詳しく説明する（5.1 節）．

・次に，サンプル内の個体が互いに独立でなくなる原因としてよくあるものをいくつか挙げて説明し（5.2 節），そのような非独立性に対処するにはどうすればよいかを考える（5.3 節）．

・実際には非独立性が避けられないこともある．しかし，注意深く対処すれば，研究そのものが無効になるわけではない．これについては 5.4 節で述べる．

・偽反復は，すでに出てきた第三の変数や交絡因子の概念とも関係している．5.5 節では，この関係について考える．

・最後に，時間の経過にともなう変化の研究において，サンプル内の非独立性の問題を考える（5.6 節）．

5.1 独立とはどういうことか，偽反復とは何か

第 4 章で見たように，反復によって，ノイズに由来する個体差に対処することができ，生物学的に興味深いパターンがよりはっきりと見えるようになる．しかし，反復からこのような効果が得られるかどうかは，ある決定的に重要なルールが守られているかどうかによって決まる．そのルールとは，反復体の測定値は互いに独立でなければならない，というものだ．測定値が互いに独立であるとは，どの個体の測定値についても，それがノイズのために平均から正方向にずれる確率と，負方向にずれる確率は等しい，ということである．このため，互いに独立な個体からなるグループを調べると，それらの偏差（平均からのずれ）は互いに打ち消し合い，その結果，**サンプル** sample の平均は**母集団** population の平均に近くなる．だから，サンプルで得られた結果をもとに，母集団について正確な推定ができる．しかし，実験を注意深くデザインしない場合，このことは必ずしも保証されない．

母集団：population　サンプル：sample
生命科学者は，個体から成るあるグループ（母集団）について何かを解明することに興味を持つ．しかし一般に母集団はあまりにも大きく，その中のすべての個体を研究するのは不可能だ．そこで，母集団を代表するような部分集合（サンプル）をとり，それを研究する．

互いに**独立** independent であるためには，ひとつの個体で得られたある因子の測定値は，別の個体で得られるその因子の測定値に関して，役に立つ情報をあたえるものであってはならない．たとえば，次の仮説を検証したいとしよう．

独立：independent
偽反復体：pseudoreplicate
可能な測定値の分布がすでにわかっているとき，1 つの反復体の測定値が，もう 1 つの反復体の測定値の予測にまったく影響をあたえないならば，2 つの反復体は互いに独立である．互いに独立でない反復体は偽反復体と呼ばれる．反復体の独立性を前提としている統計検定に，偽反復体で得られたデータを適用すると，検定の結果は当然信用できないものとなる．このような間違いを犯すことを偽反復という．

巣箱で育てられたアオガラのヒナは，自然の巣穴で育てられたヒナに比べて外部寄生虫が多い．

1 つの巣箱からヒナを 4 羽とってきて，それぞれのヒナの寄生虫の数をかぞえ

ても，巣箱で育てられたヒナの4つの独立な測定値が得られたことにはならない．同じ巣にいたヒナの寄生虫数の間には，強い相関関係のある確率がきわめて高い．つまり，もし1羽のヒナが異様に多くの寄生虫を保有していれば，同じ巣箱のどのヒナもそうである確率が高い．ここで問題なのは，ヒナの寄生虫数が，関心の的である因子（人間が作った巣箱か，それとも自然の巣穴か）だけに影響されるのではなく，その巣が前の年にも使われていたか，といったノイズ因子にも影響を受ける，ということだ．もし前の年にも使われていたとしたら，そのせいで今年のヒナの寄生虫数は増えるだろう．前年に使われていたかどうかは研究で調べようとしている因子ではなく，測定にノイズをもたらす交絡因子である．このノイズを均すために，互いに独立な反復体で測定して平均をとるのだ．しかし，もし1羽のヒナの寄生虫数が，前年もその巣が使われていたために平均より正方向にずれていたとしたら，同じ巣のヒナたちの寄生虫数もやはり正方向にずれるだろう（なぜなら前年使われていた巣にいるという条件が同じなのだから）．その結果，反復体が独立ならば起こったはずの打ち消し効果は生まれない．互いに独立でない反復体は，**偽反復体** pseudoreplicate と呼ばれている．

この例をもう少し詳しく見てみよう．10個の巣箱から42羽のヒナをとってきて，それぞれの外部寄生虫の数をかぞえたと思ってほしい．これら42個の数でできたヒストグラムを想像できるだろうか．図5.1の上の図がそれである．さて，ここで

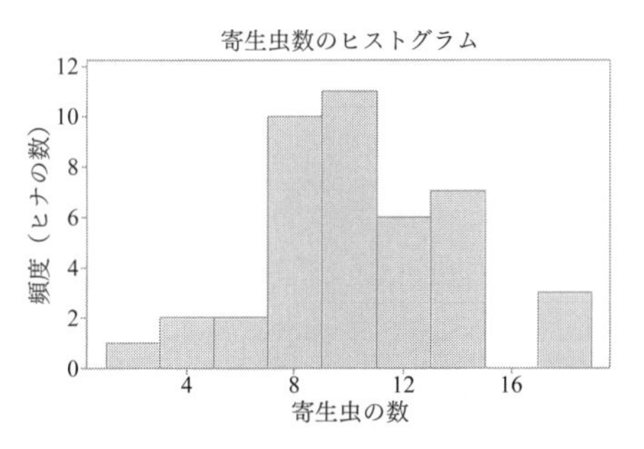

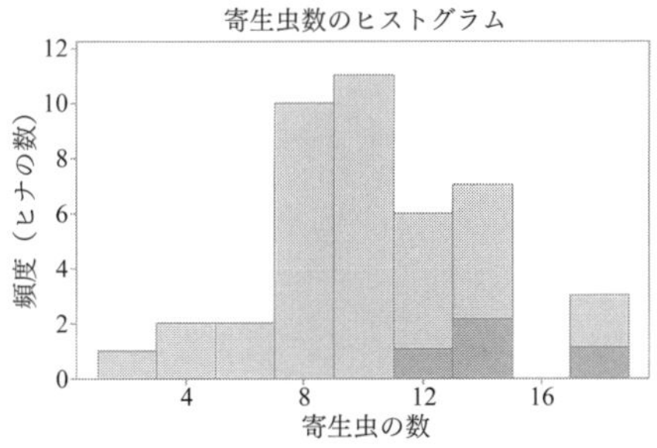

図 5.1　（上）42個の測定値のヒストグラム．各測定値は，10個の巣箱のうちのどれかから取られた1羽のヒナの寄生虫数を表す．（下）同じヒストグラムだが，巣箱7から取られた4羽のヒナの測定値だけ濃い色で示してある．

野外研究助手がもう1羽ヒナをつかまえてきて，そのヒナの寄生虫数を当ててください，と言ったとしよう．他に何も情報がなければ，考えられる最善の答はおそらくヒストグラムの平均値（42個の測定値のうち大部分が集まるあたり）に近い値になるだろう．ところが，あなたが答える前に同僚が，そのヒナは巣箱7からとってきたのだと漏らしたとする．図5.1の下の図を見てほしい．これは上と同じヒストグラムだが，巣箱7から先にとられた4羽のデータだけ色を濃くしてある．これを見てあなたは問題の寄生虫数を何と推定するだろうか．もちろん，さっき答えようとした値よりずっと高い値に変えるだろう．なぜなら巣箱7の他のヒナの寄生虫数はすべて平均より高いし，生物学者としての勘から，同じ巣のヒナは同じような数の寄生虫をもっていると考えられるからだ．同じ巣からとってきたという追加情報によって最善の推定値が変わるという事実は，これらのヒナたちが（巣箱で育ったヒナの寄生虫数の）反復体ではなく偽反復体であることをはっきりと告げている．前に言ったことを思い出してほしい．測定値が互いに独立であるためには，ひとつの個体で得られたある因子の測定値は，別の個体で得られるその因子の測定値に関して役に立つ情報を何もあたえてはいけない．同じ巣からとられたヒナたちはこの条件をクリアできない．だから彼らは寄生虫数の反復体ではなく，偽反復体なのだ．

独立性を見分けるための大まかだが役に立つもうひとつの方法は，サンプル内の2つの個体が，そのサンプルからランダムに選んだ2個体と比べて，（測定したい事柄に関して）互いにより似通っているかどうかを考えることだ．より似ていると考えられるなら，互いに独立ではない．今の例でも，同じ巣箱のヒナの測定値は，ヒストグラムからランダムに選んだ2個体の測定値に比べて，互いにより似通っている．

偽反復体ではなく，独立な反復体をサンプルにとるように，できる限り努力しなければならない．なぜなら，独立な被験体はより多くの情報をあたえてくれるからだ．同じ巣箱を共有していた4羽のアオガラよりも，それぞれ別の巣箱からとられた4羽のアオガラのほうが，巣箱一般について明らかにより多くの知見をあたえてくれる．それに，上で述べたように，サンプルの個体が互いに独立でない場合は，交絡因子の影響がより大きな問題となる．同じ巣箱の4

羽のヒナは，前年の巣箱の使用，巣材，巣箱に直接当たる日射量，巣箱の耐水性など，ありうる限りの交絡因子によってもたらされた同じ状況を共有している．これに対して，別々の巣箱からとられた4羽では，そのようなことははるかに起こりにくい．だから，互いに独立な反復体のほうが，これらの交絡因子の影響を受けにくいのだ．

単純な統計手法のほとんどは，統計検定で比較するサンプル内の反復体が，互いに独立であることを前提としている．もしこれらの手法を互いに独立でない偽反復体に使えば，検定の結果は信頼のおけないものとなる．このような不適切な統計法の使用を偽反復という．独立でないデータに対処できる統計手法もあるが，初心者が簡単に使えるようなものではない．とにかく，予防は治療にまさる．独立でない反復体の使用は極力避けることをお勧めする．

➡ **サンプルには，できる限り互いに独立な反復体をとるようにしよう．**

5.2　偽反復のよくある原因

生物学には，研究者が気づかないうちにはまってしまう非独立性の罠がたくさんある．どういうものに用心すべきか，いくつか見てみよう．

5.2.1　囲いの共有

霊長類を飼育している囲いに改良を加えると，そこに住む霊長類の攻撃性が減るかどうかを知りたいとしよう．地元の動物園にはチンパンジーの囲いが2つあり，それぞれに10匹のチンパンジーが住んでいる．一方の囲いには飼育環境の改良のためにおもちゃや遊具を入れ，もう一方の囲いには何もしない．それから2つの囲いを観察したところ，遊具などで改良された囲いの10匹のチンパンジーの攻撃性は，もう一方の囲いの10匹の攻撃性に比べて，有意に低いことがわかった．このことは，囲いの改良によって攻撃性が減ることを示す確かな証拠になるだろうか．残念ながら，そうはならない．なぜなら，同じ囲いの中の 10 匹のチンパンジーの行動は，囲いの改良が飼育チンパンジーにあたえる影響を知るための，10 個の独立な測定値をあたえてはくれないからだ．ここで問題なのは，2 つの囲いの間には他にも多くの違いがあるだろう，ということだ．片方はもう一方より暖かいか陽当たりが良いかもしれないし，もう一方よりわずかに広いかもしれない．つまり，同じ囲いの中のチンパンジーは全員，改良とは何の関係もない多くのノイズ因子を共有していて，これらの因子のどれもが，2 つのグループの行動の違いを説明できてしまうのだ．

このタイプの問題は実に多くの状況で現れる．5.1 節でとりあげたアオガラの例もそうだった．別の例を挙げると，たとえば，コオロギの求愛行動に異なる温度がどう影響するかを調べるために，一方の温度処理群のコオロギをすべて 1 つの恒温器に入れ，もう一方の温度処理群のコオロギをすべて別の 1 つの恒温器に入れたとしたら，同じ恒温器のコオロギたちは温度の影響を知るための独立な測定値をあたえない．なぜなら温度は，2 つの恒温器の間にある他のすべての違いと交絡しているからだ．

同様に，生命医科学でも，実験用マウスを何匹かまとめて同じケージ内で飼うことがめずらしくない．もし実験で，同じケージ内のすべてのマウスに同一の処理を施したとすると（たとえば共用の給水器を通して薬剤をあたえる），同じケージ内のマウスはこの処理に関して独立な測定値をあたえない．なぜなら，そのケージの条件をすべて共有しているからだ．同じようなことは分子生物学においてさえ起こりうる．それはたとえば，マイクロプレートなどを使って試料を分析するような場合である．今，ある処理が免疫反応に影響をあたえるかどうかを知るために，処理群と対照群からとった血漿を分子的に分析するとしよう．96 穴プレートの穴一つ一つにそれぞれの試料を入れ，プレート全体を測定器にかけると，96 の試料の反応が個々に測定される．さて今，試料の数が 96 より多く，1 枚のプレートに入りきらないことがわかったとしよう．もしここで，対照群の試料を 1 枚のプレートに入れ，処理群の試料を別の 1 枚のプレートに入れたとしたら，処理の違いを分析プレートの違いと交絡させたことになる．

ウェルプレートなんて（あるいはケージなんて，恒温器なんて），どれも同じじゃないかと思うかもしれない．しょせん同じ業者から仕入れて，同じように取り扱っているのだから．しかし，その理屈は悪魔の代弁者には通用しない．彼らはどんなに似通ったケージの間にも，何とかしてさまざまな小さな違いを見つけようとする．そして，仮に完全に同じ96穴プレートがあったとしても，悪魔の代弁者はこう指摘するだろう．1枚のプレート上の試料は必然的に同時に分析され，分析中ずっと同じ場所にある．だから処理の違いは，時間および場所の違いと交絡しているね，と．

5.2.2　共通の環境

前小節とよく似た偽反復の原因は，共通の環境である．今，森林で餌をとるアカシカが，ヒースに覆われた荒地で餌をとるアカシカより，多くの寄生虫をもっているかどうかを知りたいとしよう．スコットランドの高地まで旅をし，アカシカが餌をとっている森林と荒地を1ヵ所ずつ見つけた．それぞれで20頭のシカの糞をとり，その中に含まれる線虫卵の数をかぞえる．この方法で，森林のシカのほうが荒地のシカより寄生虫が多いかどうかを知ることができるだろうか．サンプルをとった2つの調査場所の最も明らかな違いは植生の違いだろう．しかし，それ以外にも違いはたくさんありそうだ（たとえば森林のほうが，高度が低いと考えられる）．そして，これらの違いのどれもが寄生虫の数に影響をあたえるだろう．したがって，それぞれの調査地のシカたちは，森林の有無とは何の関係もない多くの因子を共有していることになり，森林の影響に関して偽反復体となっている．

5.2.3　血縁関係（類似の遺伝子）

周知のとおり，遺伝とは，血縁関係のある個体どうしは，集団内の血縁関係のない個体どうしに比べて互いにより似通っている，ということである．この類似性のため，血縁関係で結ばれた個体は，他のさまざまな処理の影響を調べるとき，互いに独立なデータ点をあたえない．たとえば，2 種類の異なる肥料によって，種子の発育にどういう違いが出るかを調べたいとしよう．一方の処理の種子はすべて 1 つの同じ親からとれたものを使い，もう一方の処理の種子はすべて別の 1 つの親からとれたものを使うとしたら，これらの種子を測っても，肥料処理の影響を調べるための独立な測定値は得られない．2 つのグループで出た違いは肥料処理によるのかもしれないが，それと同じくらい 2 グループ間の遺伝的な違いによるかもしれないからだ．先のチンパンジーやアカシカの研究でも，各小節で指摘した問題以外に，同じ囲いの中のチンパンジー，あるいは同じ生息地に住むアカシカの血縁関係も問題となる可能性がある．

5.2.4　刺激の共有

メスのキンカチョウが真っ赤なくちばしをもつオスを好むかどうかを知るために，次のような実験をしたとしよう．オスのキンカチョウの剥製（はくせい）を 2 つ用意し，それらを鳥かごの両端に置く．片方のくちばしは真っ赤に輝いているが，もう片方はくすんだ赤だ．それから 20 羽のメスを 1 羽ずつ鳥かごに入れ，どちらのオスのそばでより長い時間をすごしたかを記録する．その結果，平均すると，メスはくすんだ色のくちばしのオスより真っ赤なくちばしのオスと，より長い時間をすごすことがわかった．このことから，メスは真っ赤なくちばしのオスのほうを好む，と結論できるだろうか．答は再び「ノー」である．その理由は，刺激が共有されているからだ．確かに，2 つの剥製のオスはくちばしの色という点で異なっているが，おそらく他の多くの点でも異なっているだろう．たとえば一方はもう一方よりわずかに体が大きいかもしれない．2 つの剥製に対するメスの反応の違いは，くちばしの色によるのかもしれないが，他の違いによるのかもしれない．たとえば，くすんだくちばしの剥製は，実験前に置かれていた場所のせいで，変な臭いがしたかもしれない．

> **【問 5.1】** 左の配偶者選択実験で，すべてのメスを一度に鳥かごに入れれば時間の節約になっただろうに，そうしないでメスを個別にテストしたのはなぜだろうか．

5.2.5　個体もまた環境の一部である

行動の研究に特有の問題は，個体が互いに影響をあたえ合うことである．たとえば，先の例のチンパンジーは社会的動物であり，1匹のチンパンジーのふるまいは同じ囲いの他のチンパンジーに影響をあたえる．したがって，グループの中に攻撃的な個体が1匹いれば，他のすべての個体も，より攻撃的になるかもしれない．これはすでに述べた共通の環境の問題の延長とも考えられるが，ここでは動物自身が，共有される環境の一部となっている．このため，仮に全く同一のケージや恒温器や囲いが存在したとしても，それぞれのケージ内，それぞれの恒温器内，それぞれの囲い内の個体は，その中にいる他の動物たちを環境の一部として共有していることになる．この問題は行動にかぎらず，グループ内の1個体の状態が他の個体の状態に影響するときはいつでも生じる．前述のアカシカと寄生虫の例で言えば，もしグループの1頭に寄生虫がたくさんいれば，そのグループの他の個体全員に寄生虫が伝染するので，そのグループに属する個体の寄生虫保有量は互いに独立ではない．

5.2.6　時間を追ってとった測定の偽反復

ヘラジカの行動範囲に関心があり，とくに，特定の1個体がどのようなタイプの生息環境を好むのか知りたいとしよう．あらかじめ設定しておいた時刻になるとヘラジカの位置を測定して知らせてくれる衛星追跡装置を手に入れ，測定のたびに，ヘラジカがいる場所の植生タイプを記録した．その結果ヘラジカは，20回の測定のうち19回は密な森林にいて，1回だけ，ひらけた森林にいたことがわかった．調査対象の地域全体を見ると，これら2つの植生タイプはほぼ半々になっている．この場合，調査で得られたデータをもとに，ヘラジカは密な森林ですごすほうを好む，と言ってよいだろうか．

この結論が妥当かどうかは，1頭のヘラジカでとった20個の測定値が，互いに独立な測定値と見なせるかどうかにかかっている．そしてそれらが独立と見なせるかどうかは，（ある程度）測定と測定の間に，どのくらい時間が経過したかによって異なるだろう．

たとえば，ヘラジカの位置を1日に1回（ランダムな時刻に）測定し，これを20日間続けたとしよう．そして，この調査地域のどの2地点をとっても，ヘラジカは一方からもう一方へと，測定と測定の間に簡単に移動できるとしよう．この場合は，ある測定時におけるヘラジカの位置が，他の測定時におけるヘラジカの位置に影響するとは考えにくい．

これに対して，同じ研究でも仮に1秒ごとの測定を20回続けたらどうだろう．この場合（極端な場合ではあるが），ある測定時におけるヘラジカの位置は，次の測定時（1秒後）における位置に明らかに影響する．ヘラジカは1秒のうちに遠くには移動できない．だから，ある時点で密な森林にいたとしたら，1秒後もそこにいる確率がきわめて高い．わたしたちがこんなやり方で研究するほど愚かだったら，独立なデータ点は得られず，生息環境の好みについての推論は間違ったものになる．データ点が独立ではないので，生息環境への好みが特にないヘラジカでも，1秒ごとに20回続けて同じ植生タイプの場所にいる確率はきわめて高い．

それから忘れてはいけないのは，たとえこのヘラジカの行動範囲について良いデータがとれたとしても，それはたった1個体でとったものにすぎないということだ．このヘラジカがもっと大きな母集団を代表する個体だと仮定するのは危険である．2個体以上についての結論を導くには，反復が必要だ．

同様の問題は，時間を追って複数の測定をおこなうどんな研究でも起こりうる．そして，測定値が互いに独立かどうかを判断するためには，研究対象システムの生物学的実態を知っていることが決定的に重要である．たとえば，上の例がヘラジカではなくカタツムリを研究対象としていたら，1日1回の測定結果でさえ独立ではないかもしれない．もう一度言うが，偽反復があるかどうかの判断に必要とされるのは，研究対象システムの生物学的実態を理解していることだ．

5.2.7　種間比較と偽反復

3.1.4小節で述べたように，実験で形質を直接操作することは往々にして不可能だ．しかし，生命科学者にとって幸いなことに，ひとつの形質でも種によってさまざまに異なるので，そのことを利用して異種間で形質を比較することができる．今，メスが複数のオスと交尾する種では，精子競争の結果，オスの精巣の（体全体に対する）相対的な大きさが増す，という仮説を立てたとしよう．この仮説を検証するため，2種のイトトンボを選んだ．一方の種ではメスは1回しか交尾せず，もう一方の種では複数回交尾する．これら2種のオスで相対的精巣サイズを測って比較したところ，乱婚種のオスは一夫一妻のオスより，体の割に大きな精巣をもっていることがわかった．このことから，仮説は正しいと結論できるだろうか．まあ，できないだろう．なぜなら，2つの種の個体でとった測定値は，配偶システムの影響を調べるための本当に独立な測定値にはなっていないからだ．確かに，同種のオスたちはみな同じ配偶システムを共有し，配偶システムは2種間で異なっている．しかし，同種のオスたちは，配偶システム以外にも，2種間に系統立った違いを生み出すあらゆる因子を共有している．観察された違いは，わたしたちが関心をもっている因子によるのかもしれないが，2種間で一貫して異なる他の因子によるのかもしれない．もしかしたら，一方の種はもう一方の種に比べて，いつ餌が見つかるか予測しにくい環境に住んでいるため体脂肪を蓄積しておかなければならず，その結果，体が大きくなったので精巣が相対的に小さいのかもしれない．このように，単一の種からどんなに多くの測定値をとっても，種間の違いを知るための独立な測定値にはならない．

それなら，数種のイトトンボを調べて，それら全体でも上のパターンが見られたらどうだろう．今度は自信をもって，精巣の相対的サイズの違いは配偶システムのせいだと言えるだろうか．残念ながら，事はそ

> **【問5.2】** 次の**2**つの因子について，男女間に差があるかどうかを調査しているとする．ひとつの因子は赤毛かどうか，もうひとつの因子は見知らぬ人と進んで会話をしようとするかどうかである．健診のために訪れた歯科医院の待合室で呼ばれるのを待っている間に，そこにいる人々からもデータがとれることに気が付いた．**2**つの因子のそれぞれについて，いくつの独立なデータ点を得ることができるだろうか．

う単純ではない．進化のプロセスの働き方を考えればわかるが，近縁種は進化の歴史を共有しているので，互いに似通う傾向にある．乱婚のイトトンボを10種調べて，それらがすべて相対的に大きな精巣をもっていたとしても，10種とも，乱婚で大きな精巣をもつ単一の祖先から進化したのかもしれない．したがって，これら10種の測定結果をもとに決定的な結論を下すことには慎重になったほうがいいだろう．さらに，近縁種は他の多くの生態学的側面でも似通っている可能性が高い．統計法の中には，このような共通の祖先の問題に対処するために開発されたものもある．興味がある人は，巻末参考文献のランダム化の項に載っている Harvey と Purvis の論文から読み始めるといいだろう．

➡ **注意を怠ると，互いに独立な反復ではなく偽反復になりやすい．**

5.3　非独立性に対処する

5.2節を読んで，独立な反復をとるということは，無数の問題が埋まっている地雷原をわたるようなものだという気がしたことだろう．しかし，決してそんなことはない．備えあれば憂いなし．5.2節の警告を心に留めておくだけで，たくさんの落とし穴を避けることができる．本節ではもっと実際的なアドバイスをしよう．それで身を守れば，偽反復なんて少しも怖くなくなるはずだ．

5.3.1　反復の非独立性は生物学的な問題である

反復の独立性という概念で一番難しいのは，これと決まった不動のルールがないことだ．反復のつもりのものが偽反復かどうかは，研究対象の種が生物学的にどういうもので，研究によってどういう問いを解こうとしているのかによって変わってくる．したがって，**偽反復はそもそも**，**統計学者ではなく生物学者が取り組むべき問題である**．統計学者にデータを渡しても，それを見ただけで反復が独立かそうでないか，彼らに判断できるわけではない．もちろん統計学者だって，1匹のチンパンジーの行動が同じ社会的グループの中の他のチンパンジーの行動に影響するだろう，くらいは予測できるかもしれないが，これは統計学者として知っていなければならない事柄ではない．まして，1つの恒温器内の別々の容器に入れられたコオロギの行動が，互いに影響を及ぼし合うかどうかに至ってはなおさらだ．だからこそ生物学者は，自分で自分の実験デザインにかかわらなければならない．2つの測定値が独立と見なせるかどうかは，あなた自身が生物学の知識を使って考えるべきなのだ．

偽反復の解決策はたくさんある．偽反復を避けるために何をすべきかは，それぞれの場合で異なる．時には非常に簡単なやり方で解決することもある．たとえば，刺激が共有されていたメスによるオス選びの実験では，ひとつの解決策として，剥製のオスをたくさん集め，それぞれのメスを異なる剥製の組でテストすればいいだろう．

もっと一般的な解決策は，データ点の凝縮と，反復である．アカシカの例で説明しよう．5.2.2 小節では，個々のシカの測定値は，サンプルをとった森林内で（あるいは荒地内で）互いに独立ではない，と判断された．この偽反復を解決するために最初にすべきことは，森林でとったすべてのシカの測定値をただ1つのデータ点に凝縮することだ．そのためにはそれらの測定値の中からランダムに1つ選ぶか，それらの平均をとればいい．荒地の測定値についても同じことをする．ただし，それでもまだ問題が残っている．なぜなら，今や森林と荒地のデータ点がそれぞれ1つしかなくなってしまったからだ．あると思っていた反復はすべて消えてしまった．解決の次のステップは，森林と荒地をもっとたくさん見つけ，それぞれで同じことをすることである．そうすれば，森林からも荒地からも，シカの互いに独立なデータ点が複数個得られたことになるので，森林のデータと荒地のデータの間に何か差が見つかれば，それは森林と荒地のもっと一般的な違いによるものだと結論することができる．このやり方は，恒温器の中のコオロギにも，囲いの中のチンパンジーにも使うことができる（コオロギの場合は恒温器ごとに平均をとり，恒温器を反復する．チンパンジーの場合は囲いごとに平均をとり，もっと多くの囲いを見つける）．

せっかくとった複数のデータをたった1つの平均値にまとめるなんて，労力のひどい無駄遣いに思えるかもしれない．しかし，測定値が独立であるようなふりをして信頼できない結論を導くほうが，よっぽど労力の無駄遣いだ．それより，ここで考える価値のある問いは次のようなものである．データを1つの平均値にまとめるということは，それぞれの場所で複数のシカを測定したことがまったく時間の無駄だったことを意味するのだろうか．それぞれの場所で最終的にたった1つの測定値にしてしまうなら，各場所でただ1頭のシカだけを測定してもよかったのではないだろうか．これについては11.2.1小節でさらに詳しく論じる．ここでは，次のことだけ言っておこう．1つの場所でとった複数のシカの測定値の平均値は，1頭のシカの測定値に比べ，ランダムなばらつきに影響されにくい．したがって，1つの場所で複数の動物を測定することは，たとえそれらの結果を結局は凝縮して1つにまとめるにしても，それなりに良い結果をもたらすことが多い．手間をかけてそれぞれの場所で複数のシカから糞を集めれば，その場所のより正確な測定値が得られるので，最終的な解析に必要な異なる場所の数はより少なくてすむ．生命科学者であるあなたは，場所を移動するためのドライブより，シカの糞を探すほうが好きだろう．だからこれはなかなか魅力的な取引である．

しかし，このようなやり方で反復することが現実的でないこともあるだろう．たとえば，研究室には恒温器が2つしかないかもしれない．そんなときは，コオロギの求愛行動に温度が及ぼす影響を研究するのをあきらめなければならないのだろうか．そんなことはない．このような状況で使える別の解決策がある．初めに恒温器Aを25℃，恒温器Bを30℃にして実験をおこなったら，今度は恒温器Bを25℃，恒温器Aを30℃にして実験をくり返すのだ（これと同じ方法は，囲いの環境改良の実験でも使える．最初に一方の囲いに遊具などを足し，次はもう一方の囲いに足す）．つまり，恒温器Aを使って25℃と30℃で実験をし，恒温器Bでも両方の温度で実験をする．同じ恒温器を使い，異なる温度でのコオロギの行動を比べることで，温度の影響の独立な測定値を得たことになる（ただし，実験と実験の間に恒温器は変化していないと仮定してのことだが）．

最後に，互いに独立でない反復に対処できる複雑な統計技法もあることを伝えておこう．シカの例で言うと，そのような「マルチレベルモデル（複層統計モデル)」では，個々のシカの測定値を反復として入力できる．ただし，それぞれのシカの糞に含まれる寄生虫の密度だけでなく，そのシカがどの森林（あるいは荒地）にいたかも記録する．この統計法は，同じ場所にいたシカ（つまり，同一の場所識別名をもつシカ）は，独立ではないだろうという前提に対応できるようにしたもので，調べたい仮説（森林と荒地の違い）を検証するときは，そのことを計算に入れている．しかしこれらの統計法は，互いに独立なデータ点（それぞれの場所の平均値）が使える普通の統計法に比べて，使うのが難しい．

【問 5.3】ある臨床試験で，赤血球の数に影響を及ぼすと言われている薬をテストしているとしよう．募集で集めた 60 人のボランティアを 30 人ずつの 2 グループに分ける．一方のグループには薬を一週間あたえ，もう一方にはあたえない．そのあと被験者全員から 2 つずつ血液サンプルをとって，各血液サンプルにつき 3 つの塗抹標本を作り，それらを顕微鏡で観察して赤血球の数をかぞえる．こうして，仮説の検証のために使える測定値が 360 個得られた．この研究で心配すべき非独立性の問題はあるだろうか．あるとしたら，あなたならどのように対処するか．

【問 5.4】前問で，各被験者から 6 つの血液塗抹標本をとって測定したのは，時間の無駄ではなかっただろうか．

だからまずは，悪魔の代弁者から見ても，すべての反復体が互いに独立と見なせるようにすることが大切だ（たとえば，クチバシの色の例なら，それぞれのメスに異なる剥製（はくせい）のオスを使う）．それが不可能なら，反復された測定値を，互いに独立と見なせるグループのレベルにまでまとめることだ．先の例で言えば，1 つの場所にいるシカたちは互いに独立とは見なせないが，互いに何マイルも離れた森林なら互いに独立と見なすことができる．そのような独立な反復体ごとに測定値を 1 つにまとめ（普通はサブサンプルの平均をとる），反復体の独立性を前提とした簡単な統計検定をおこなう．あるいは，すべてのサブサンプル（今の場合はすべてのシカ）を別々に使うが，どの個体が互いに関係しているかをわかるようにしておいて（今の場合は，同じ森を共有している），より複雑なマルチレベル検定をおこなう．

➡ **非独立性と結びついたどんなに難しい問題でも，研究を注意深くデザインすることで，ほとんどの場合は解決できる．それでも残った非独立性には，偽反復を回避できるような統計法を注意深く適用することで対処できる．**

5.4　実際問題として反復ができなかったら

シカの調査が実際には1つの森林と1つの荒地でしかできなかったと想像してみよう．これは，森林がシカの寄生虫数に及ぼす影響を調べる研究が時間の無駄だったことを意味しているのだろうか．いや，そうでもない．大事なのは，データが何を意味するかを考えることだ．今，森林のシカの糞には荒地のシカの糞より確かに多くの寄生虫がいたとして，そこから何が言えるかを考えてみよう．もちろんある程度の自信をもって，寄生虫数はシカのグループによって異なる，とは言えるが，これはそんなにおもしろい結果ではないだろう．もし2つの場所のシカが（種や密度や年齢構成などで）似通っていたら，寄生虫数がグループによって異なるのは場所の違いによるのであって，場所以外のグループの特性の違いによるのではないことに，ある程度の自信がもてる．しかし，場所の違いによる，とは言えても，場所の一方が森林でもう一方が荒地であることによる，とは言えない．なぜなら，2つの場所には他の違いがいくらでもあるからだ．結局，この研究は「荒地のシカのほうが森林のシカより寄生虫数が少ないか」という興味深い問いから始まったにもかかわらず，「すべてのシカのグループは同じ寄生虫数をもっているか」という問いに答えるだけで終わってしまったわけだ．これは，反復体について注意深く考えることを怠ったときの典型的な結末である．自分では興味深い問いに答えようと思っていても，実際にはおそらくすでに答がわかっているような平凡な問いにしか答えられていないのだ．

反復することで，一般性のある問いに答えられるようになる．そして研究で得た答をどのくらい一般化できるかは，どのようにサンプルをとり，どのように反復するかに大きく左右される．もし，人の身長が性別にどのくらい影響を受けるかに関心があるならば，ピエール・キュリーとマリー・キュリーの身長を何回くり返し測ったところで，ほとんど何の役にも立たない．それらの測定値はピエールとマリーの身長差については教えてくれるし，測定のたびに大きな誤差が出る場合は，2人の身長差はどれだけかという単純な問いに答えるためだけでも，くり返し測ることは必要だ．しかし，このくり返し測定は，もっと一般的な人の性差についての問いにはほとんど何も答えてくれない．複数の男女の身長を測定して初めて，性別が身長に及ぼす影響について，もう少し一般的なことが言えるようになる．もちろんこれは，血縁関係や共通の環境（サンプルに選ばれた男性がすべてある国の人で，女性がすべて別の国の人だったりしないか？）などの落とし穴を避けたとしての話だ．しかし，注意深くサンプルをとったにもかかわらず被験体が全員イギリス人だったとしたら，彼らの身長はイギリス人男女の身長差を調べるための独立な測定値にはなるが，世界全体の男女の身長差を調べるための独立な測定値にはならない．したがって，この問いに世界全体のレベルで答えることに関心があるなら，世界全体という母集団から，互いに独立な反復体をサンプルに選んでこなければならないだろう．

➡ **十分に反復ができないときは，データから結論できることの限界を理解することが大事である．囲いの偽反復（囲いの共有）の場合，囲いによって違いがあるかどうかは言えるが，仮に違いがあったとしても，その原因が何であるかはわからない．刺激の偽反復（刺激の共有）の場合，剝製（はくせい）のオスたちがメスの配偶者選択に及ぼす影響については，影響があったとかなかったとかは言えるが，それが本来関心をもっていたクチバシの色の違いによるかどうかはわからない．**

5.5　偽反復，第三の変数，交絡変数

第3章では，相関的研究との関連で，第三の変数の問題をとりあげた．そして本章と前章では，反復と，偽反復と，交絡変数について話してきた．ここでは，これらの概念がどのように結びついているかを考えよう．

すでに述べたように，何らかの実験処理の効果，たとえば抗生物質が細菌の増殖率にどのように影響するか，を知りたいならば，その処理の影響を互いに独立な反復体で測定することが必要である．つまり，抗生物質がある場合とな

い場合のそれぞれについて，互いに独立な複数の測定値（増殖率）が必要である．そしてこのとき，処理群（抗生物質あり）の細菌と対照群（抗生物質なし）の細菌の間の系統立った違いは，抗生物質の有無だけでなくてはならない．もし2つのグループの細菌が他の面でも系統立って異なっていたら，反復ではなく実は偽反復だったということになる．

たとえば，細菌増殖培地の入った寒天プレートを2つ用意し，そのうち1つだけに抗生物質を加えたとしよう．細菌の希釈液をそれぞれのプレートに撒(ま)き，24時間後にそれぞれ100個の細菌コロニーの直径を測った．抗生物質がある場合とない場合のそれぞれにつき100個の測定値があるように見えるが，もちろんこれらは互いに独立ではない．なぜなら，同じ実験群の細菌すべてを同じプレートで培養したからだ．2つのプレートは，抗生物質の有無という点で異なるが，他の点でも異なっている．このため，抗生物質による効果の違いが，これら他の因子による効果の違いと交絡してしまうのだ．第3章の言葉で言えば，観察された違いが，関心の的である因子だけによるのか，それとも測定されていない第三の変数によるのかわからない．したがって，交絡因子と第三の変数は同じものである．これらに適切に対処しないと，反復のつもりで偽反復をすることになってしまう．上で述べた細菌の例の場合，ひとつの解決策は，抗生物質ありとなしのプレートをそれぞれ数個使い，各プレートで1つだけコロニーをとって増殖率を測ることだろう（あるいは各プレートで複数のコロニーの増殖率を測り，プレートごとに平均をとる）．

➡ **相関的研究における第三の変数の問題は，偽反復の問題として捉えることもできる．実験操作をしていないので，わたしたちが比較している個体の集まりが，関心の的である因子の影響を調べるための本当の反復になっているのか，それとも他の因子と交絡した偽反復なのか，わからない．**

5.6　コホート効果，交絡変数，横断的研究

油断していると非独立性と交絡効果につまずいて転んでしまう領域はもうひとつある．時間の経過とともに起こる変化に関心があるときだ．たとえば，40歳の男性グループと20歳の男性グループで，目と手の協調テストをしたところ，40歳のグループのほうが良い結果を示したとしよう．このことから，男性の場合，目と手の協調能力は年齢とともに高くなる，と考えてよいだろうか．

上のような方法は，**横断的** cross-sectional と呼ばれている．時の流れを横断するように，ある一点でスナップショットを撮り，異なる年齢の人々を比べているからだ．異なる年齢層の間に違いが見つかれば，人々が時間とともに実際そのように変化することを示唆している，と考える．しかし，この違いは別の仕方でも説明できる．人が時間とともに変わるのではなく，異なる年齢層の間に違いがあるのは何か他の因子による，と考えるのだ．たとえば，上の例では次のような説明が可能である．男性の典型的な職業はこの20年の間に劇的に変化した．今40歳の男性の多くが手を使う仕事，つまり職人的な仕事をしてきたのに対し，20歳の男性の多くはオフィスで仕事をしているだろう．従事する仕事のタイプが目と手の協調能力に影響をあたえるとすれば，2つのグループの違いは，年齢より職業の違いによると考えられる．この説明を聞けば，すぐにこれが交絡のもうひとつの例になっていることに気づくだろう．実際そうなのだが，異なる年齢層を比較する研究では，このような交絡因子の影響は一般にコホート効果と呼ばれている．

横断的研究：cross-sectional study
横断的研究では，時間軸の一点で母集団のスナップショットを撮り，異なる年齢あるいは異なる発達段階の個体どうしを比較する．

個人がもっている目と手の協調能力が年齢とともに変化するかどうかを調べるもうひとつの方法は，時間をかけて個人の集まりを追跡調査し，同じ個人の異なる年齢における出来栄えを比べることだ．このような方法は**縦断的** longitudinal と呼ば

縦断的研究：longitudinal study
縦断的研究では，長期にわたって個体を追跡調査して，異なる年齢あるいは異なる発達段階の同じ個体を比較する．

れている．でも，ちょっと待った．同じ個体でとった複数の測定値は互いに独立ではない，とこれまで著者は言ってきたはずだ．それならここで警鐘を鳴らすべきではないだろうか．同じ個人を異なる年齢のときに測定するのだから，まさにこれをやっているのではないか．確かにそうだが，さしあたっては，これから言うことを信じてもらうしかない．この例のように，個体が時間あるいは経験とともにどのように変化するかを調べたい場合は，（データを注意深く扱うかぎり）同じ個体を異なる年齢のときに測定しても問題にはならない．詳しい理由は，第10章で被験体内デザインを説明するときに述べる．

というわけで，縦断的研究は，コホート効果のために間違った結論に導かれる危険を回避できるが，横断的研究（ある時点でスナップショットを撮って異なる年齢の個体を比べる）よりも明らかに時間がかかる．そこで，妥協策として2つの方法を組み合わせることが多い．例として，メスのライオンの生殖能力がある年齢を境に衰えるかどうかを知りたいとしよう．横断的研究により，3歳のメスの生殖能力が非常に低いことがわかったとしても，それは3歳であることとは何の関係もないかもしれない．これらのメスが子どもだった3年前は食べ物が特に少なく，そのせいでこの年齢コホート（同年齢群）の生殖能力が全体的に低いのかもしれない（これがコホート効果である）．このコホート効果は検証することができる．もしコホート効果があるならば，来年も調査をくり返せば，今度は4歳のメスが低い生殖能力を示すはずだ．もし，来年の調査でも今年と同じ年齢の影響が見られたら，3歳メスの生殖能力が低いのは，より一般的な発達要因のせいだと考えられるだろう．

➡ 発達にともなう変化を見つけようとするときは，コホート効果に用心しなければならない．

本章に出てきた概念が理解できたかどうか，もう少し確認したければ，補足資料のセルフチェック問題をやってみよう．そうでなければ次の章に進もう．次章では，研究の規模をどれくらいにするか（いくつの独立な被験体でデータをとるか）を考える．

まとめ

- 生命科学の研究ではほとんどいつも，より大きな母集団からとられた被験体のサンプルを測定する．サンプル内の個体が互いに独立であるためには，どの被験体の測定値も，サンプル内の別の被験体で測られるその因子の測定値に関して，何ら役に立つ情報をあたえるものであってはならない．
- サンプル内の被験体が互いに独立でないのに，まるで独立であるかのように扱ってデータを統計解析すると，その結論は間違ったものとなる．
- 被験体（または被験体からなるグループ）が互いに独立であることを自信をもって説明できるよう，悪魔の代弁者にも文句がつけられないような実験をデザインしよう．
- 非独立性は生物学の問題であり，生物学的な洞察が必要である．統計学者に救いをもとめることはできない．自分で解決しなければならない．
- 十分に反復ができないときは，データから結論できることの限界を理解することが大事である．
- 相関的研究における第三の変数の問題は，偽反復と交絡因子の問題として捉えることもできる．
- 発達にともなう変化を見つけようとするときは，コホート効果に用心しなければならない．

第 6 章

サンプルサイズ，検出力，効果的なデザイン

検証したい仮説が決まり，仮説検証に必要なデータをとるために研究をどうデザインするかの大筋が決まったら，次に考えるべき大きな問題は，どのくらいの量のデータをとるかということだ．データの量が多ければ多いほど，検証の結果により確信がもてるようになる．しかし，データ採取に費やす労力が増えれば増えるほど，費やした労力に見合うほどの見返りは得られなくなる．本章では，最適なサンプルサイズを決めるのに役に立つ方法を説明する．しかしそれと同時に，効果的な実験をデザインするためにできることは，他にもたくさんあることを強調していく．

- まず，効果的な実験をデザインするのに役立つ道具として，統計的検出力という概念を導入する（6.1 節）．
- 次に，検出力に影響を及ぼす因子について説明し（6.2 節），計画している実験の検出力をどのように算出するかについて述べる（6.3 節）．
- 最後に，検出力を可能な限り上げるためにすべきことと（6.4 節），いくつかの異なるデザインの検出力を比較するときの手順について（6.5 節）説明する．

6.1　適切な数の反復体を選ぶ

前の2つの章で述べたように，反復はすべての実験デザインの基盤である．そして，どういう研究を計画するにしても，自然に出てくるのが「反復体はいくつ必要か？」という問いである．先に見たように，反復体が多ければ多いほど，グループ間の違いは単なる偶然の産物ではなくて，現実にある違いだということに確信がもてる．そこで，いろいろな事情を考える必要がなければ，できるかぎり多くの反復体が欲しくなる．しかし，人生の常として，いろいろな事情を考えないわけにはいかない．実際，反復体を増やせばコストがかかる．コストは金銭的なものかもしれない．たとえば，高価な試薬を使う実験なら，反復体の数を2倍にするだけで費用が大幅に増える．もっとありうる（そして多くの人にとってもっと切実な）のは，実験にかかる時間がばかにならないということだ．そして，おそらく最も重要なことは，実験が人や動物（または，人や動物から得られた材料）を使う場合，サンプルサイズが増すにつれて，人や動物の福祉や保護に関するマイナス面も増える，ということである．

このようなコストの問題を考慮すると，実験の規模をどのくらいにすべきか，という問いへの一般的な答は次のようになる．実験の規模は，実際に存在する生物学的に意味のある効果が検出できることに確信をもてるくらいには大きくすべきだが，必要以上のサンプリングを含むほど大きくすべきではない．しかし，現実問題として，その大きさをどうやって決めればいいのだろう．

そのために使える一般的な方法は2つある．ひとつは，類似の研究にもとづいて推測すること，もうひとつは，決まった手順に従って検出力分析をおこなうことである．

➡「サンプルは大きければ大きいほど良い」というのは単純化しすぎである．

6.1.1　類似の先行研究にもとづく推測

実験の規模をどのくらいにすべきかについてアイデアを得る最も簡単な方法は，他の人たちがおこなった類似の実験を調べることだ．当たり前に思えるかもしれないが，これは，論文から得た大まかな数字を使って，実験に必要な規模の見当をつけるための，とても役に立つ方法である．また，決まった手順に従った検出力分析をするつもりなら，入力に必要な生物学的データを手に入れるための，とても役に立つステップでもある．似たような実験が過去におこなわれたことはないと思い込んではいけない．これからやろうとしている実験に十分似ていて，役に立つ実験が，すでに発表された研究の中にいつでも見つかるものだ．この方法は単純だが，非常に有益である．その説明をこの一節だけで終わらせるのは，この方法が単純明快で，隠れた落とし穴もないからにすぎない．著者たちは決してこれを軽く見てはいない．それどころか，とても重要だと思っている．いざ，図書館へ！

➡ 先行研究から学べるものはすべて学ぼう．

6.1.2　検出力分析

統計的検出力 statistical power の概念は，どれくらいの規模の実験が必要かを決めるときに使える，きわめて単純で役に立つ概念である．では，それはどういうものなのだろう．ある実験の統計的検出力（略して検出力）とは，検出されるべき効果（たとえばグループ間の差異や変数間の関係）が確かにあると仮定したとき，その実験でその効果が検出される確率のことである．これが具体的に何を意味しているかは，コラム 6.1 の例を見ればわかるだろう．

コラム 6.1

検出力算出の例：再びニワトリの卵殻の厚さについて

第4章では，遺伝子改変穀物の入ったニワトリの餌が，そのニワトリの生む卵の殻の厚さにあたえる影響を例にとって，ランダムなばらつきと反復について考えた（コラム 4.1）．この例をもう一度とりあげ，今度はこの研究の統計的検出力について考えよう．そのための前提として，遺伝子改変穀物を含む餌は，確かに卵殻の厚さに影響をあたえ，卵殻は平均 40 μm 薄くなると仮定する．統計学用語を使って言えば，改変卵の母平均は標準卵の母平均とは異なる，と仮定するわけである．もちろん，研究者はこのことを知らず，改変食が殻の厚さに影響するかどうかを，いつものように調べるとする．さて，そこでこの研究者は，5つの改変卵と5つの標準卵で殻の厚さを測った．当然，2つのグループの測定値の平均は同じではなかったので（これが当然に思えない人はコラム 4.1 に戻ってほしい），研究者は適切な統計検定を使って，改変食の影響で殻は確かに薄くなると結論できるくらい，これら2つのサンプルの平均の差が大きいかどうかを調べることにした．統計学用語を使って言えば，これら2つのグループが有意に異なっていて，それらが代表している2つの母集団の平均が確かに異なることを示唆しているかどうかを知りたかったのだ．もし有意な差が見つかれば，改変食は卵殻の厚さに影響する，という結論になり，もし有意な差が見つからなければ，改変食が卵殻の厚さに影響することを示す証拠はない，という結論になる．

検定の結果，研究者は統計的に有意な結果を得たので，改変食が殻の厚さに影響する，と結論した．しかし研究者はそこでやめなかった．非常な完璧主義者なので，翌日もやってきて，前日とまったく同じやり方で実験をくり返した．この2回目の実験で得た測定値は，ランダムなばらつきの影響で，前日の測定値とは異なっていた（卵殻の厚さに影響を及ぼす因子はたくさんありそうだ）．そしてその結果，2つのグループの平均も前日とは違っていた．そこで再び統計解析をおこなうと，2つのグループの間に有意な差が見つかった．しかし，これすらこの果敢な研究者にとっては十分ではなかった．翌日も戻ってきて，まったく同じ実験をおこなった．再び，測定値も平均もそれまでと異なっていた．ただ（たまたま）今日は，ランダムなばらつきのせいで，5つの改変卵の殻はどれも母集団の平均より少し厚く，逆に5つの標準卵の殻はどれも薄めで，母集団の平均からの偏差がマイナスだった．その結果，2つのグループの平均はほとんど差がなく，統計解析をしてみると，グループ間に有意な差は見つからなかった．つまり今日は，改変食が影響を及ぼすという証拠が見つからなかった．

これはちょっと不思議な状況なので，何が起こっているかはっきりさせておこう．この3回目の実験で，研究者は何も間違ったことはしていない．ニワトリはすべてランダムに選ばれ，実験は正しくおこなわれた．改変卵の殻がすべて母平均より厚かったのは，単なる偶然である．コインを5回投げて，5回とも表が出るのと同じようなものだ．起こりそうにないが，起こる可能性はつねにある．つまり，たまには起こるということで，それが現実に起こると，研究者は，餌が本当は殻の厚さに影響を及ぼすのに，影響は何もないという間違った結論を下すことになる．

しかし，この研究者はこの時点でとても心配になり，とうとう100日連続して同じ実験をくり返した（あなた自身がこれをすることはお勧めしない）．100日のうち，72日はサンプル間に統計的に有意な差が見つかり，残りの28日は差があるという証拠が見つからなかった．さてここで，わたしたちが正解を知っていることを思い出そう．サンプルがとられた2つの母集団の平均は本当に異なっているのだ（それが前提だった）．したがって，この実験デザインについて言えば，研究者は100回おこなった実験のうち72回で正解を得た．つまりこの実験の検出力（母集団の間に検出されるべき違いが本当にあるとき，実験でその違いが検出される確率）は72％ということになる．

6.2　実験の検出力に影響をあたえる要因

デザインされた実験の検出力は，主として次の3つの数量に影響を受ける．効果量，ランダムなばらつきの大きさ，そして反復体の数（＝サンプルサイズ）である．

コラム6.1の例の場合，効果量は，改変食を食べたニワトリの卵の殻と，標準食を食べたニワトリの卵の殻という，2つの母集団における殻の厚さの平均の差である．他の場合では，効果量に当たるのは 2 変数間の関係の強さかもしれない．実際，効果量とは，実験で何を検出しようとしているにせよ，そこで検出されるべき（差や度合いなどの）量のことである．効果量について重要なことは，他の条件がすべて同じならば，効果量が大きければ大きいほど，それを検出するのが容易になり，したがって実験の検出力が高くなる，ということだ．その理由は明白だろう．餌を変えることによって卵の殻の厚さが 20％変わるならば，2％しか変わらない場合に比べ，グループどうしの平均の差はノイズにかき消されにくいからだ．

効果量 effect size は，1 つの因子の効果の大きさ（つまり，わたしたちが測定している変数が，ある 1 つの因子にどれだけ影響を受けるか）を表している．たとえば，イヌの体重に影響をあたえる因子を調べているとしよう．品種と 1 日の運動量はどちらもイヌの体重に影響すると考えられるが，どちらかというと品種の影響のほうが強いだろう．もしこれが正しければ，品種と結びついた効果量のほうが，運動量と結びついた効果量より大きいと言える．

> **効果量：effect size**
> 効果量とは，研究で測定する効果の大きさである．効果量は 2 つのグループの平均の違いであったり，2 つの変数の関係の傾きであったりする．

個体間の**ランダムなばらつき** random variation の増加は，効果量の増加とは逆の効果がある．つまり，ランダムなばらつきが増えるにつれ，既定の大きさの効果を検出するのは難しくなる（したがって実験の検出力は低くなる）．たとえば先の卵殻の例で言うと，殻の厚さはそれを生んだニワトリがどちらの処理を施されたかに影響を受けると同時に，他のさまざまな因子にも影響を受ける．他の因子の影響力が大きければ大きいほど，処理の効果を検出するのは難しくなる．

> **ランダムなばらつき：random variation**
> ランダムなばらつきとは，注目している因子では説明できないサンプル内の個体間のばらつき，つまり注目している因子以外の（ランダムな）因子による個体間のばらつきである．

最後に，サンプルサイズも検出力に影響する．反復体の数が増えれば，検出力も増す．その理由は，これまで反復の効果を再三述べてきたからもう明らかだろう．反復は，ランダムなばらつきの影響が互いに打ち消し合うように働く．なぜなら，互いに独立な複数の測定値があるとき，それらすべてがランダムなばらつきの因子の影響を同じように受けている確率はとても低いからだ．反復体の数が多ければ多いほど，この打ち消し効果は強くなる．サンプル内のランダムなばらつきの影響がこのように減少するため，サンプル間の差異が検出されやすくなるのだ．

6.3　計画している研究の検出力を知る

検出力は，現実に世界がどうなっているか（つまり調べたい因子の生物学的な影響はどのくらいか，世界はどのくらいばらついているか）に影響されるし，実験をどのように計画するか（どのくらいの実験規模にするか，どういうデザインを使うか）にも影響される．現実に世界がどうなっているかを，経験や情報にもとづいて推測できれば，異なるタイプの実験について，それらの検出力を決定することができる．このことをわかりやすく説明するため，コラム 6.1 の研究者にもう一度登場してもらおう．

飼料会社に戻ると，研究者は別の実験の計画にとりかかった．今度の実験は，「ファクターQ」という新しいサプリメントを餌に加えると，ニワトリの体重が増えるかどうかを調べる，というものだ．研究者は，適切な実験計画を立てるために，検出力分析をおこなって，それをもとに実験で使うニワトリの数を決めることにした．どんな実験でも，その検出力に影響する重要な要因は4つある．

1. 効果量（グループ間の真の差異はどのくらいか，2変数間の関係はどのくらい強いか，など）
2. 測定しているものに見られるランダムなばらつきの大きさ
3. 実験デザイン（および統計検定法）
4. 互いに独立な反復体の数

このうち，1と2は，研究が対象としているシステムの生物学的現実，つまり世界がどうなっているかに関係する．この例の場合，効果量はサプリメントが成長にあたえる効果である．統計学の言葉で言えば，新しいサプリメントをあたえられた母集団と標準食をあたえられた母集団の平均体重の差である．ランダムなばらつきは，餌以外でニワトリの成長に影響するものすべてによって起こる．ランダムなばらつきについては，実験手続きを注意深く決めておくことで減らすことができるとはいえ，一般的に言って，研究者が 1 と 2 を思い通りにコントロールすることには限界がある．それよりも重要なことは，これらの正確な値を研究者は知らない，ということだ（それを知りたくて研究するのだから）．したがって 1 と 2 については，経験や情報をもとに推測するしかない．これに対して，3 と 4 は研究者がコントロールできるものである．

6.3.1　効果量の見当をつける

他の条件がすべて同じなら，処理の効果が大きければ大きいほど，検出は容易になる．つまり，検出力は効果量とともに増加する．そこで，検出力を知るためには，まず，実験でどのくらいの効果量を検出しようとしているのかを決めなくてはならない．もちろん研究者は処理によってどのくらい効果が出るのか，前もって知っているわけではない．知っていればそもそも実験をする必要はない．知らないからこそ，経験や情報にもとづいて推測しなければならないのだ．さて，その情報や経験だが，たとえば他の似たようなサプリメントで得られた結果を利用するという手がある．他のサプリメントに約 500 g 体重を増加させる効果があったとすれば，「ファクター Q」にも同様の効果が期待できる．あるいは自分で小規模な予備研究をおこなって効果量の見当をつけてもいいし，理論的予測を根拠にしてもいい（このタイプのサプリメントが体重を 500 g 増加させることを示唆する，生理学的なモデル理論があるかもしれない）．最後に，研究者が何らかの理由で，これ以下の効果では意味がないと考える量があれば，それを効果量にすることもありうる．たとえば，体重増加の効果が 500 g に達しないサプリメントは，鶏肉産業では使いものにならないかもしれない．この場合，研究者は実験ではせめて 500 g の効果が検出できなければ意味がない，と思うだろう．

理由が何であれ，この研究者は，今回の実験で検出されることが望ましい効果量を500gと決定した．コラム4.1でわかったと思うが，実験をするとは，いくつかの母集団からそれぞれランダムにサンプルをとってくるのと同じことである．効果量を決めた今，研究者にはこれらの母集団がどうなっているか，少し見え始めたはずだ．図6.1はそれを図示したものである．母集団は2つで，ひとつは標準食を食べたニワトリからなり，もうひとつはファクターQ入りの餌を食べたニワトリからなっている．Xは標準食ニワトリの平均体重，X + 500はファクターQ食ニワトリの平均体重だ．

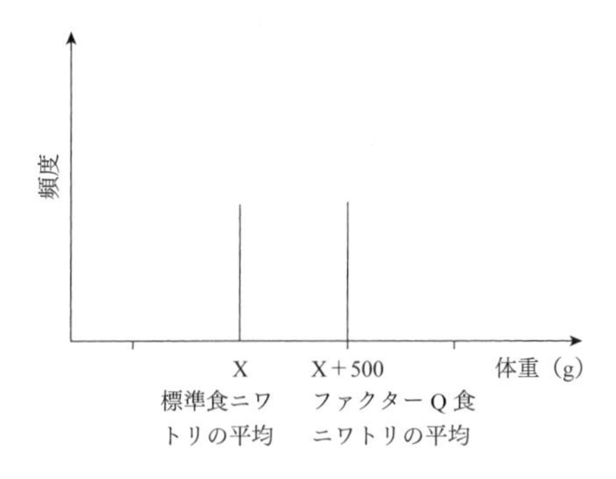

図6.1　世界がどうなっているかを図に描く（第一段階の図）．
実験でサンプルをとる元の2つの母集団は，帰無仮説を偽としているため，平均が異なっている（XとX＋500）．

6.3.2　ばらつきはどれだけか

たとえ同一の環境で育てられ，同じ餌をあたえられたニワトリでも，体重に影響をあたえる他のすべての因子のために，体重はさまざまに異なっているだろう．そこで，わたしたちの研究者が次にすべきことは，このばらつきがどのように見えて，どのくらいの大きさなのかを考えることだ．ここでも研究者は，2つの母集団のニワトリの体重がランダムな因子の影響でどのくらいばらつくのか，正確なところは知らないので，やはり情報や経験にもとづいて推測することになる．効果量のときと同じく，その方法はたくさんあるが，一番簡単なのは研究しているシステム（または他の似たようなシステム）の生物学的知識を使うことだろう．商業的動物生産という研究分野には，使える情報がたくさんありそうだ．似たような実験設定でニワトリの体重を調べた研究を探し出し，それらの結果をもとに推測すればいい．あまり研究されていないシステムを相

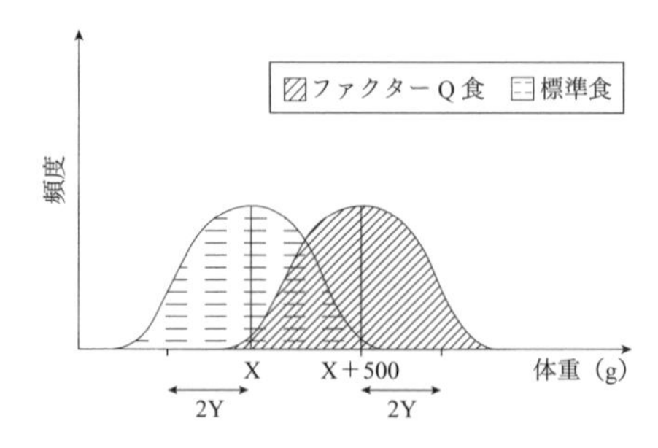

図 6.2　世界がどうなっているかを図に描く（第二段階の図）．
第一段階の図にばらつきを加える．ばらつきはガウス分布に従うと仮定し，2 つの分布の標準偏差を Y とする．

手にしている場合は，本番の研究の前に，小さな予備研究をしてばらつきを見積もってもいい．今の場合，この研究者は勤務先の研究所で飼われているニワトリの体重がだいたい標準偏差 Yg の正規分布に従うことを知っていたので，この値をランダムなばらつきの推定値として使うことにした．これらを先ほどの，世界がどうなっているかを表す図に描き込んだのが図 6.2 である．この図には，2 つの母集団の平均体重が異なることだけではなく，ランダムなばらつきのせいで現実にはこのように見えるはずだという母集団の体重分布も示されている．ここまできて初めて，研究者は次の問いを立てることができる．世界が本当にこの図のようだとしたら，自分の実験は処理の効果を検出できるだろうか．

6.3.3　実験デザイン

研究したいことがあるとき，その方法は必ずしも 1 つとは限らない．どのように研究をデザインするかによって（また，そのデザインが要求する統計解析法がどういうものかによって），研究の検出力は変わってくる．デザインでは，たとえば処理群をいくつにするか，どういうレベルの処理を施すか，各処理群で使う反復体の数を同じにするかどうかなど，考えなくてはならない問題がいろいろある．しかし，これらの問題については第 7 章で詳しく扱うので，ここでは細かいことには立ち入らない．今の例の場合，研究者はとても単純なデザインを選んだ．同数のニワトリからなる 2 つのグループを作り，片方には標準食をあたえ，もう片方には標準食にサプリメントを加えてあたえる，というものだ．

6.3.4 反復体をいくつにするか

検出力に影響する最後の因子は，実験に使う反復体の数（サンプルサイズ）である．実際，検出力分析の最も一般的な使い方は，何通りかのサンプルサイズで実験の検出力を計算してみて比較し，それにもとづいて最も適したサンプルサイズを決定する，というものだ．前に述べたように，理想的な反復体数は，調べている効果を検出できるくらいには大きいが，大きすぎない数である．もちろん現実には，実際的な理由から反復体の数を制限せざるをえないこともある．たとえば，研究所の設備では20羽しか飼えないとしたら，それによって反復体の最大数が決まってしまう．しかし検出力分析は，そのような制約のもとで，使えるものを最大限活用するための方法を考える手助けをしてくれる．今の例の場合，研究者はまず各グループのニワトリを5羽にして，検出力を計算してみることにした．最大でも20羽という制約のもとでは，指定の体重差はたとえあったとしても検出される確率がとても低いので，実験をする価値はない，と検出力分析は言ってくるかもしれない．

ではここで，これまでの作業をまとめよう．まず，大前提として，この世界ではサプリメントがニワトリの成長率に影響を及ぼす（つまり，帰無仮説は誤りである）と仮定した．次に，この影響の大きさ（効果量）を指定し，続いて，ランダムな因子によるニワトリの体重のばらつきの大きさを指定した．それから，使おうとしている反復体の数を含めて，実験デザインを決めた．ここまで来て，次の問いを立てる準備ができたことになる．もしこの世界が仮定のとおりになっていて，2つの母集団が本当に異なる平均をもっているならば，この実験デザインでその差を検出できる確率（検出力）はどのくらいだろうか．

6.3.5 仮想実験——検出力の算出

コラム6.1の研究者は，卵殻のときは実際に何度も実験をおこない，そのうち何回で有意差が検出されたかを見て，特定の実験デザインの検出力を計算した．今回は，計画中の実験の検出力を評価したいので，その実験を実際に何度もくり返すことはもちろんできない．しかし，乱数発生機能のあるコンピューターを使えば，コラム 6.1 でしたのと同じような方法で，仮想実験をすることができる．図 6.3 はこの実験の手順をまとめたものである．

仮想実験では，まず，標準食をあたえられた 5 羽の仮想ニワトリを作る．被験体の集合は，大きな母集団からランダムにとられたサンプルと見なせることを思い出そう．この仮想世界では，標準食をあたえられたニワトリの母集団の平均体重は 1500 g で，標準偏差は 300 g である．そこで，コンピューターを使って，平均 1500，標準偏差 300 の正規分布から，ランダムに 5 つの数を選ぶ．これが 5 羽の仮想ニワトリである．次に，同じ方法で，サプリメント入りの餌をあたえられた 5 羽の仮想ニワトリを作る．ただし，今度のニワトリは，平均 2000 g，標準偏差 300 g の正規分布から選ぶ．これで，現実の実験で計画しているのとまったく同じ種類の仮想データがとれたことになる．そこで，現実の実験で使おうと計画しているのと同じ検定をおこなえば，仮想実験のグループ間に有意な差があるかどうかを知ることができる．もちろん研究者は，この仮想実験では帰無仮説が誤りであることを知っている．なぜなら，自分でこの仮想世界をそのように設定したのだから．したがって，もし有意差が得られれば仮想実験から正しい結論が出たことになり，もしグループ間の差が有意でなければ，仮想実験から間違った結論が出たことになる．

ばらつきにはもう十分慣れた頃だから，これをたった 1 回おこなっただけでは目的のものに手が届かないことはおわかりだろう．仮想実験の結果は，コンピューターがランダムに生み出したニワトリのサンプルごとに違ってくる．実験をくり返せば，そのたびにニワトリたちの体重はほとんど確実に異なり，コラム 6.1 で研究者が実際に実験をくり返したときと同じように，結果は毎回変わってくるだろう．図 6.4 はまさにこのことを示している．つまり，実験を 9 回くり返すと，2 つのグループの平均は実験ごとに異なり，グループ間の差は，あるときは統計的に有意だが，あるときは有意ではない．

特定のデザインの検出力を知るためには，上のプロセスを何回も何回もくり返す必要がある．本物のニワトリではなくコンピューターでこの仮想実験をすることの利点は，コンピューターは同じ手続きを何度もくり返すのがとても得

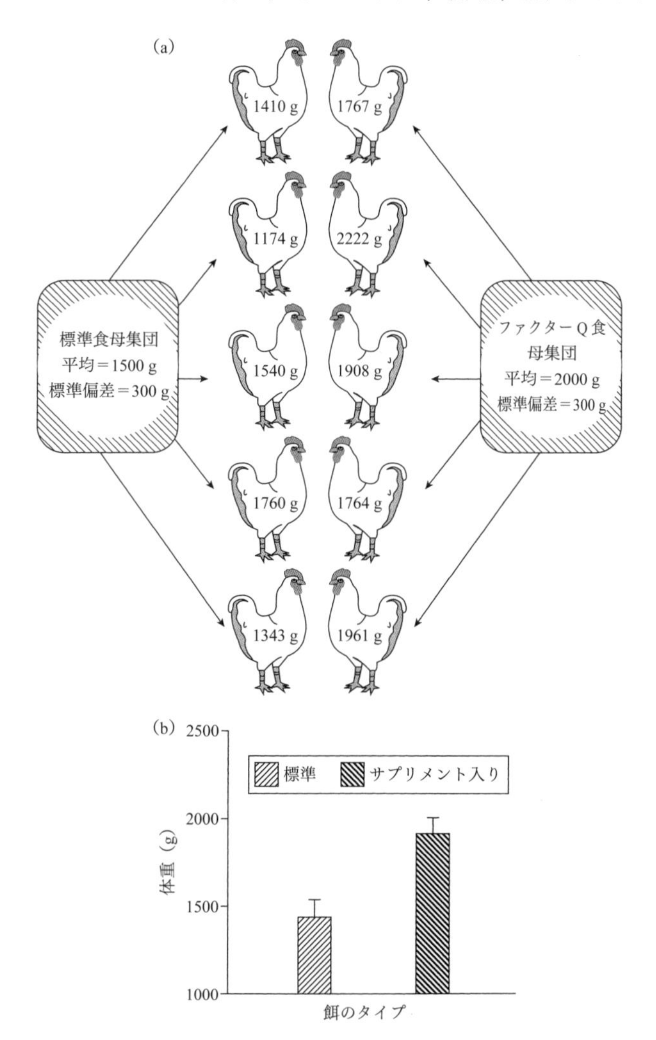

図 6.3　実験の検出力をシミュレーションで推定する.
サンプルをとる2つの母集団の特徴を決めたあと，各母集団から体重の測定値を一定数だけとって実験のシミュレーションをおこなう．それから統計ソフトを使って，2つのサンプルの平均の差が統計的に有意かどうかを検定する．このプロセスを数千回くり返すことによって，自分のデザインした実験がどのくらいの頻度で母集団の差異を検出できるかを調べることができる.

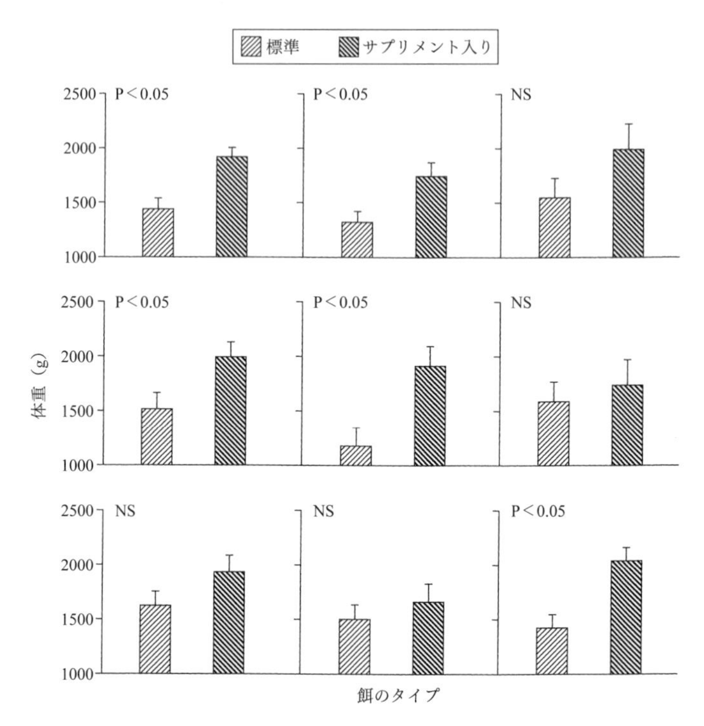

図 6.4 図 6.3 の仮想実験を，全く同じ方法で 9 回くり返した結果.
2 つのグループの平均は，実験ごとに異なる．9 回のうち 5 回では，平均の差は統計的に有意（$P<0.05$）と見なされるほど大きく，帰無仮説（2 つの母集団に違いはない）は棄却された（したがって実験は正しい結論に到達した)．残りの 4 回では，帰無仮説を棄却するほど平均の差は大きくなく（NS)，したがって実験は間違った結論に到達した.

意だということだ．わたしたちの研究者は 1000 回くり返した．そのうち一部の仮想実験では，グループ間の差は有意で，実験から正しい答が得られたが，残りの実験では有意な差は見られなかった．全体では，1000 回のシミュレーションのうち 503 回で有意な差が見られた．したがって，実験の検出力はおよそ 50％と算出される．これが実際に何を意味するかというと，たとえこの世界についての仮説が正しくても，各グループ 5 羽ずつのニワトリで実験した場合，サプリメントによる体重差を検出できるチャンスは 50：50 しかないということだ.

6.4　研究の検出力を上げる

計画している研究の検出力を分析したら，期待に反して検出力が低かった——そんな事態にはいつかはきっと出会うはずである．たとえば，新しく開発された食品添加物が貧血を引き起こすかどうかに関心があるとしよう．実験用マウスを使って調べるため，次のような研究計画を立てた．10匹のマウスに標準食，別の10匹に添加物入りの餌を1週間続けてあたえたのち，赤血球の数を測定して，その数で貧血の度合いを評価する．ところが，検出力分析をしてみると，残念ながら検出力は23％しかなかった．添加物にそのような効果が本当にあるとしても，それを検出できるチャンスが4回に1回もないなら，このまま実験を始めるのは明らかに得策ではない．時間と資金の無駄遣いだし，動物の使い方も無責任だ．

ではどうすればいいのだろうか．本章でこれまで学んできたことから考えて，まず頭に浮かぶのは，研究の規模を大きくする

【問6.1】 マラリアにかかったマウスの発熱がマウス自身を守るように働くかどうかに関心があり，マラリアにかかったマウスに熱を下げる抗炎症薬か偽薬かのどちらかをあたえる研究を計画している．図**6.5**には，規模の異なる**2**つの実験の検出力曲線が示してある．どちらの実験をおこなうべきだろうか．

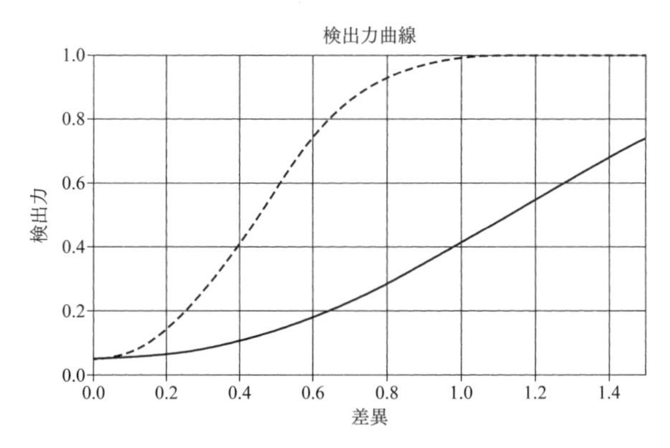

図6.5　各グループ5匹（実線）と25匹（破線）を使った実験（問6.1）の検出力曲線．横軸は期待される効果量（対照群と処理群のマウスの平均体温の差）を表し，縦軸は予測された検出力を表す．

ことだろう．各グループのマウスを 20 匹か 30 匹にすれば，ほどほどの検出力が得られるのではないだろうか．ただ，すでに強調したように，サンプルサイズを際限なく増やすことは不可能だし，望ましくもない．マウスを買って，住む場所をあたえ，世話をするには費用がかかる．予算も無限ではないだろう．それに，無限に大きくなるマウス小屋は今のところ存在しないので，一度に使えるマウスの数には実際上の制限がある．そしてもちろん，マウスは感覚をもった生き物なので，むやみにマウスの数ばかり増やして他の方法を考えないのは倫理的に問題だ．幸い，わたしたちは検出力に影響する他の因子を知っている．この知識を使えば，代替の解決法を見つけることができるだろう．

だがそれについて考える前に，実験の検出力はだいたいどれくらいを目安にすればよいのかを話しておこう．出発点としては，0.8 という数字を頭に入れておくといいだろう．つまり，調べたい因子の効果が実際に存在するとすれば，実験でその効果が得られる確率は 80％ある，ということだ．これはなかなか良い数字である．しかし，なぜ 95％のようなもっと高い値を目指さないのだろうか．

統計的検出力には，収穫逓減（しゅうかくていげん）の法則があてはまる．検出力がすでに大きければ大きいほど，検出力を同じ量上げるのに必要とされる実験規模の増分が大きくなるのだ．このため検出力 95％の実験は，検出力 80％の実験よりはるかに大規模でなくてはならない．規模がより大きいということは，はるかに多くの費用がかかり，はるかに多くの時間がかかり，そしておそらく動物の負担もかなり大きくなることを意味している．したがって，実際的な理由から，またしばしば倫理的な理由から，ただただ高い検出力を目指すことには意味がない．とはいえ，ここで挙げた 80％という数字はあくまでも目安にすぎない．時にはそれより多少高い値や低い値が妥当なこともあるだろう（もちろんその場合は，悪魔の代弁者にきちんと説明できるようにしておかなければならないが）．

【問 6.2】 同僚がやってきて，検出力分析をしたら **96％**という予測が出た，と興奮した様子で話した．その研究では，飼育されている霊長類の抗原レベルを測定することになっている．あなたならどういうアドバイスをするか．あるいは，同僚の研究が，地元の樫の木の葉の損傷を測定する，というものだったらどうか．

6.4.1　ランダムなばらつきを減らす

ランダムなばらつきは，検出したい効果を見る邪魔になる．したがってランダムなばらつきがあればあるほど，研究の検出力は低くなる．本節で考えている，食品添加物によるマウスの貧血を調べる実験の場合，ランダムなばらつきとは，測定された赤血球数のばらつきのうち，実験処理以外の因子によって起こるばらつきのことである．ランダムなばらつきの一部は，被験体の個体差によるもので，たとえば年齢，健康状態，性別，遺伝といった因子から影響を受ける．そのほかに，測定誤差と呼ばれるランダムなばらつきもある．実験に使うマウスの正確な赤血球数を知ることはおそらく不可能だ．その代わり，わたしたちはマウスの血液から試料をとり，その赤血球数を測定して，それをマウスの赤血球数の推定値とするだろう．この試料採取と測定を通して，上に述べた個体差とは別種の，測定誤差と呼ばれるランダムなばらつきが紛れ込む．たとえば，どんなに注意深く採血しても，採った血液の量はマウスによってわずかに異なっているだろう．また，たとえ完全に同量の血液が採れたとしても，血液中の赤血球の分布は完全に一様ではないので，1匹のマウスからとった血液サンプルの間でもその数はばらついているだろう．

検出力に関する話の中で，これまでは，被験体の間に見られるランダムなばらつきはあまり制御できないことを前提としてきた．しかし，実を言うと，ランダムなばらつきを減らすためにできることはかなりある．以下でそれらを整理してみよう．

実験テクニックの習熟と改良

最初に考えるべきことは，データ採取の方法を改善することによって，測定誤差を少しでも減らせないか，ということだ．これは，使おうとしているテクニックを十分練習して，研究に余計なノイズを持ち込まないようにする，といった単純なことかもしれない．あるいは，赤血球数を推定するためにふだん使っている方法が，可能な限り正確なものかどうかを吟味することかもしれない．顕微鏡を覗いて赤血球の数をかぞえるよりも，自動セルカウンターを使ったほうが，たくさんの血液サンプルを調べることができ，その結果，より正確な推定値が得られるということも考えられる．また，同じ問いに答えるために使える，よりばらつきの少ない尺度があるかもしれないことを，いつも頭に留めておくべきだ．

以上に述べたことはすべて，本書を通じて奨励している予備研究の一部として考えるべき問題である．要は，そうすることが検出力の向上につながるのだから，測定誤差を減らすためにできることは何でもしよう，ということだ．実際にどのように測定誤差を減らすかについては，第 11 章で詳しく述べる．

より均一な実験環境

測定誤差を減らすためにできる限りのことをしたら，次は，被験体間の他のランダムなばらつきをどうやって減らそうか，と考えなければならない．すぐにわかるように，実験全体を通して環境を均一にするためにできることはすべて，ランダムなばらつきを減らすのに役立つ．これこそ，多くの研究が実験室という注意深く管理された環境で最もうまくいく理由である．上のマウスの実験の場合，たとえば給餌法を一律にするとともに，マウスのケージもできる限り同じものを使いたい．研究をおこなう動物小屋の環境も，可能な限り一様にしたい．研究施設に複数の部屋があるなら，研究は 1 つの部屋でおこなうようにする．それぞれの部屋にケージを置く棚がいくつかあるなら，1 つの棚にケージをまとめて置くようにする（もし複数の棚が必要なら，それらの棚をできるだけ近づける）．

より均一な実験材料

実験環境の均一化のためにできることはすべて，ランダムなばらつきを減らすのに役立つ．しかし，先行研究から，マウスのばらつきに影響を与える特定の因子がわかっている場合もある．そんなときに考えられるもうひとつの手は，その因子について特定の値をとる個体だけを集め，研究対象をそれらに限定することだ．たとえば，齢（とし）がマウスの赤血球数に影響を及ぼすことがわかっているなら，特定の齢のマウスだけを使うことにする．そうすれば，年齢という因子によるばらつきを減らすか，または取り除くことができる．

多くの生物種の多くの特徴について言えることだが，それらが個体間でばらつくことの非常に大きな原因は，個体がもっている遺伝子である．運よくマウスのような確立された実験用モデル生物で研究をしている場合は，近交系を用いることによって，遺伝子によるばらつきでさえ制御することができる．近交系というのは，BALB/c や C57BL/HeN などの名前をもつ遺伝的に均一な個体の系統で，何世代にもわたる選択交配によって作り出されたものだ．おわかりだろうが，これら遺伝的に均一な系統では，遺伝的にもっと多様な母集団から個体をとってきた場合に比べて，個体間のばらつきがはるかに小さい．単一の近交系を使って研究するとき，わたしたちは事実上，単一の遺伝子型だけを相手にすることを選んでいるのだ．それはちょうど，測定したい事柄に齢が影響すると考えられるとき，単一の齢の個体だけを使って研究するのと同じことである．

【問 6.3】統計的検出力という観点から見たとき，ミジンコやアオウキクサのように，クローンを作って繁殖できる生物を使って実験することにはどんな利点があるか．

このように研究の対象を限定して，本来関心のある母集団の中のより均一な部分集合だけを研究する場合，心に留めておかなければならない大事なことがある．第4章では，研究のためにサンプルを選ぶとき，選ばれたサンプルは母集団を代表するものでなければならないと強調した．使ったサンプルが母集団を代表していなければ，悪魔の代弁者が結果の外的妥当性を問題にしてくるだろう．もし研究の対象を，均一な部分集合のさらに限られた部分集合，たとえば3ヵ月のオスの BALB/c マウスに限ったとしたら，研究の結果は，厳密に言えば，それらが代表する母集団（つまりその他の3ヵ月のオスの BALB/c マウス）にしか通用しない．もちろん，どんな結果でも，それが特定の研究された母集団を超えてどこまで一般化できるかは，システムの生物学的実態によって異なる．調べている食品添加物が3ヵ月のオスの BALB/c マウスに有害であることがわかったとしたら，それが非常に高い確率で3ヵ月半のオスの BALB/c マウスにも有害で，おそらくその遺伝子型の成熟オスにも有害だろうということは，どんなに気難しい批判者でも喜んで受け入れるだろう．これがメスや他の遺伝子型にまで適用できるかどうかは，生物学的な判断と解釈の問題である.

このようなアドバイスに，一瞬不安になったのではないだろうか．母集団の一部にしか適用できない研究をして何の役に立つのだろう，と．現実には，生物学者たちは，自分が研究した特殊なケースを超えて，しょっちゅうこの種の一般化をやっている．英国男性のランダムサンプルでおこなった研究が，人間の男性一般について何か有益なことを教えてくれると考えることに，わたしたちは普通は問題を感じない．ウサギに腫瘍を生じさせる物質は，おそらく人間にも同じことをするだろうと考えるときも同様である．大切なことは，そのような一般化をしたのが自分であることを覚えておくことだ．選んだ一部の個体を研究することで，本来の関心の対象である母集団について何かを知ることが期待できる，と（一般的な生物学の知識にもとづく）妥当な理由を示して，悪魔の代弁者を説得できるようにしておかなければならない．しかし一般には，検出力を上げるために均一化を進めて被験体の範囲を狭めることと，研究結果をどこまで一般化できるかということは，二律背反（こちらを立てればあちらが立たず）の関係にあることを心得ておくべきだ.

【問 6.4】異なる環境ストレスをあたえられた細菌培地で，細菌の増殖率を測る研究を計画している．測定する培地の数を増やしたいが，そうすると 2 つ目の培養器も使わなければならない．このことは，研究の検出力にどんな影響をあたえると考えられるか.

検出力を上げるためにサンプルサイズを増やすことと，検出力を上げるために均一の実験材料を使うことも，同じく二律背反になることがある．どういうことかというと，サンプルサイズを増やすには個体間のばらつきを増やすしかない場合があるのだ．こういうことが起こるのは，たとえば，サンプルサイズを増やすと，1 つではなく 2 つの業者からヒヨコを仕入れなければならない場合や，シャーレの数を増やすと，培養器が 1 つではなく 2 つ必要になる場合，あるいは植物の数を増やすと，測定が一度にできなくなり，3 回に分けて測定しなくてはならない場合などである.

➡ サンプル内の個体のばらつきを減らすためにできることはすべて検出力の向上につながる.

6.4.2　デザインでばらつきに対処する

ばらつきの原因がわかっているとき，それに対処するもうひとつの方法は，その因子を測定して，研究の中にはっきりそれを組み入れることだ．これは，研究に使う個体でその因子を測定し，その因子もいっしょに統計解析をおこなう，といった単純なことかもしれない．食品添加物の研究で言うと，3ヵ月のマウスだけを使うのではなく，さまざまに異なる齢のマウスを使い，それらの齢を記録しておくのだ．もっと複雑な方法も考えられる．たとえば，個体を処理群に割りふる前に，それらを若年，中年，老年のようないくつかの年齢層に分けておき，それから2つの処理群に，各年齢層の個体が半数ずつ割りふられるようにする．これら（と他のいくつか）のデザインについては第9章でもっと詳しく扱うので，ここではこれだけにしておこう．しかし，なぜこのような方法で検出力が上がるのだろうか．短い答えは次のとおり――「このようにすると，統計を使ってこれら他の因子によるばらつきを取り除くことができるから」．ばらつきが減るので検出力が上がる，というわけだ．長い答えは第9章を読むとわかる．

➡ **ばらつきの原因となる因子がわかっているとき，その因子を実験デザインに組み入れ，そのあと統計的手法を使って，それによるばらつきを取り除くことができる．**

6.4.3　効果量を上げる

研究の効果量は，普通，わたしたちが最も制御できない側面である．そもそも効果量は研究対象システムの生物学的実態によって決まってくるもので，この生物学的実態こそわたしたちが知ろうとしているものなのだ．しかし，場合によっては，研究で使う処理のレベルの選び方次第で，効果量に影響をあたえることができる．本節の冒頭で述べた食品添加物と貧血の研究を例にとろう．もし添加物が実際に貧血の原因になっているとすれば，添加物の濃度が高いほど貧血の度合いも高いだろう．したがって，実験処理に高濃度の添加物を使えば（添加物が実際に貧血の原因なら）大きな効果が得られるはずだ．その結果，実験の検出力は，より低濃度の添加物を使った場合より高くなるだろう（詳しくはコラム 6.2 を参照）．もちろん，このとき使う添加物の濃度を，通常使われるレベル以上に高くすれば，どんな害が検出されたにしても，それは生物学的に意味のあることなのかと質問してくる人がいるはずだ．これまでたびたびそうだったように，この質問に答えるためにもやはり統計学より生物学の知識が必要である．

【問 6.5】オスのコクホウジャクの尾羽の長さが，メスに対するオスの魅力にどう影響するかを調べるために，尾羽の長さを実験的に長くしたり短くしたりすることを計画している．実験に使うオスの尾羽を操作して，研究場所の個体群で観察された最長の尾より **5cm** 長い尾羽をもつようにする場合，このような操作の利点と欠点は何だろうか．

➡ **効果量を上げれば，統計的検出力は上がる．**

コラム 6.2

処理のレベルをどう選ぶか

ある肥料がトマトの成長にどのような影響を及ぼすかを知りたいとしよう．研究に使えるトマトは 30 株ある．これらの株を，どのような肥料処理にふり分ければいいだろうか．ひとつの極端な方法は，肥料の量として妥当な範囲内で最高のレベル（たとえば 30g）と最低のレベル（おそらく 0g）を選び，この 2 つの処理群にトマトを 15 株ずつ割りふって実験をする，というものだ．もう一方の極端な方法は，上限値と下限値はそのままにして，それらの間にもっとたくさん処理群を作る，というものだ．肥料 0g の処理群にトマト 1 株，1g の処理群に 1 株，2g に 1 株，というふうに 0g から 29g まで 1g 刻みで肥料の量を増やしていく．あるいは，それぞれの肥料量に 2 株ずつふり分けることにして，2g 刻みで処理群を作ってもいい．実際，この実験をおこなう方法はたくさんある．最良の方法を選ぶにはどうすればいいのだろうか．

この問いへの答えは，実験デザインに関する多くの問いの場合と同じく，研究対象システムの生物学的実態について何がわかっているかによって決ま

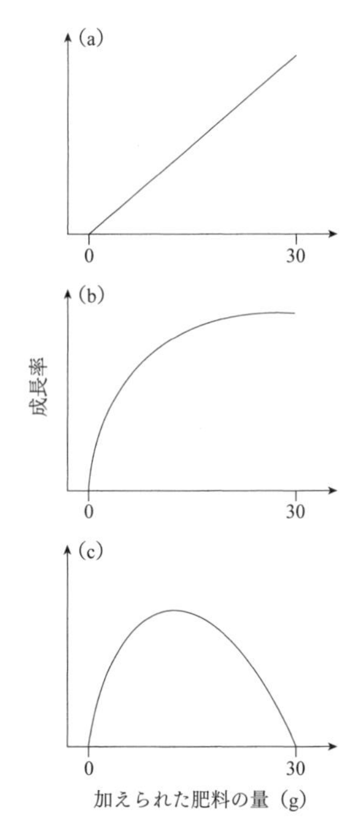

図 6.6　肥料の量と成長率の間に可能な 3 つの関係.
(a) では，加えられる肥料の量が増えるとともに，成長率は直線的に増加する．(b) では，成長率は肥料量とともに増加するが，その関係は直線的ではない．肥料量が増えれば増えるほど，成長率の増加量はどんどん小さくなっていく．(c) では，肥料量が少ないときは，(b) と同じような効果が見られる．しかし，肥料量がさらに増えたとき，成長率は (b) のような横ばいにはならない．成長率は，肥料量が中間レベルのときに最大に達し，肥料量が高レベルのときは，肥料量の増加とともに減少する．成長率が肥料量に直線的に応答することに絶対の確信があり，その傾きを推定するために最も検出力の高い実験をしたいならば，2 つの極端な値（この場合は，肥料量 0g と 30g）の場合だけを調べればよい．しかし，両端の値で調べるだけでは応答の形についての情報は得られない．応答の形についての情報が欲しいなら，両端だけでなく中間の値にも実験個体を割りふる必要がある．

る．たとえば，肥料の量とともにトマトの成長率が直線的に増加すること（図 6.6a）がすでにわかっているか，少なくともそのことに確信があって，研究では単にその成長率がどのくらいのペースで増加するか（図 6.6a の直線の傾き）を知りたいだけだとしよう．この場合，最も検出力の高いデザインは，両極端だけを処理群とする，つまり，最も少ない肥料をあたえる処理群と，最も多い肥料をあたえる処理群だけを作り，それぞれにトマトを 15 株ずつ割りふるというものだ．これによって傾きの最良の推定値がえられ，処理群間の違いを検出する能力も最高になる．

しかし，もし肥料の量と成長率の関係がわかっていなかったらどうだろう．それは直線的かもしれないが，そうではないかもしれない．もしかしたら成長率は，肥料の量が増えるとともに，初めのうちは急激に増加して，やがて横ばいになるのかもしれない（図 6.6b）．あるいは，最初は増えて，後に減るのかもしれない（図 6.6c）．どちらの場合も，両極端の 2 つの処理群だけだと，肥料の量と成長率の関係を見誤らせるような情報をあたえることになる．1 つ目の場合は，重要な生物学的（おそらく経済的でもある）効果を見そこなうことになる．つまり，肥料量が低レベルのときは肥料が少し増えただけでも成長率が大きく伸びるのに，肥料量が高レベルになると肥料を同じだけ増やしても成長率はほとんど変わらない，という事実を見そこなってしまうだろう．2 つ目の場合は，肥料量が中間レベルなら大きな正の効果があるのに，両極端の結果しかないために，肥料はトマトの成長に何の効果もあたえないと（あるいは負の効果があるとまで！）結論してしまうだろう．

解決策は明らかだ．関係がどのような形になるかを知らず，それが直線的であることに確信がもてないなら，関係がどんな形をしているのか推測できるように，中間レベルの処理群を作る必要がある．関係の形をできる限り正確に推測したければ，できるだけ多くの処理群を作って，それらが，関心の対象となっている範囲全体に，できるだけ等間隔に行きわたるようにすることが必要だ．

たとえ関係が直線的であることに何らかの理由で相当確信があったとしても，用心のために中間レベルの処理群を 1 つ作っておくほうがいいだろう．それによって検出力は多少減るかもしれないが，得られるデータはより信頼のおけるものとなる．

どんな処理レベル選択の方法にも長所と短所がある．自分の問いと研究対象システムにとって最も良いと考えられるデザインを選ぶことが大切だ．

6.4.4　サンプルサイズを増やす前に，検出力を上げるための他のあらゆる方法を熟考する

ここまでは，サンプルサイズを実行可能な範囲でぎりぎりまで増やしたがもう少し検出力が必要だ，という場合にしぼって話をしてきた．もちろん，検出力を上げるためにと言って上で説明してきた方法はどれも，そのような場合だけに使わなくてもいいし，そうするべきでもない．研究の計画を立てるときに，これらの方法を検討した結果，最初の計画より少ないサンプルサイズですむことに気づくかもしれない．そうなったら，自分にとっても，使う必要のなくなった動物たちにとっても良いことだ．反対に，これらの方法をすべて使ってもまだ検出力が足りないなら，答えは簡単だ．そんな研究はやめなさい．それより，妥当な検出力のある別の研究を見つけるほうがいい．

➡ サンプルサイズを増やすことなく研究の検出力を上げる方法はたくさんある．

6.5　いくつかの異なる実験計画の検出力を比較する

6.3節ではニワトリの餌の例を使って検出力を知るための手順を説明したが，これとまったく同じ手順を踏めば，どんな実験計画でも検出力を算定することができる．検出力分析の最も単純な使い方は，異なるサンプルサイズのデザインを比べる，というものだ．しかし，使い道はそれだけではなく，ひとつの研究をするための異なるタイプのデザインを比較することもできる．また，ランダムなばらつきを減らすための異なる方法が，検出力にどのように影響するかを調べることもできる．たとえば，分析のためにより精密なセルカウンターを買った場合，費用の増加に見合うだけの検出力の増加を見込めるだろうか．あるいは，木の葉の損傷を調べるために何人かに手伝ってもらうとばらつきは増えてしまうが，それでも手伝ってもらって予定時間内にずっと多くの葉を処理

するほうが検出力が高くなるだろうか．

原則として，この種の問いに答えるためにしなければならないことは，現実の世界がどうなっているかについて見当をつけることだけだ．それができたら，あとは，異なるサンプルサイズや異なるタイプのデザインで，実験をシミュレーションすればいい．標準的なデザインならば，表や，統計ソフトや，ウェブサイトからも検出力の推定値を手に入れることができる．これらの方法は手っ取り早いが，もっと複雑なデザインの場合は，6.3 節で述べた手順でシミュレーションをして検出力を算出するしかないだろう．コラム 6.3 では，もう一度ニワトリの餌の例に戻って，検出力分析を異なるデザインの比較に使うプロセスを見てみる．検出力分析についてもっと知りたい読者は，巻末の参考文献を見てほしい．役に立つサイトや，より専門的な教科書などの情報を載せてある．

コラム 6.3

検出力分析を使った異なるデザインの比較

6.3 節の飼料会社の研究者の話に戻ろう．この研究者は，ニワトリに 2 種類の餌をあたえて，効果（体重の増加）の違いがあるかどうかを調べる研究の計画を立て，シミュレーションで検出力を計算した．その結果，関心の的である効果を検出できるチャンスは 50：50 しかないことがわかった．6.3 節の話はここまでだったが，50：50 では見込みのある実験とは言えない．そこで研究者は，デザインの一部を変えてみて，それによって検出力が上がるかどうかを調べることにした．仮想ニワトリの数（当初の計画では各処理群 5 羽ずつ）を他の数に変更して，6.3 節とまったく同じ手順を踏めば，サンプルサイズの変更によって実験の検出力がどのように変わるかを見ることができる．また，当初の計画では効果量を高く見積もりすぎた（500 g）と考えるなら，効果量を変えることによって検出力の変化を調べることもできる．たとえば 250 g に変える場合は，前とは異なる平均（X + 250）をもつ分布から仮想ニワトリを選べばいい．あるいはこの研究者は，高価な空調設備を設置するとサンプル内の成長率のばらつきが 10％減ることを知ったので，このばらつきの減少が検出力の数値にどう影響するかを知りたいかもしれない．この場合も手続きはまったく同じで，ただ，仮想ニワトリを選ぶときに，ばらつきの減った正規分布から選びさえすればいい．つまり，原理的に言って，この方法を使えば，どういう種類のどんなに複雑な実験デザインの検出力でも調べることができる．

ただ，実際問題として，標準的な実験デザインを使うつもりなら，普通はこの手続きを自分で踏んでいく必要はない．生物学者がよく使うデザインの多くには検出力表が作られているし，検出力を計算してくれる統計ソフトもたくさんある．デザインに応じて検出力を算定してくれるウェブの統計プログラムまである．もちろん，どれを使うにしても，6.3 節の仮想実験に必要とされた 4 つのもの，つまり，効果量，ばらつきの大きさ，デザインの種類，そしてサンプルサイズは必要だ．しかし，統計ソフトなどの方法はとにかく速いし，使うのも易しい．わたしたちの研究者は，使おうとしているのが標準的なデザインであることに気づいたので，その一部を変更したいくつかのデザインの検出力を，これらの方法で手っ取り早く調べることにした．研究所で飼えるニワトリは 50 羽が限度なので，各処理群のサンプルサイズを（5 羽刻みに）5 羽から 25 羽まで変えて，それぞれのサンプルサイズにつき，空調設備がある場合と，ない場合の検出力を調べてみた．その結果が図 6.7 である．

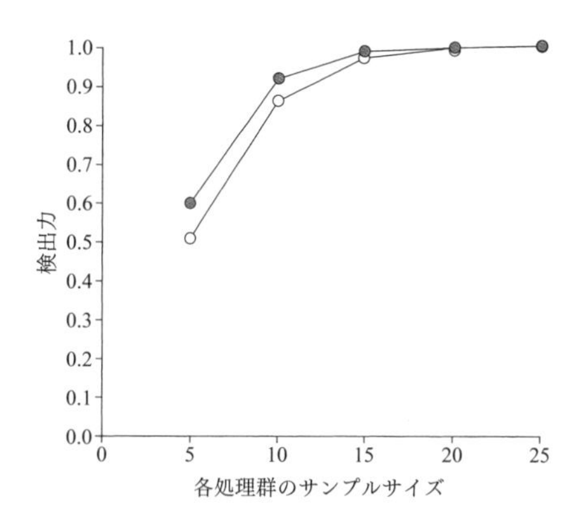

図 6.7　サンプルサイズと個体間のばらつきを変化させたときの検出力の変化．（検出したい効果量は 500 g．●は空調設備あり．○は空調設備なし）
検出力はサンプルサイズとともに増加する．サンプルサイズが同じ場合は，ランダムなばらつきが少ないほうが（つまり，空調設備があるほうが）検出力は高い．しかしサンプルサイズを増やしたときの効果は，収穫逓減（しゅうかくていげん）の法則に従っている．つまり，各処理群 10 羽ぐらいまでは，サンプルサイズの増加は検出力に大きな影響をあたえるが，それを超えると影響はずっと小さくなる．

この図を見ると，予想通り，検出力はサンプルサイズとともに増加し，空調設備でばらつきを減らした場合のほうが検出力が高い．しかし，各処理群のサンプルサイズが 10 を超えると，サンプルサイズを増やしても検出力はほとんど上がらないし，空調の効果もそれほど大きくない．そこで研究者は，各処理群に 10 羽のニワトリを使うことにし，高価な空調設備は買わないことに決めた.

最後に簡単にまとめると，実験に必要なサンプルサイズを計算するには，簡単に手に入るコンピュータープログラムや，本に載っている数式を使ってもいいし，6.3 節で手順を説明したシミュレーションを使ってもいい．しかし，どれを使うにしても，次のことは知っていなければならない.

・どんなデザインの実験をするつもりなのか.
・データにどんな統計法を使うつもりなのか.

さらに次のことを決めなくてはならない.

・調べたい効果量
・その効果量が実際には存在するのに，統計検定でそれが検出されないリスク（**第二種の過誤** type II error のリスク）をどのくらい許容できるか.
・効果は実際には存在しないのに，統計検定が誤って効果があると示唆するリスク（**第一種の過誤** type I error のリスク）をどのくらい許容できるか[@].

第二種の過誤：type II error
第一種の過誤：type I error
ある因子が，関心の的である変数に実際には影響をあたえているのに，実験がそれを検出できなかった場合，第二種の過誤が起こっている．実際には因子の影響はないのに，実験結果が（単なる偶然により）影響はあると示唆した場合，第一種の過誤が起こっている.

これらの過誤が起こるリスクはゼロではない．このことは受け入れなければならない．統計に 100 %確実ということはなく，間違えるリスクを，許容できるくらい低レベルに抑えることができるだけである．2 つのタイプの過誤が起こる確率は互いに関連していて，研究者はこれらをある程度制御できる（2 種類の過誤についてもう少し詳しいことを知りたい

@　第一種の過誤と第二種の過誤についてもっと知りたい読者は，補足資料の 6.5 節を読むといい.

読者は，補足資料を見てほしい．補足資料では，検出力の低い研究のもう少し微妙な問題点についても詳しく述べている）．

そして最後に，

- 同じサンプル内の個体間のばらつきについても，それがどのくらいなのか見当がついていなくてはならない．

するべきことがずいぶんたくさんあるように見えるが，実際はそれほどでもない．普通，余分な仕事が必要になるのは，効果量とばらつきの大きさを決めるときだけだ．それに，サンプルサイズの小さすぎる実験をする危険や，サンプルサイズの大きすぎる実験をするコスト（と無責任さ）に比べれば，このようにいろいろ考えたり計算したりして最適なサンプルサイズを決めるほうが，リスクもコストも少なくてすむ．

➡ 実験デザインがシンプルなら，検出力分析は比較的簡単にできる．そしてこの手順をマスターすれば，見返りはとても大きい．

異なるタイプのデザインは統計的検出力に影響する．本章ではこのことを強調したが，異なるタイプのデザインを選ぶことで生じる利益やコストは他にもある．状況に応じて最適なデザインを選べるよう，次からの4章では，さまざまなデザインを概観する．

まとめ

- 反復体をいくつ使うかを決めるひとつの方法は，似たような先行研究にもとづいて推測することである．
- もうひとつの方法は，決まった手順に従って検出力分析をおこなうことである．これはそう難しいものではなく，助けになるコンピュータープログラムはたくさんある．

- 反復体が少なすぎる実験は大失敗につながり，多すぎる実験は犯罪である．サンプルサイズは，細心の注意を払って決めなくてはいけない．
- ランダムなばらつきのさまざまな原因を注意深く考えることで，サンプルサイズを増やすことなく，検出力を上げる方法を見つけることができる．
- 検出力分析は，いくつかの異なる実験デザインのうち，どれを使うかを決めるときにも役に立つ．

第 7 章

最もシンプルな実験デザイン
——1 因子完全ランダム化デザイン

- 本章では，まず，1 因子の完全ランダム化デザインで，因子のレベルが 2 つの場合について説明する（7.1 節）．これは，実験を組み立てるための，シンプルだが非常に検出力の高いデザインである．
- そのようなデザインにとって，また多くの実験にとって，成功の鍵となるのは，交絡因子に対処するためのランダム化である．そこで次に，どのようにして効果的なランダム化をおこなうかについて説明する（7.2 節）．
- それから，因子のレベルを 3 つ以上に増やすとどのような役に立つかを考える（7.3 節）．
- 最後に，どういう場合にこのタイプのデザインが適していて，どういう場合に後の章で説明するデザインが適しているのかについて，大まかに説明する（7.4 節）．

本書ではここまで，良い実験の基本的な構成要素となるもの（適切な反復や，効果的な対照群など）にしぼって話をしてきた．ここからは，特定の実験デザインに目を向け，生物学的な問いに答えるためにこれらの構成要素をどのように組み合わせることができるか，を見ていこう．異なる実験デザイン間の違いは，交絡によるばらつきや測定誤差に対処するための方法の違いと見なすことができる．7.4 節で見るように，どのデザインを選ぶかは，どういう問いに答えようとしているのかによって決まり，研究対象システムの生物学的実態（とくに，ばらつきの原因になりそうなもの）によっても決まってくる．そして，そのようにして決まったデザインによって，どういう統計解析法を適用できるかが決まってくる．

一見すると，実験デザインには専門用語があふれているので，それだけで怖気づいてしまうかもしれない．しかし，これらの用語の背後にあるアイデアは，それほど難しいものではない．専門用語については，これから先に進むにつれて，最も普通に使われているものを導入・定義するつもりだ．

本章では，これまでの章で学んできた考え方を使って，最もシンプルな実験デザインを組み立てる行程を一通り説明する．次章以降では，このシンプルなデザインを土台として，段階的に複雑さを加えていき，そのことによってばらつきにどのように対処できるか，また，立てることのできる問いにどのような影響が及ぶかを見ていくことにしよう．

7.1　1因子完全ランダム化デザイン

簡単な生物学的問いから始めよう．

液体肥料はトマトの成長に影響を及ぼすか．

この問いに答えるためには，明らかに，いくつかのトマトの苗に液体肥料をあたえ，その成長のある側面（おそらく数週間後の乾燥重量）を測ることが必要になる．それに，肥料がないときどのくらいの成長が見込まれるかを知るために，何らかの形の対照基準も必要だ．今の場合，対照基準となるのは，肥料をあたえないことを除けば，肥料をあたえるトマトとまったく同じように取り扱うトマトの苗である．

ここで，いくつか専門用語を導入しなければならない．この実験の操作は，液体肥

> ***n* 因子デザイン**：***n*-factor design**
> ***n* 元デザイン**：***n*-way design**
> **レベル**：**level**
> **複因子実験**：**factorial experiment**
> *n* 因子デザイン（*n* 元デザイン）では，*n* 個の互いに独立な因子を変化させて，それに対する応答を測定する．たとえば，餌と運動法がイヌの健康にどのような影響を及ぼすかを調べる実験は，2 因子デザインである．調べる餌が 3 種類あるならば，実験因子「餌」には 3 つのレベルがある，といわれる．*n* が 1 より大きい場合（つまり，複数の因子がある場合），実験は，複因子実験と呼ばれる．

料という1つの因子だけに関係している．このようなデザインは**1因子デザイン** one factor design と呼ばれる（**1元デザイン** one-way design ともいう）．この実験の処理群は，液体肥料をあたえるグループとあたえないグループ（肥料群と対照群）の2つである．このようなとき，この因子の**レベル** level は2つある，といわれる．

もちろん，第4章で詳しく説明した理由により，肥料ありと肥料なしのトマトをたった1株ずつとってきて比べるわけにはいかない．肥料群，対照群ともに複数の株が必要だ．つまり，専門用語を使って言えば，この実験は反復されなければならない．今の場合，実験に使えるトマトの苗が80株あるとしよう．そこでわたしたちがすべきことは，これら80株を2つの処理群に割りふって，肥料群のトマトだけに肥料をあたえることだ．これで実験の準備は完了する．だが，その前に重要な疑問が残っている．どの株がどの処理群に行くかをどうやって決めればいいのだろう．このシンプルな実験デザインでは，答もシンプルだ．**ランダム化** randomization をすればいい．

【問7.1】本文中のトマトの実験では，同時進行対照群（**2.3.1**小節に出てきた用語）を作ることを計画した．実験の規模を半分にして歴史的対照群を使いたいとは思わないか．

ランダム化：randomization
実験群への被験体の割りふりをランダム化するとは，実験群のどれかに割りふられる確率がどの被験体でも同じになるように，それぞれの被験体をランダムに実験群に割りふることである．ランダム化も，ランダム割り付け，単純ランダム割り付け，などさまざまな名前で呼ばれている．（索引の「ランダム化」の項参照）

➡ **シンプルな1元デザインでは，1つの因子のいくつかの異なるレベルの影響を比べることができる．**

7.2　ランダム化

7.2.1　被験体をランダム化する

どんな研究でも，実験で使われる被験体は，調べたい因子とは関係のない多くの理由により，互いに異なっているのが普通である．第4章に出てきたニワトリは，あたえられた餌のタイプとは関係のない多くの理由により，殻の厚さがさまざまに異なる卵を産んでいた．同様に今回の研究でも，トマトの株の成長率は，肥料をあたえられたか否かには関係のない多くの理由で，ばらついているだろう．わたしたちがすべきことは，調べたい影響（今の場合は液体肥料の効果）を，背景のノイズから切り離すことだ．それには，成長率のばらつきの原因となる他の因子が，2つの処理群の間で系統立って異なることのないようにしなければならない．そうしないと，実験処理によって生じた差異がこれら他の因子と交絡し，間違った結論を引き出すもとになる．たとえば，トマトの鉢に入っていた堆肥に少し質の違いがあって，それが成長率に影響すると想像してみよう．もし，何らかの理由で，少し質の良い堆肥の入った株がすべて肥料群に行き，少し質の悪い堆肥の入った株がすべて対照群に行ったとしたらどうだろう．たとえ液体肥料にはまったく効果がなくても，2つのグループの成長率には違いが見られることになる．このことは，トマトの成長に影響する他のどんな因子でも言えることだ．したがってわたしたちの仕事は，2つの処理群間の系統立った違いが，調べたい因子の違い（液体肥料の有無）だけになるようにすることである．そのための最もシンプルな方法は，偶然に決めさせることだ．つまり，（トマト1株ごとにコインを投げるなどして）被験体をランダムにどちらかの処理群に割りふる．トマトの株をランダムに処理群に割りふることで，交絡因子によるばらつきも処理群全体にランダムにばらまかれることになる．こうして，他の因子による処理群間の系統立った違いが最小化され，間違った結論に導かれる危険も最小になるだろう．ランダム化は，ばらつきに影響をあたえるだろうとわたしたちが考える因子（今の場合は堆肥の質など）への対策であるだけではなく，わたしたちが気づいていない多くの交絡因子への対策にもなっている．これがランダム化の大きな利点である．つまり，すべてがランダム化されるのだ．だから，このようなランダムな割りふりを使うタイプの研究は，**完全ランダム化デザイン**と呼ばれるようになった．そこでは被験体が「完全にランダムに」処理群に割りふられるからだ．

➡ ランダム化は，実験で交絡因子を避けるための鍵である．

7.2.2　研究の他の側面をランダム化する

被験体をランダムに処理群に割りふることは，処理群間の系統立った違いを避けるための，シンプルで強力な方法である．しかし，これはほんの出発点にすぎない．トマトの成長を調べるわたしたちの研究は，温室でおこなわれることになっている．株は1つずつ別々の鉢で育てられる．実験の規模（トマト80株）から考えて，すべてのトマトの鉢を置くには，温室内に2つの台が必要だろう．2ヵ月したらトマトの株を刈り取って，乾燥重量を測る．このように設定された実験のさまざまな側面が，トマトの成長に影響するだろう．もしかしたら，温室の片側は，反対側よりわずかに暖かいかもしれない（あるいはわずかに明るいかもしれない）．もしかしたら，片方の台の上の屋根ガラスはわずかに古くて，もう片方の台の上の屋根ガラスとは違う色の光を通過させているかもしれない．このような可能性を並べたら，リストはいくらでも長くなる．もし肥料群の株をすべて片方の台の上に置き，対照群の株をすべてもう片方の台の上に置いたら，反復体は偽反復体になってしまう．なぜなら，処理の効果が，台の間の系統立った違いと交絡するからだ．これを避けるための一番簡単な方法は，さらにランダム化をおこなうことである．まず株をランダムに台に割りふり，次にそれぞれの台の上で株の位置をランダムに決める．こうすればどの株も同じ確率で温室内のどこかに置かれることになる．

しかし，ランダム化が必要なのは，実験をセットアップするときだけではない．研究の最後に測定をおこなうときも，ランダム化は必要だ．測定の正確さは，さまざまな理由により，時とともに変化する．たとえば，使っている分光光度計が古くて，使用時間が長くなるとだんだん不正確になってくるかもしれない．あるいは，10時間も続けて顕微鏡を覗いて寄生虫の数をかぞえれば，当然疲れて，最後のほうは正確でなくなってくるだろう．あるいは，シジュウカラの求愛行動をビデオで50時間観察したあとでは，研究を始めた頃より観察が上手になっているだろう．トマトの乾燥重量を測るのに使っている秤は，時間がたつにつれて不正確になるかもしれない．乾かしたトマトの試料は時間とともに湿気を含み，少しずつ重くなっていくかもしれない．理由が何であれ，これが意味していることは次の通りである．測定のとき，もし，ひとつの処理群の測定を全部済ませてから，別の処理群の測定に移る，というやり方をするならば，測定の正確さが時間とともに変化するせいで，グループ間に系統立った違いを持ち込む危険がある．そうならないためには，被験体がランダムな順番で測定されるように，測定の手順をきちんと決めておくべきだ（この種の問題についてさらに詳しいことは 11.1 節参照）．

要するに，研究のあらゆる段階で適切なランダム化をしておくことが，系統立った偏りや交絡変数の問題を回避するための，最もシンプルで強力な方法である．こうしておけば，被験体間に非独立性をもたらす要因が入り込んで，知らないうちに偽反復をしてしまうような事態を避けることができる．ここで「適切な」という言葉を強調しておこう．なぜなら，不適切なランダム化は，実験デザインで最もよく見られる間違いだからだ．これは学部生から著名な教授まで，誰の実験にも言えることである．

➡ **ランダム化は，交絡因子を避けるために，被験体をいくつかの処理群に割りふるときに使われるだけではない．それは，実験のあらゆる段階で，交絡因子が入り込むのを防ぐための鍵である．**

7.2.3 行き当たりばったりの割りふり

ランダム化で見られる一番の問題は，多くの人が処理群に被験体をランダムに割りふりましたと言いながら，実際には行き当たりばったりに割りふっていることだ．これらの違いは何だろうか．別の実験を見てみよう．40 匹のヤドカリが入った水槽を思い浮かべてほしい．これを使って行動の実験をするところだ．そのために，ヤドカリを 4 つの処理群に割りふらなければならないとしよう．ランダムな割りふりは，以下のようなものになるだろう．

- ヤドカリに1から40までの番号をふる.
- 1から40までの数が1つずつ書かれたカードを帽子に入れる.
- 数を見ないで10枚のカードを引き，そこに書かれた番号のヤドカリを処理群Aに割りふる.
- 別の10枚のカードを引き，その番号のヤドカリを処理群Bに割りふる.
  同じことを，すべてのヤドカリがどれかの処理に割りふられるまで続ける.

もちろん，上のやり方の代わりに，カードを1枚ずつ引いて，1枚目のカードの番号のヤドカリは処理群Aに入れ，2枚目の番号のヤドカリは処理群Bに，3枚目は処理群Cに，4枚目は処理群Dに，というふうにして，すべての処理群がいっぱいになるまでくり返してもかまわない．重要なことは，4つの処理群のどれかに割りふられる確率がどのヤドカリも同じだということ，そして，そのおかげでヤドカリ間のランダムなばらつきが処理群全体にばらまかれる，ということだ．別の見方をすれば，ランダムなサンプルとは，次のようなサンプルだと言うこともできる．ある被験体がどの処理群に割りふられようが，そのことは次の被験体がどの処理群に割りふられるかにはまったく影響しない．

このようなランダム化の手順は，行き当たりばったりのサンプリングの手順とは対照的である．典型的な行き当たりばったりのサンプリングの手順とは，水槽に手を入れ，特定の個体を意識的に狙ったりせずに（つまり行き当たりばったりに）ヤドカリを捕まえる，というものだ．**このやり方ではランダムなサンプルはとれない**．たとえ目を閉じて通帳の残高のことを考えていたとしても，ランダムなサンプルはとれない．その理由は，最初のうちに捕まえたヤドカリたちと，最後のほうで捕まえたヤドカリたちが，系統立って異なる理由が山ほどあるからだ．たとえば，小さいヤドカリのほうが大きいヤドカリより人の手をよけるのがうまいかもしれない．ここでこんな声が聞こえてきそうだ．「ちょっと待った！　その方法でヤドカリを捕まえて，何も考えずに処理群に割りふったらどうだろう．そうしたらランダムなサンプルになるのでは？」まあ，なるかもしれない．でも，おそらくならないだろう．なるかならないかは，どれだけ上手に何も考えないでいることができるかによるだろう．「今，処理群

A に入れたから，次は別の処理群に入れたほうがいいだろう」と無意識に考えてしまうのではないだろうか．こうなるとランダムではない．したがって，本当にランダムな実験群が欲しいなら，そのための唯一の方法は，帽子から番号カードを引くなり，コンピューターで乱数を発生させるなりして，適切なランダム化をおこなうことだ．面倒臭そうだし，時間も 30 分くらい余計にかかる．しかし，そうすることで，何週間もかけて手に入れた結果が確かに何かを意味することに自信がもてるのだから，追加の 30 分は安いものである．

➡ つねに適切なランダム化をおこなうことが大事である．手軽な方法は誘惑が大きいが，偏りを招きかねないので用心しよう．

7.2.4　バランス型の割りふり，アンバランス型の割りふり

ランダム化の重要性がわかったところで，80 株のトマトを 2 つの異なる処理群にランダムに割りふろう．そのためのひとつの方法は，1 株ずつ順番にとってコインを投げる，というものだ．表が出たら肥料群，裏が出たら対照群に割りふる．この手順に従えば，確かにランダムな割りふりはできる．しかし，コイン投げの結果は偶然に左右されるので，80 回のうち表と裏がちょうど半々になるとは限らない．おそらく，2 つの処理群に割りふられる株の数がわずかに違ってしまうことのほうが多いだろう．たとえば 36 株が肥料群，44 株が対照群というふうに．これを統計用語で言うと，実験は**アンバランス型** unbalanced になる．実験にとって致命的な欠陥ではないが，難点ではある[@]．

> **バランス型：balanced**
> **アンバランス型：unbalanced**
> バランス型の実験デザインでは，すべての処理群で実験単位の数が等しい．アンバランス型ではそうではない．

一般に，最後にデータを解析するときに使う統計法は，各処理群の被験体の数が等しいときに，最も検出力が高く，仮にデータの満たすべき前提が破られ

@　倫理的な理由からアンバランス型のデザインを使うこともある．補足資料の 7.2.4 小節にはその一例が載っている．

たとしても，その影響を最も受けにくい．したがって，特別な事情がないかぎり，処理群間で被験体の数を意図的に違えるべきではない．つまり，各処理群の被験体の数を同じにすること，統計用語で言えば**バランス型のデザイン** balanced design を目指すことを，実験デザインの原則とするべきだ．今の例の場合，より良い割りふり方は，それぞれの処理群に 40 株ずつ入れるという条件をつけることである．具体的には，以下のようにする．まず，すべての株に番号をつける．次に，それらの番号を同質同形のカードに書いて袋に入れ，よく混ぜ合わせてからカードを引く．カードを 40 枚引いたら，それらの番号がついた株を最初の処理群に割りふる．そして，残りをもうひとつの処理群に割りふる．

さて，実験のデザインがすんだので，復習を兼ねて，専門用語を使ってこの実験を記述してみよう．使ったのは1因子完全ランダム化デザインで，因子のレベルは2つだった．またこれは，きちんと反復された，バランス型の実験でもあった．こう言っただけで，専門用語が早くも複雑化してきたことがわかるが，それらの根底にある論理は単純明快だ．このデザインがあれば，2 つのグループ間の違いを調べることができる．統計コラム 2.1 で強調したように，研究を計画するときに考えなくてはならない最後の要素は，とり終わったデータをどのように解析するか，である．シンプルでよくわかっているデザインを使うことの大きな利点は，問いに答えるためにデータを検定するとき，使える統計法が自然に決まってくることだ．レベルが 2 つの 1 因子デザインでとったデータを解析するとき，一番自然な選択は t-検定か，そのノンパラメトリック版であるマン・ホイットニーの U 検定を使うことだろう．

➡ つねにバランス型の実験を目指そう．アンバランス型の実験をデザインするときは，そのためのきわめて正当な理由がなければならない．

7.3 因子のレベルが 2 を超える場合

シンプルなデザインが理解できたので，次はこれを広げて，もっと他の問いが問えるようにしていこう．研究を広げようとして真っ先に思いつくのは，因子のレベルを増やすことだ．たとえば，トマトにあたえる液体肥料の濃度を 3 通り（低濃度，中濃度，高濃度）に変えて影響を調べたいとしよう．原理的には，先に述べた実験を，毎回濃度を変えて 3 回くり返してもかまわない．しかし，それよりはるかに良いのは，1 回の実験ですべての濃度を調べることだ．それには（i）対照群（肥料なし），（ii）低濃度群，（iii）中濃度群，（iv）高濃度群，の 4 つのグループを作る．これもやはり 1 つの因子（肥料の濃度）しか操作しないので，1 因子デザインであることに変わりはない．しかし今度は，因子のレベルは 2 つではなく 4 つである．これにはいろいろ利点がある．すぐにわかるのは，それぞれの濃度を，対照群とだけではなく，他の濃度とも比べることができるということだ．つまり，1 回の実験で，以下の複数の問いに答えることができる．

低濃度で液体肥料をあたえることは，トマトの成長に影響するか．

中濃度で液体肥料をあたえることは，トマトの成長に影響するか．

高濃度で液体肥料をあたえることは，トマトの成長に影響するか．

3 通りの濃度の違いは，トマトの成長に異なる影響を及ぼすか．

4 つのレベルを一度に調べるこの実験は，レベルが 2 つの実験を 3 回するのに比べて，トマトの株の使い方もより効率的である．なぜなら，すべての濃度群を同じ対照群と比較できるので，3 つの対照群を別々に作る必要がないからだ．もちろん，先にシンプルなデザインを組み立てるときに述べたことは，すべてこのデザインにも当てはまる．つまり，トマトの株は処理群にランダムに割りふり，他にもできることはすべてランダム化する．各処理群の株の数を同じにして，デザインがバランス型になるようにする．一言で言うと，これは，4つのレベルをもつ1因子完全ランダム化デザインであり，きちんと反復されたバランス型のデザインである．解析はこの場合，自然に1因子分散分析（1元のANOVA）かクラスカル・ウォリス検定になる．

> **【問 7.2】** トマトにあたえる肥料の濃度の影響を調べるために，低濃度群，中濃度群，高濃度群をそれぞれ別の対照群と比べる実験を順番におこなったとしたら，3通りの濃度の影響を比較することはできないだろうか．

➡ **同一因子を複数のレベルで一度に調べる大きな実験は，小さな実験を何度かに分けておこなうより効率的である．**

7.4　完全ランダム化実験の長所と短所

今，仮にトマトの成長実験に使える苗が20株あって，それらをランダムに4つのグループに分け，各グループに異なる肥料処理を施したと想像してみよう．すべてがうまくいけば，実験の終わりには，解析のために20個の成長率の数値が揃（そろ）っているはずだ．しかし，もし株のうちのどれかが病気になったり，台から落ちたり，他の災難に見舞われたりして，その株の成長率が測れないか，測れたとしてもその値が処理の影響を正しく反映しなくなっていたら，解析できる測定値の個数は減ってしまう．このようにして失われたり除外されたりした測定値を，**欠損値**，あるいは**脱落例**などという．

もちろん，実験はできるだけこのような脱落が起こらないようにデザインしなければならない．それでも，事故は起こる．したがって，実験のデザインは，多少の脱落が出ても，それが残りのデータに壊滅的な影響をあたえないようなものを考えなければならない．

> **【問 7.3】** トマトの実験で，脱落率を最小にするために，どんなことができるだろうか．

完全ランダム化実験の魅力は，簡単にデザインできる点にある．もうひとつの魅力は，最後にデータを解析する統計法がシンプルで，サンプルサイズが変わっても大きな影響を受けにくく，したがって欠損値があってもそれほど大きな問題にはならない，ということだ．それに，第10章で見るいくつかのデザインとは違って，それぞれの実験単位が1回しか実験操作を受けないことも長所のひとつである．そのおかげで実験は早く終わるし，同じ動物にいくつも操作を施したり，動物を長時間にわたって実験室に拘束したり，という倫理面での欠点も最小限に留めることができる．被験体が研究に使われる時間が長くなればなるほど，それが研究から脱落する確率は高くなる傾向にある．だから，完全ランダム化実験の脱落率は，他のタイプの実験に比べて低いはずだ．

【問7.4】ある研究者は，緑豆の中で幼虫期をすごす甲虫の幼虫期の長さが，幼虫どうしの競争に影響されるかどうかに関心をもっている．この研究のために，数時間かけて複数の成熟したメスに緑豆に卵を産ませ，その後，緑豆を1粒ずつ調べて，産み付けられた卵の数をかぞえた．そして1個の卵が産み付けられた豆の中からランダムに50粒をとって低競争群とし，2個の卵が産み付けられた豆の中からランダムに50粒をとって高競争群として，これら2つの処理群の幼虫について，それらがすごした幼虫期の長さを測った．この方法に何か問題はあるだろうか．あるとしたら，どのように解消すればよいだろうか．

一方，完全ランダム化実験の大きな欠点は，ばらつきのある被験体どうしを比べているという点である．これまでの章で見てきたように，被験体間にランダムな因子によるばらつきがあると，施した実験操作の効果の検出が難しくなり，統計的検出力が低下する．もしトマトの株の成長率が，肥料以外の因子によって大きくばらつくならば，肥料の濃度の影響を検出するのはとても難しくなる．完全ランダム化実験でこの問題に現実的に対処するには，サンプルサイズを増やす以外に方法はない．もちろんそれに付随して，倫理，環境保護，そして経済面でのコストを抱えることにもなる（実験にかかる時間も増える）．

代わりとなる方法は，ばらつきの原因のいくつかを明確に考慮に入れた，より複雑な実験デザインを使うことだ．そのようなデザインについては，第9章と第10章で説明する．だがその前に（第8章），1つの実験で2つ以上の因子を変化させたいことがよくあるのはなぜなのか，どうすれば複数の因子を含む実験を効果的にデザインできるかを考えることにしよう．

➡ 被験体間のばらつきが小さい場合，完全ランダム化デザインは非常に検出力が高い．このため，完全ランダム化デザインは実験室での研究によく使わ

れる．またこれは，被験体の脱落率が高くなりそうな場合にも，魅力的なデザインである．しかし，野外研究や臨床試験では，被験体間のばらつきがより大きくなりやすい．これらの研究には第 9 章や第 10 章で述べるデザインのほうが魅力的かもしれない．

まとめ

- シンプルな一元デザインでは，1 つの因子のいくつかの異なるレベルの影響を比べることができる．
- ランダム化は，実験で交絡因子を避けるための鍵である．
- ランダム化は，交絡因子を避けるために，被験体をいくつかの処理群に割りふるときに使われるだけではない．それは，実験のあらゆる段階で，交絡因子が入り込むのを防ぐための鍵である．
- つねに適切なランダム化をおこなうことが大事である．手軽な方法は誘惑が大きいが，偏りを招きかねないので用心しよう．
- 各処理群の被験体の数が同じ（またはほとんど同じ）になるよう，バランス型（または近バランス型）の実験を目指そう．
- 同一因子を複数のレベルで一度に調べる大きな実験は，小さな実験を何度かに分けておこなうより効率的である．
- 被験体間のばらつきが小さいか，被験体の脱落率が高くなりそうな場合は，完全ランダム化実験が魅力的である．そうでない場合は，第 9 章や第 10 章で述べるデザインのほうが魅力的かもしれない．

第 8 章

複数の因子をもつ実験 ——複因子デザイン

・本章ではまず，第 7 章で学んだランダム化デザインを，複数の因子を含むように拡張するときに必要になる概念と専門用語を導入する（8.1 節）.

・次に，因子間の相互作用という概念について述べる（8.2 節）.

・そして，レベルと因子を混同しないよう注意をうながす（8.3 節）.

・分割プロットデザインとラテン方格デザインを説明し，これらの魅力と限界について述べる（8.4 節，8.5 節）.

・最後に，実験デザインが統計解析法とどのようにつながっているかについて考える（8.6 節）.

8.1　因子が 2 つ以上のランダム化デザイン

引き続きトマトの成長の研究について考えよう．ただし今回は（液体肥料の影響だけではなく）殺虫剤がトマトの成長に影響をあたえるかどうかにも関心があるとする．殺虫剤の影響をどのように調べればよいだろうか．1 つ目の選択肢は，単に，液体肥料でやったことをくり返すこと，つまり，今度は殺虫剤の有無を因子として，もう一度 1 因子デザインを使って 2 つ目の実験をすることだ．この実験は次の問いを問うことになる．

殺虫剤の使用は，トマトの成長に影響を及ぼすか．

原理的にはこれで少しも構わないのだが，他の選択肢もある．肥料と殺虫剤の影響を，1つの実験でいっぺんに調べるのだ．2つの因子の影響を調べるのだから，第7章で述べた複因子実験の定義に当てはまる．そんな実験を組み立てるにはどうすればいいのだろうか．まず，トマトの苗を，4つの肥料処理群（対照群，低濃度群，中濃度群，高濃度群）にランダムに割りふる．これはまさに第7章でやったことだ．次に，肥料処理群のうちの1つ，たとえば対照群に割りふられた株を，2つの殺虫剤処理群（殺虫剤なしと殺虫剤あり）にランダムに割りふる．これを残り3つの肥料処理群についてもおこなう．こうして，液体肥料の濃度と，殺虫剤をあたえるか否かという2つの因子を変化させることになる．このようなデザインを2因子デザイン（または2元デザイン）という．その組み立て方を見ると，これが因子完全交差デザイン（または**完全交差デザイン** fully crossed design）でもあることがわかる．因子完全交差とは，複数の因子のレベルの，可能な組み合わせをすべて含んでいる，という意味である．つまり，4つの肥料処理群のすべてが，殺虫剤ありの株となしの株を両方とも含んでいる，ということだ．一方，何らかの理由で，殺虫剤なしの株は4つの肥料処理群すべてにあるが，殺虫剤ありの株は2つの肥料処理群にしかないような場合，そのデザインは不完全デザインと呼ばれる．因子完全交差デザインの場合，統計解析は簡単にできる．今の例なら，2因子分散分析（2元のANOVA）を使えばいい．しかし，不完全デザインの場合，解析ははるかに難しい．不完全デザインはできるだけ使わないようにしよう．何か実際的な理由（たとえばサンプル不足）で不完全デザインを使わざるをえないときは，まず統計学者にアドバイスを求めてほしい．

> **完全交差デザイン：fully crossed design**
> 完全交差デザインでは，因子間で可能なすべての処理の組み合わせで実験がおこなわれる．したがって，たとえば3因子実験において，因子Aが2レベル，因子Bが3レベル，因子Cが5レベルあるならば，完全交差デザインは30（＝2×3×5）の異なる処理群をもつことになる．

➡ **複因子実験の解析は，不完全デザインよりも，完全交差デザインのほうが**

はるかに簡単である.

8.2　相互作用

前節で，2 因子の完全交差デザインを作った．2 つの因子のうち，1 つ目の因子（液体肥料）には 4 つのレベルがあり，2 つ目の因子（殺虫剤）には 2 つのレベルがある．完全交差なので処理群は全部で 8 つ（4×2）になる．どの処理群にもトマトの株が 2 つ以上あって，各処理群の株が同数ならば，これは反復されたバランス型のデザインである．3 因子デザイン，4 因子デザイン，さらにもっと複雑なデザインの作り方も，たやすく想像できるだろう．だが一般に，そのような複雑なデザインは想像するだけにしておくほうがいい．現実の実験では，デザインをあまり複雑にすると，データ採取や解析のときに悲鳴をあげることになるからだ．

シンプルであることが良いデザインの鍵だと言われると，こんな疑問が湧いてくるかもしれない．「では，さっきはなぜ 2 因子デザインにしたのだろう．1 因子デザインの実験を 2 つ別々にしてもいいのでは？」．2 因子デザインを使うことの主な魅力は，1 つの実験で複数の問いに答えられることだ．今の例で言うと，それらの問いは以下のようになる．

液体肥料は，トマトの成長に影響を及ぼすか.

液体肥料の濃度によって，トマトの成長は異なるか.

殺虫剤は，トマトの成長に影響を及ぼすか.

殺虫剤の影響は，あたえる液体肥料の濃度によって異なるか.

上の 4 つの問いのうち，最初の 3 つは，統計用語で各因子の**主効果** main effect と呼ばれるものに関係している．この実験の場合，主効果とは，液体肥料の一般的な効果と，殺虫剤の一般的な効果のことだ．一方，最後の問いは，因子間の**相互作用** interaction，統計用語で相互作用効果と呼ばれるものに関係している．そして，この相互作用効果に関する問いに答えられるのは，複因子デザインだけである．

相互作用：**interaction**
主効果：**main effect**
従属因子 **A** が，独立因子 **B** と **C** に影響されるかどうかを調べたいとしよう．もし **B** の **A** への影響が **C** の値によって変わるならば，あるいは，同じことだが，**C** の **A** への影響が **B** の値によって変わるならば，因子 **B** と因子 **C** の間には相互作用がある，という．もし **C** の値に関係なく，**A** の値が **B** の値から同じ影響を受けるならば，因子 **B** による主効果がある，という．同様に，もし **B** の値にかかわらず，**A** が **C** の値から同じ影響を受けるならば，**C** による主効果がある，という．相互作用があるときは，定義により，主効果はない．相互作用がないときは，両方の主効果があるか，片方の主効果だけがあるか，それともどちらの主効果もないかのどれかである．

生物学の研究では，一番おもしろい問いは，主効果よりも，むしろ因子間の相互作用に関係していることが多い．例として，年をとった人々は若い人々に比べて薬物療法の効果が出るのが遅い，という仮説を考えてみよう．このことを統計学の言葉で言い換えると，次のようになる．ひとつの因子の効果はもうひとつの因子のレベルによって異なる．あるいは，2 つの因子の間には相互作用がある．ここで強調すべき重要なことは，仮説が相互作用に関係しているならば，その相互作用を検証しなければならない，ということである．そして，相互作用を検証しなければならないときは，それができるようなデザインが必要だ，ということである．これは当たり前のように聞こえるが，うっかりしていると簡単に間違いを犯してしまう．この問題については，コラム 8.1 と統計コラム 8.1 で詳しく考える．

さて，上で作った 2 因子デザインを使えば，単純な 1 因子デザインでは答えられない因子間の相互作用を含め，複数の問いに答えられることがわかった．それればかりか，2 因子デザインを使うと，いくつかの難しい決断もしなくてすむ．仮に今，第 7 章の液体肥料についての 1 因子実験はすでに終わっていて，これから殺虫剤の影響を調べるための別の実験を計画しているとしよう．まず問題になるのは，この実験で使う株に液体肥料もあたえるかどうか，あたえるとしたら，どのくらいの濃度にするかということだ．しかし 2 因子実験を 1 つすれば，4 つの肥料処理すべてで殺虫剤の影響を一度に見ることになるので，この問題を考える必要はない．それに，この 2 因子デザインで，殺虫剤がすべての処理で効果を上げていることが実際にわかれば，殺虫剤の効果がどれだけ一般的かについて，より強い確信をもつことができる．というのは，殺虫剤の影響を4つの異なる肥料状態で調べているからだ（同じことは肥料の影響についてもいえる．なぜなら肥料の影響を，殺虫剤がある場合とない場合の両方で調べているからだ）．この話題については，コラム8.1でさらに詳しく考える．

最後に，2因子デザインにはもうひとつ利点がある．実は，上で述べた2因子デザインの実験は，それと同数の株を使って肥料の効果を調べる1因子デザインと同じくらいの検出力をもっている．しかも，それと同数の株を使って殺虫剤の効果を調べる1因子デザインとも同じくらいの検出力をもっている．したがって，2因子デザインの実験では，肥料と殺虫剤について2つの別々の実験をする場合に必要な総株数の約半分で，両方の影響を同じくらいの検出力で調べられることになる．

このような議論を聞くと，おそらく，もっともっともっと多くの因子を実験に加えたくなるだろう．しかし，それには用心を促したい．あまり多くの因子を一度に調べようとすると，実験の規模は必然的にとても大きくなる．被験体がたくさん必要になり，注ぎ込む労力も大きくなる．さらに，3つ以上の因子の相互作用を解釈するのは，非常に難しい．

【問8.1】 3つの因子の相互作用をどのように解釈するか，例を通して考えてみよう．トマトの実験で，次の3つの因子がトマトの成長率に及ぼす影響を調べているとする．トマトの品種（2レベル），液体肥料の量（高肥料か低肥料かの2レベル），殺虫剤の使用（使用するかしないかの2レベル）．実験で得られたデータを統計解析したところ，3つの因子の間には相互作用があるという結果が出た．これは生物学的には何を意味しているのだろうか．

➡ **調べたい仮説が2つの因子の相互作用に関係していることはよくある．そんな問いに関心があるときは，実験デザインも統計解析も，その相互作用を直接調べられるものにしなければならない．**

コラム8.1

相互作用と主効果

本文で述べたように，2つ以上の因子をもつ実験をすることの利点のひとつは，因子の主効果だけでなく，因子間の相互作用も調べられることである．

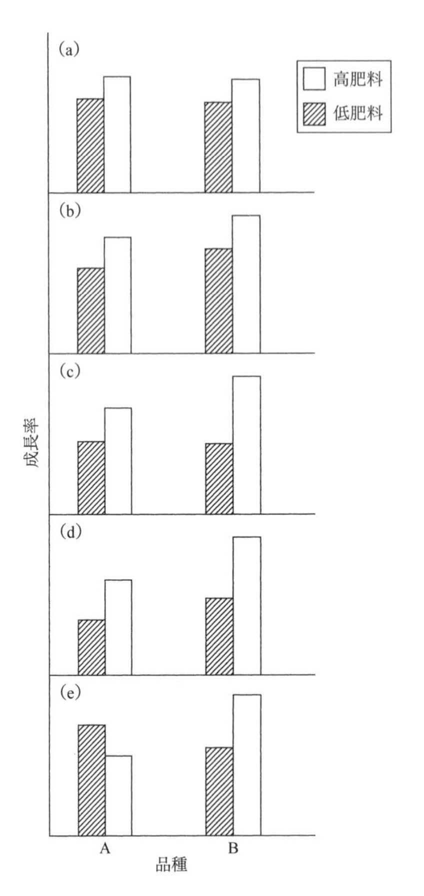

図 8.1　2 因子実験におけるトマトの成長率．ひとつの因子は品種（2 レベル，品種 A と B），もうひとつの因子は肥料の量（2 レベル，高肥料と低肥料）である．(a) では，肥料処理の主効果だけがある（つまり，同レベルの肥料処理下では，品種間の差はない）．(b) では，肥料処理と品種の両方の主効果が見られる．(c)，(d)，(e) では，2 因子間に相互作用があり，ひとつの因子の影響は，もうひとつの因子のレベルによって異なる．

主効果と相互作用がそれぞれ実際にどういうものなのかを理解することは，より複雑なデザインを理解するための基礎となる．しかし，これらの概念は最も誤解されている統計的概念でもある．本コラムでは，これら 2 つの概念をもう少し詳しく説明しよう．それを通して，これらが実は簡単に理解でき，とても役に立つ概念でもあることを示せればと思う．

トマトの成長率の話に戻ろう．ただし今回は，液体肥料処理が品種の異なるトマトの成長率に及ぼす影響を調べるとする．2 通りの肥料処理（高肥料と低肥料）の影響を，2 品種のトマト（品種 A と品種 B）で比べたい．この場合，実験の処理群は 4 つになる（2 つの品種のそれぞれに 2 つの肥料処理を施す）．図 8.1 は，このような実験から出てくる可能性のある結果をいくつか示したものである．

まず，図 8.1a に示された状況について考えよう．この図を見ると，両品種とも，高肥料処理されたトマトのほうが，低肥料処理されたトマトより成長率が高くなっている．しかし，同じ肥料処理下で2つの品種を比べると，成長率に差は見られない．統計用語を使って言うと，肥料処理による有意な主効果はあるが，トマトの品種による有意な主効果はない．生物学の言葉で言えば，トマトの成長率は，肥料の量には影響されるが，品種の違いには影響されない．

図8.1bの状況はそれより少し複雑だ．ここでもやはり両品種とも，高肥料処理されたトマトのほうが低肥料処理されたトマトより成長率が高い．しかし今度は，同じ肥料処理下で2つの品種を比べると，品種AのほうがBより成長率が低くなっている．統計用語を使って言うと，今度は肥料処理と品種の両方で，それによる有意な主効果が認められる．生物学的に言うと，トマトの成長率は，肥料の量にも品種の違いにも影響される．

図8.1cの状況はbと良く似ているが，非常に重要な1点で異なっている．ここでも，両品種とも，高肥料処理されたトマトのほうが成長率が高い．また，高肥料処理下で2つの品種を比べると，AのほうがBより成長率が低い．しかし，低肥料処理下で2品種を比べると，成長率に差は見られない．これは何を意味するのだろうか．実はこれが統計学で相互作用と呼ばれているものである．生物学の言葉で言うと，トマトの品種が成長率にあたえる影響は，肥料の量によって異なる，ということだ．実験デザインの用語を使って言えば，ひとつの因子（品種）の影響は，もうひとつの因子（肥料の量）のレベルによって異なる，ということになる．この例では，レベルによる違いはかなり極端で，ひとつの肥料レベルでは品種間の差はまったくないのに，もうひとつの肥料レベルでははっきりとした差がある．

図8.1dの状況はcほど極端ではない．ここでは，高肥料処理下でも低肥料処理下でも，品種間で成長率に差が見られる．ただ，低肥料処理下のほうが品種間の差はずっと小さい．統計的に言えば，これも相互作用で，この場合もやはりひとつの因子の影響はもうひとつの因子のレベルによって異なっている．あるいは，生物学的に言えば，品種の違いが成長率に及ぼす影響は，どの肥料処理を受けているかによって異なる．

図8.1eに示されているような，3つ目のタイプの相互作用が観察されることさえありうる．ここでは，品種Aの成長率は，高肥料処理下では品種Bの成長率より低いが，低肥料処理下では逆にBの成長率より高くなっている．したがって，肥料処理によって，成長率の差の大きさが異なっているだけではなく，影響の向き（どちらの品種の成長率が大きいか）も異なっている．

では，ここで考えてみよう．なぜ相互作用に注意を払わなければならないのだろうか．その理由（のひとつ）は，有意な相互作用があると，処理の効果を解釈するのが（それについて何かを言うことさえも）とても難しくなるからだ．たとえば，図 8.1e に示されているような結果になったと想像してほしい．肥料処理の効果は何だろうか．こちらの品種ではプラスの効果，あちらの品種ではマイナスの効果．これでは，肥料レベルの効果について一般的なことは何も言えない．効果について意味のある話ができるのは，品種を特定したときだけである．同様に，図 8.1c でも，品種間の違いについて話したければ，どちらの肥料処理のもとで比較するのかを決めてからにしなければならない．品種間の違い一般については意味のある話ができないのだ．図 8.1d の状況でさえ，肥料の一般的な効果が正確にはどれだけなのかを言うのは難しい．なぜなら，品種によって効果の大きさが異なっているからだ．肥料を増やせば品種にかかわらず成長率にプラスの効果がある，とは言える．しかし，そのプラスの効果の大きさについては，品種によって異なる，としか言えない．結局，肥料を増やせば成長率は品種の違いにかかわらずこれこれの数値だけ増加します，と自信をもって言えるのは，図 8.1a や b のような状況だけである．

別の見方をすると，複因子デザインは，処理の効果にどれだけ一般性があるかを調べるのに適している，と言える．1 つの品種のトマトだけで実験をすれば，たとえ効果が検出されても，その効果はわたしたちが選んだ品種だけにしかあらわれないのかもしれない．2 つ目の品種を実験に含めることで，ようやく処理の効果がどのくらい一般的なのかを問うことができる．もし処理が 2 つの品種に同じ効果をもたらしたら（つまり相互作用がなかったら），処理の効果がより一般的であることに，より強い確信がもてる．もちろん，もっと多くの品種を含めれば，もっと強く一般性を確信できるだろう．反対に，もし処理と品種の間に強い相互作用が見つかったら，得られた結果を他の品種に広げることは非常に用心しなければならない．相互作用の解釈は時としてとても難しく，間違った解釈をする人が多い．これについては統計コラム 8.1 で述べる．

統計コラム 8.1

相互作用を調べる実験の例

トゲウオの性選択に関心があり，次のような仮説を立てたとしよう．オスは求愛ダンスやメス獲得競争に多くのエネルギーを費やしているので，メスに比べて寄生虫感染に弱い．この仮説にもとづき，寄生虫の害はメスよりもオスのトゲウオで大きい，と予測したとする．この予測は相互作用に関係している．なぜなら，寄生虫の影響は魚の性によって異なるだろう，と言っているからだ．つまり，1つ目の因子（寄生虫）の影響は，2つ目の因子（性）のレベルによって異なるだろう，ということだ．本書をここまで読んできた読者なら，この予測を検証する方法のひとつは2因子デザインの実験をすることで，因子のひとつは寄生状態（寄生虫の有無），もうひとつは性（オスかメスか）であることがすぐにわかるだろう．寄生虫の害の尺度としては，実験中の魚の体重の変化を測ることにする．

ところで，話が少し脇にそれるが，こんなふうに思う読者がいるかもしれない．なぜ寄生虫なしの魚が必要なのだろう．寄生虫を付着させたオスとメスだけを使って，1因子デザインで体重の変化を比べれば十分ではないだろうか，と．そのようにすることの問題点は，対照基準がないことだ．魚の体重が変化しても，それが寄生虫のせいなのか，何か別のもの（たとえば餌のあたえ方）のせいなのかわからない．だから，寄生虫の影響を測るには，寄生虫をつけた魚とつけない魚を比べなければならない．

さて，上のような2因子デザインで実験をおこなえば，寄生状態と性の相互作用は比較的簡単に検証できるだろう．そして，もし有意な相互作用が見つかれば，予測は支持されることになる．（ただし，寄生虫がオスよりメスのほうに大きな害を及ぼした場合にも，有意な相互作用は起こりうる．したがって，必ずデータを図示し，そこに見られる傾向が予測に沿うものであることを確かめなければならない．）

今や，このようなことは，あなたにとっては簡単なことに思えるだろう（そうであってほしい）．しかし，先に述べたように，人々はたびたび間違える．いったい何を間違えるのだろうか．最も多いのは，この実験をまるでオスとメスで別々におこなわれた2つの1因子実験のように扱う，という間違いだ．寄生虫のいるオスといないオスを比べ，寄生虫のいるオスの体重が有意に減少していることを見つける．次にメスで同じ解析をおこない，2つのタイプのメスの体重には有意な差がないことを見つける．そしてこれらの結果をもとに，オスとメスでは寄生虫の影響に違いがある，と結論する．これはいかにも論理的に見えるけれども，間違っている．なぜ間違っているかというと，寄生の一般的効果を検証しただけで，寄生と性の相互作用を検証していないからだ．オスとメスを別々に検証し，寄生虫によってオスの魚に生じた違いは調べたし，同じくメスの魚に生じた違いも調べたが，オスの魚に生じた違いとメスの魚に生じた違いを直接には比較していないのである．

何だか不必要に細かいことにこだわっているな，と思うかもしれない．しかし，図 8.2 を見れば，これがどんな違いをもたらすかわかるはずだ．この図には，ちょうど今述べたような実験の結果が示されている．これを見ると，オスの体重の減り分は，寄生虫がいない魚よりもいる魚のほうが大きいことがわかる．実際，体重の減り分の平均を統計的に比べてみると，有意な差が見られた．一方，メスでは，統計検定の結果，寄生虫がいる魚といない魚の間に有意な差は見られなかった．ところが，図 8.2 を見ると，メスの体重の減り分の平均は，寄生虫がいる場合もいない場合も，オスとまったく変わらない．いったいどうしたのだろう．なぜオスでは平均の差が統計的に有意で，メスではそうではないのだろう．理由はいくつか考えられるが，そのひとつは，オスとメスではサンプルサイズが違うのかもしれない，ということだ．仮にメスがオスの半分しかいなかったとしたら，メスにおける差の統計的検出力は，オスにおける差の統計的検出力よりずっと低くなる．これが，オスでは有意差が見られるのにメスでは見られない，という結果につながったと考えられる．しかし，このような統計検定の結果は，オスとメスでは寄生虫の影響に違いがある，と結論するための有力な証拠とは言えない．グラフを見て常識を働かせれば，寄生虫への応答に性差があるというはっきりした証拠がないことは，この上なく明らかだ．もし，適切な統計検定を使って，相互作用を直接調べていれば，性差があるとは言えない，という結論に達していただろう．このような問題は，サンプルサイズの違いだけから起こるのではない．何かが原因で，一部のグループに他のグループより多くのばらつきが生じる場合にも，同様の問題が起こりうる．結局，相互作用がある（または，ない）ことを確信するには，その相互作用そのものをはっきりと検証するしかないのだ．

ところで，この例では，性は魚にランダムに割りふられた因子ではないことに気づいただろうか（トマトの例における品種も同じである）．つまり，

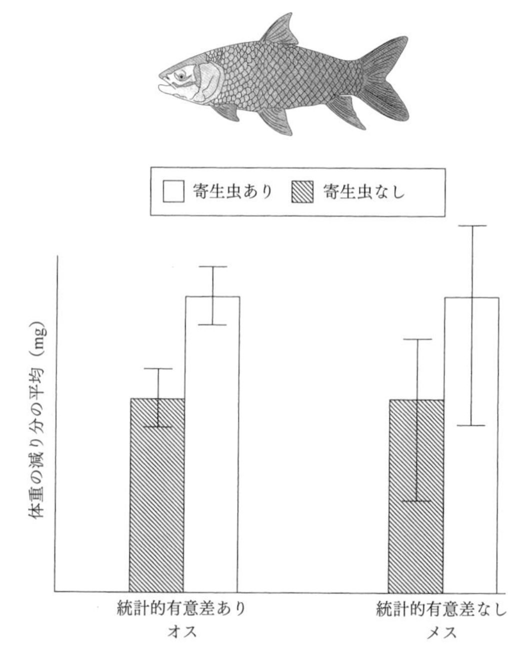

図 8.2　性と寄生状態によって分けた，魚の体重の減り分の平均と標準誤差．図を見ると，オスでもメスでも，体重の減り分の平均は，寄生虫のいる魚のほうが寄生虫のいない魚より大きい．実際，寄生虫のいる魚の減り分の平均は，オスとメスでまったく等しい．寄生虫のいない魚でも同じことが言える．2 つの性の間で異なっているのは標準誤差である．標準誤差とは，母平均を見積もるときのサンプル平均の正確さを測る尺度のことで，サンプル内のばらつきが大きくなるにつれて増え，サンプルサイズが大きくなるにつれて減る．図を見ると，寄生虫がいてもいなくても，標準誤差はオスよりメスのほうがはるかに大きい．標準誤差が大きいと統計的検出力は低くなる．したがってこの場合，統計検定は，オスには寄生虫の有意な影響を認めても，メスには認めない可能性がある．しかし，体重の減り分の平均を上のように図示してみれば明らかなように，2 つの別々の検定結果がそのまま，体重減少への影響における性と寄生状態の相互作用を示唆している，と解釈すべきではない．

被験体はもともとオスかメスであって，「性」という因子のレベルにランダムに割りふられているわけではない．それにもかかわらずわたしたちは，あたかも性という因子が魚にランダムに割りふられているかのように，実験をし，解析をすることができる．問題が現れるのは，結果を解釈するときだ．性をランダムに割りふっていないので，交絡因子に警戒しなければならない．

性が関係する相互作用や主効果が見つかったら，それをもたらした因子は性そのものではなく，性と相関があり，かつ実験には含めていなかった因子かもしれない，と警戒する必要がある．たとえば，オスはメスより概して体が大きいので，性の影響のように見えるものは実は体の大きさの影響なのかもしれない．

【問 8.2】ある著名な教授が，次のような仮説を立てた．かつてスズ鉱山だった場所に生えている植物は，スズの毒に対処できるような能力を進化させているだろう．この仮説を検証するため，元鉱山とそれ以外の場所から植物を採ってきて，高レベルのスズを含む土で育てる実験をしたところ，前者は後者より大きく育った．教授はこれにもとづき，この仮説は正しいと結論した．ところが，ある聡明な若い研究生が，次のような理由からこの結論に疑いを差し挟んだ．成長率の増加にスズが関係しているという証拠はない．もしかしたら，鉱山の植物は何か他の理由で背が高くなるように進化したのかもしれない．これを受けて教授は，スズを含まない土を使って実験をくり返した．その結果，**2** つのグループ間に背丈の差は見られなかった．教授は，やはりあの仮説は正しかったと結論した．あなたはこの結論に賛成するか．

8.3　レベルと因子の混同

複雑なデザインで起こってくる問題は，異なる因子とそのレベルの混同である．データを正しく解析し，正しく解釈するには，そのような混同を避けなくてはならない．先のトマトの例なら，液体肥料の異なる濃度が 1 つの因子の異なるレベルであることは，容易に理解できる．これに対して，ブランドの異なる 5 つの液体肥料を使って実験をするとしたらどうだろう．今度はそれほどはっきりしないのではないだろうか．5 つの液体肥料は異なる因子なのだろうか，それとも同一の因子の異なるレベルなのだろうか．もし異なるブランドの液体肥料がそれぞれ 1 つの処理となるような実験をしたならば，5 つの液体肥料処理は，液体肥料のブランドという 1 つの因子の 5 つのレベルと考えなくてはな

1.

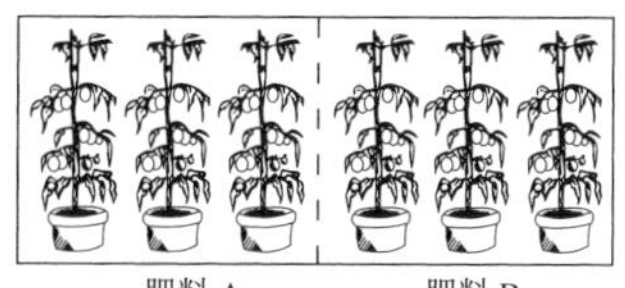

肥料A　　肥料B

反復のある1因子デザイン　因子（肥料タイプ）のレベルは2
このデザインは次の問いに答えることができる.
2つの肥料の効果は異なるか.

2.

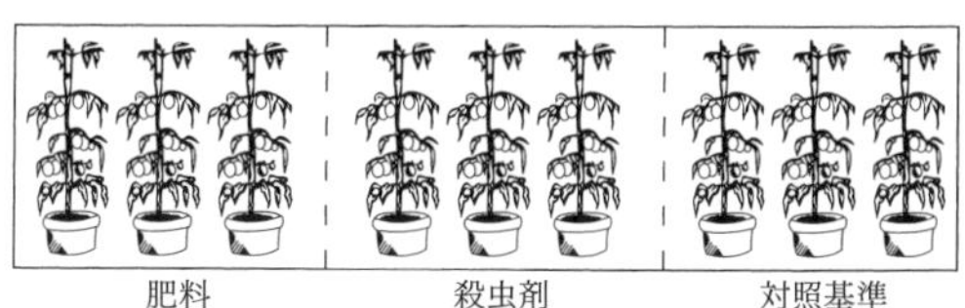

肥料　　殺虫剤　　対照基準

1因子デザイン　因子（栽培法タイプ）のレベルは3
このデザインは次の問いに答えることができる.
(a) 肥料はトマトの成長に影響するか.
(b) 殺虫剤はトマトの成長に影響するか.
(c) 肥料と殺虫剤では，トマトの成長への影響は異なるか.

3.

殺虫剤あり
殺虫剤なし

肥料A　　肥料B　　肥料C

2因子デザイン　1つ目の因子（肥料タイプ）のレベルは3で，
2つ目の因子（殺虫剤の使用）のレベルは2
このデザインは次の問いに答えることができる.
(a) 3つの肥料タイプでは，トマトの成長への影響は異なるか.
(b) 殺虫剤はトマトの成長に影響するか.
(c) 殺虫剤の影響は，肥料タイプによって異なるか.

図 8.3　異なる実験デザインを選ぶことで，研究対象システムについての異なる問いに答えることができる．ここでは，トマトの成長率への影響を調べる3つの異なる実験デザインを示した．デザインが複雑になるほど，それを使って問える問いも増えて複雑になる．

らず，この実験は1因子デザインとなる．しかし，そのあと2つのブランドの液体肥料AとBだけを選んで，次のような4つの処理をしたらどうだろう——肥料なし，肥料Aのみ，肥料Bのみ，肥料AとBを一緒に．この場合は，肥料AとBを2つの別々の因子と見て，それぞれに2つのレベルがある（その肥料の有無）と考え，2因子デザインとして実験を解析するほうがいい．読者が実験デザインの用語に慣れるよう，いくつかの可能なデザイン例とその説明を図8.3に示しておいた．

➡ レベルと因子を混同しないように注意しよう．

8.4　分割プロットデザイン（または分割ユニットデザイン）

分割プロットデザイン：split-plot design
主プロット因子：main-plot factor
サブプロット因子：sub-plot factor
分割プロットデザインには，2つの因子があり，被験体はいくつかのグループに分けられる．まず，ひとつの因子に対し，それぞれのグループをランダムにその因子の異なる処理レベルに割りふる（この因子を主プロット因子という）．次に，それぞれのグループ内の被験体を，ランダムにもうひとつの因子のレベルに割りふる（この因子をサブプロット因子という）．

分割プロット split-plot という用語は，農業研究から来ている．それにふさわしい例を取り上げよう．キャベツの成長に2つの因子が及ぼす効果を調べたいとする．2つの因子は，植え付け前の畑の耕し方と，植え付け後の殺虫剤の撒き方である．それぞれの因子に3つのレベルがあるとしよう．また，研究のために，ほぼ同じ広さの四角い畑を6つ使えることになっているとしよう．

この実験を完全ランダム化を使っておこなうとすれば，それぞれの畑を，たとえば6つの同面積の区画に分け，36個できた区画を，耕し方と殺虫剤処理の9通りの組み合わせに4つずつランダムに割りふる，といったものになるだろう（図8.4の上の図で，実験がどんな具合になるかを見てほしい）．これに対して，分割プロットデザインでは次のようにする．まず畑を2つずつランダムに3つの耕し方に割りふり，それぞれの畑全体を1つの仕方で耕す．それから，

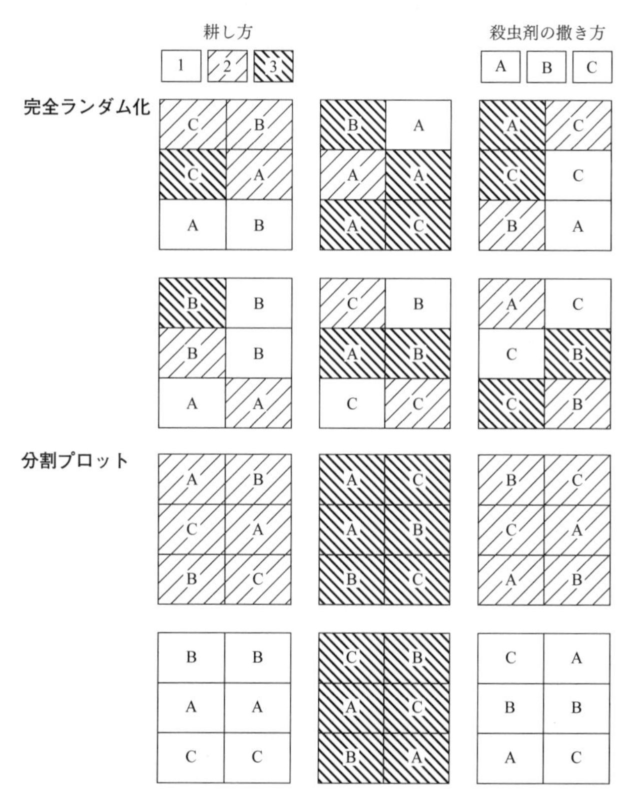

図 8.4　6 つの畑があり，それぞれが 6 つの区画に分けられている．実験で調べる因子は 2 つで，ひとつは耕し方（3 レベル：1，2，3），もうひとつは殺虫剤の撒き方（3 レベル：A，B，C）である．

完全ランダム化デザインでは，9 通りある 2 つの因子の組み合わせのそれぞれに，4 つの区画が割りふられる．36 の区画を 9 通りの組み合わせのどれかに割りふる作業は，その区画がどの畑に含まれているかにはまったく関係なく，完全にランダムにおこなわれる．

これに対して，分割プロットデザインでは，まず，畑単位で耕し方のレベルへの割りふりをおこなう．つまり，それぞれの耕し方に対して，畑を 2 つずつランダムに選んで割りふる．その結果，1 つの畑に含まれる区画はすべて同じ耕し方で耕されることになる．この場合，耕し方は主プロット因子と呼ばれる．次に，畑ごとに，サブプロット因子を畑内の区画に割りふる．つまり，畑内の区画を 2 つずつランダムに選んで，3 つの殺虫剤散布法のそれぞれに割りふる．

このような分割プロットデザインは，ひとつの畑の相異なる部分を相異なるやり方で耕すのが不便なときに魅力的である．

それぞれの畑を6つの同面積の区画に分け，それら6区画を2つずつランダムに3つの殺虫剤処理に割りふる（図8.4の下の図参照）．完全ランダム化に比べると，このやり方は確実に劣っている．それなのに，なぜこんなことをするのだろうか

答は，利便性である．そして場合によっては，ほとんど代償を払わずにこの利便性の恩恵に浴することができる（といっても，分割プロットデザインを選ぶと，統計解析はずっと面倒になるが）．実際問題として，同じ畑の異なる部分を異なる方法で耕すのは難しい．分割プロットデザインを使えば，その面倒を回避できる．一方，殺虫剤の散布は機械ではなく人の手でなされるので，小さな区画でも簡単に実行できる．

分割プロットデザインを採用したために生じるマイナス面は，殺虫剤（**サブプロット因子** sub-plot factor）による成長率の違いと，殺虫剤と耕し方の相互作用に比べると，耕し方（**主プロット因子** main-plot factor）による成長率の違いのほうが，はるかに検出されにくいということだ．それでも，もし耕し方による影響が殺虫剤の影響よりずっと強い（したがって検出されやすい）ことが見込まれるならば，問題はないだろう．また，耕し方が成長に影響することはすでにわかっていて，一番知りたいのは耕し方と殺虫剤の相互作用である場合も，やはり不都合はないだろう．

分割プロットデザインは，農業分野の野外研究で使われるだけではない．たとえば，酵母の増殖率に，温度と増殖培地がどのような影響を及ぼすかを調べているとしよう．実験単位は，恒温培養器に入ったシャーレである．この場合は，温度を分割プロットデザインの主プロット因子として使うのが自然だろう．つまり，まず，それぞれの培養器に温度を割りふり，次に，個々の培養器内のシャーレに異なる培地をランダムに割りふる．ここで，反復を忘れないようにしよう．温度の影響に関心があるなら，それぞれの温度処理につき2つ以上の培養器を使って反復する必要がある．そんなことをしなくても，培養器はまったく同じものなのだから，それらの間で増殖率の違いが

【問 8.3】 左で，反復が必要だと言った．この酵母の実験で，**3** つの異なるレベルの温度が増殖率にどう影響するかを調べたいのだが，培養器が **3** つしか手に入らなかったらどうするか．

見られれば，それは設定温度の違いによるものでしかありえない，と主張するのはとても危険である．たとえ2つの培養器を同じ業者から同じ時に買ったとしても，実験室では異なる位置に置くことになるので，培養器を開けたとき，一方がもう一方より多くすきま風にさらされるかもしれない．また，片方は前の実験で使った抗生物質が残留していて，もう片方にはそれがないかもしれない．あるいは，電力供給の不具合のせいで，片方ではより大きく温度が変動したかもしれない．生物学では，2つのものがまったく同じだと主張するには，慎重の上にも慎重を重ねる必要がある（なぜなら，2つのものがまったく同じであることは，決してないと言っていいからだ）．そして，つねに反復をすることが大事である．

上に挙げたどちらの例でも，分割プロットデザインは魅力的なオプションである．なぜなら，容易に実験処理を施すことのできる空間の大きさが，2つの因子の間で異なっているからだ（キャベツの例で言えば，殺虫剤は小区画単位で容易に散布できるが，耕し方は小区画より畑単位のほうが容易である）．しかし，分割プロットデザインが魅力的なケースはそれ以外にもある．一方の因子よりもう一方の因子のほうが，因子の実験処理を施す作業が簡単なときがそれに当たる．たとえば，カニの活動に，3つの異なるレベルの水温と4つの異なる長さの絶食期間がどのような影響を及ぼすかを調べたいとしよう．手元には48匹のカニと，1つの大きな実験用水槽がある．そこで，それぞれのカニを水温と絶食期間の12通りの組み合わせのどれかにランダムに割りふる．その結果，それぞれの組み合わせには4匹の反復体がいる．被験体間の独立性を保つために，1匹ずつ水槽に入れて，30分ずつ観察する．カニを観察する順番を完全にランダム化すると，頻繁に水温を変えなければならない．これはとても不便である．なぜなら実験で使っている設備では，水温を変えるのに24時間かかるからだ．この不便さを軽減するために，分割プロットデザインを使うことができる．次のようにすればいい．まず，カニを8匹ずつ6つのグループに分けて，同じグループのカニには同じ水温処理をあたえるようにする．次に，各グループ内で，4つの絶食処理それぞれにつき反復ガニが2匹になるようにする．それから，各グループ内で，カニの観察の順番をランダムに決め，6つのグループの順番もランダムに決めて，その順番にしたがって48匹を観察する．この場合，水温が分割プロットデザインの主プロット因子である．実験中に水温を変える回数は大幅に減り，実験全体に要する期間をかなり短縮することができる．

➡ 複数因子の実験で，分割プロットデザインを検討するのは，ある因子の処理を被験体のグループに施すのは簡単だが，それを個々の被験体に施すのは実際には難しい場合だけにすべきである．

8.5　ラテン方格デザイン

ラテン方格デザインは，上に述べた分割プロットデザインと同様，複因子完全ランダム化デザインの代わりに使える実験デザインである．ラテン方格デザインの一番の魅力は，必要とされる実験単位の数を減らせることにある．次のような実験を考えよう．4つの異なる殺虫剤処理を受けたリンゴ畑のリンゴの品質を評価したい（つまり，調べたい因子のレベルは4つある）．4人の専門家が，処理を受けた畑でとれたリンゴ1箱ごとに，虫食いリンゴがどれだけあるかを調べ，売り物になるリンゴが何パーセントあるかを評価する．さらにリンゴ畑の数を確保するため，4つの異なる農園を使うことにする（各農園には複数のリンゴ畑がある）．このとき，それぞれのリンゴ箱がどんな評価を受けるかは，殺虫剤の影響だけではなく，どの農園から来たか，どの専門家が評価したかによっても変わってくるはずだ．したがってこれは，因子が3つで，それぞれに4つのレベルがある実験となり，通常なら，使う被験体（リンゴ箱）の数は64（=4×4×4）の倍数になる．そうすれば，実験はバランス型となり，3因子の異なるレベルの組み合わせのそれぞれについて，反復回数相当の被験体が割りふられることになる．

ラテン方格デザインを使うと，この被験体の数を大幅に減らすことができる．64の代わりに16（=4×4）の倍数ですむようになるのだ．どうするかというと，それぞれの農園内でリンゴ畑に 4 つの殺虫剤処理を割りふり，適切なラテン方格を使って専門家にリンゴ箱を割りふる（図 8.5 参照）．これによって，実験の規模（とコスト）を大幅に減らすことができる．

しかし，ラテン方格デザインは，使える場合が限られている．このデザインには，どの因子もレベルの数が同じでなければならない，という強い制約があるからだ．たとえば，子犬の成長率に 3 種類の餌があたえる影響を調べたいとしよう．そして，子犬の品種と一腹の産子数（同じ母イヌから一緒に生まれた子犬の数）が交絡因子になると思われるので，これらの因子も実験に含めるとしよう．この場合，調べたい因子である餌のレベルが 3 つなので，ラテン方格デザインを使うためには，他の 2 つの因子も 3 つのレベルをもつようにしなければならない．したがって，3 つの異なる品種を決め，それぞれの品種について，3 つの異なる産子数のもとで生まれた被験体（子犬）を見つけてこなければならない．これはかなりの制約である．現実問題として，たとえば，必要な数の反復体を得るために，3 つではなく 7 つの異なる品種のイヌを使わざるをえないとしよう．もし，この 7 つの品種をうまく 3 つのグループに分けることができれば，問題は回避できる．しかし，そのようなことは，本当に自然な分かれ目がある場合（今の例で言えば，銃猟犬，愛玩用子犬，ドッグレース用犬に分けるなど）にしか勧められない．もし自然なやり方で各因子のレベル数を同じにできないのなら，ラテン方格デザインではなく，複因子完全ランダム化デザインを使うべきだ．

ラテン方格デザインの重要な前提は，相異なる因子の間に相互作用がない，ということである．上の例で言うと，餌の種類と，品種と，産子数が子犬の成長に及ぼす影響は，互いにまったく無関係だと仮定している．しかし，動物の生理に関する知識からすると，この仮定はおそらく正しくない．このように，相互作用が重要だと考えられる場合も，ラテン方格デザインではなく，複因子完全ランダム化デザインを使うようお勧めする．これなら相互作用が検証できるからだ．しかし，研究対象システムに関する生物学的知識をもとに，相互作用のないことが仮定でき，かつ，すべての因子のレベル数が同じになるような，有益な実験がデザインできるなら，そのときは確かに，必要とされる反復体の

ラテン方格デザインのいくつかの例

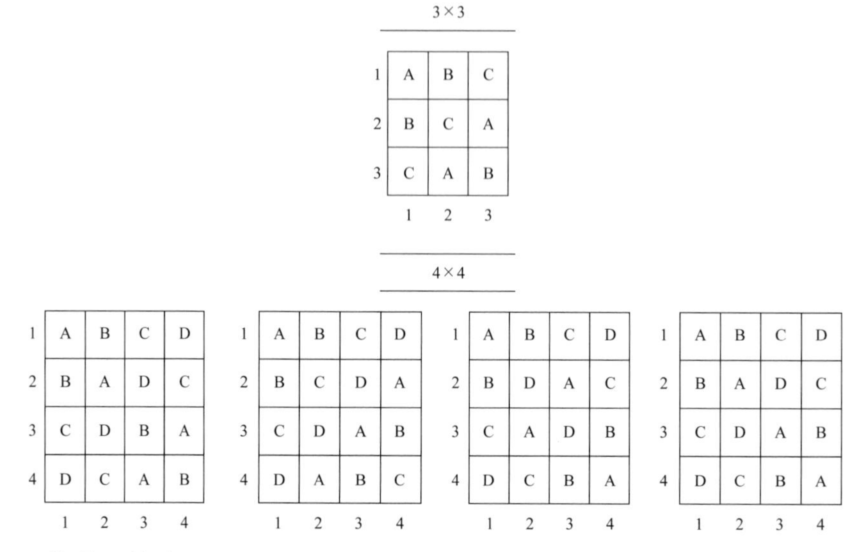

3×3

	1	2	3
1	A	B	C
2	B	C	A
3	C	A	B

4×4

	1	2	3	4
1	A	B	C	D
2	B	A	D	C
3	C	D	B	A
4	D	C	A	B

	1	2	3	4
1	A	B	C	D
2	B	C	D	A
3	C	D	A	B
4	D	A	B	C

	1	2	3	4
1	A	B	C	D
2	B	D	A	C
3	C	A	D	B
4	D	C	B	A

	1	2	3	4
1	A	B	C	D
2	B	A	D	C
3	C	D	A	B
4	D	C	B	A

1つ目の因子は行で表され，2つ目の因子は列で表されている．

調べたい3つ目の因子の処理レベルは，アルファベットの大文字で表されている．これらのデザインの対称性に注目しよう．どの行，どの列にも，AからDまでの文字が過不足なく完全に揃っている．

図 8.5 ラテン方格を作るには，まずN×Nの格子を作る．そして，これらのマス目にN個の異なる記号（ここではアルファベットの大文字）を入れていく．このとき，それぞれの記号がどの行，どの列にも1回だけ現れるようにする（数独パズルと同じ）．

こうしてラテン方格ができたら，それを使って実験単位を割りふる．たとえば，上図左端の4×4ラテン方格を選んで，本文で述べたリンゴの実験に使うことができる．調べたいのは4つの殺虫剤処理A，B，C，Dの効果である．4つの農園を方格の1〜4行であらわし，4人の専門家を方格の1〜4列であらわす．それぞれの専門家は，4つの農園からリンゴを1箱ずつ受けとる．専門家1は農園1から殺虫剤処理Aで育ったリンゴを1箱，農園2から殺虫剤処理Bで育ったリンゴを1箱，農園3から殺虫剤処理Cで育ったリンゴを1箱，農園4から殺虫剤処理Dで育ったリンゴを1箱，受けとる．専門家2は農園1から殺虫剤処理Bで育ったリンゴを1箱，農園2から殺虫剤処理Aで育ったリンゴを1箱，農園3から殺虫剤処理Dで育ったリンゴを1箱，農園4から殺虫剤処理Cで育ったリンゴを1箱，受けとる．こうして，リンゴ箱は全部で（反復がなければ）16箱あれば足りる．これに対して，複因子完全ランダム化デザインでは，1人の専門家が受けとるリンゴ箱だけで16箱にのぼり，全部で64箱になってしまう．

数を減らすという意味で，ラテン方格デザインは非常に効率的なデザインである．ただ現実には，大多数の科学者は，このデザインを使うのが適しているような状況にはめったに出会わないだろう．

➡ **ラテン方格デザインは，複因子完全ランダム化デザインの代わりに使えるデザインで，より少ない数の実験単位ですむという利点がある．しかし，このデザインはかなり強い制約のもとでしか使えず，非常に制限された科学的問いにしか答えることができない．**

8.6　統計法について考える

どんな研究においても，そのために選んだ実験デザインと，とったデータの解析に使う統計法は，密接につながっている．読者が出会うであろう最も一般的なデザインの紹介は前節までで終わったので，本章のしめくくりに，例を使ってこのつながりについて説明しよう．

ハーブの抽出物が抗菌剤として使えるかどうかを調べる研究をしていると想像してほしい．そのために，いくつかの異なるハーブの抽出物を加えた寒天プレートと，対照寒天プレートを用意して，大腸菌の増殖率を測ることにした．調べたい抽出物は9つある．さて，どのように研究を進めようか．

第1章のアドバイスにしたがい，データの採取にとりかかる前に，データ解析に使う統計検定法について考えることにする．この研究の因子は1つだ．ハーブの抽出物である．したがって，この研究は1因子デザインを基本とすることになる．

統計学者に相談して（または統計の本を読んで），この研究のデータ解析には1因子分散分析（1元分散分析）が適しているという結論に達した．この検定法について聞いたことがなくても，具体的にどうするのかまったくわからなくても，心配はいらない．近頃のコンピュータープログラムはとても使いやすくできているので，統計検定の実行そのものは簡単にできる．気をつけなければならないのは，この検定法がデータに適しているかどうかの確認である．重要なことは，（どの統計法でもそうだが）この検定法が適切に使われるために，データが満たさなければならない前提条件がいくつもある，ということだ．

中でも重要なのは，因子のレベルのそれぞれについて，少なくとも2つの測定値がなければならない（つまり反復がおこなわれていなければならない）という条件である．今の例で言えば，すべての抽出物（と適切な対照群）について，少なくとも2つ，増殖率の測定値がなければならないということだ．

次に重要なのは，とったデータは測定値でなければならず，恣意的な評価であってはならないという条件だ（測定値とは，間隔尺度または比率尺度で測られた数値，という意味．詳しくは統計コラム8.2参照）．今の例で言うと，寒天プレートごとに100個の細菌のコロニーをランダムに選んで直径を測定し，その平均をデータとするならば，解析は適切におこなわれるだろう．しかし，プレートごとの細菌の増殖を，単に5段階のカテゴリー（1＝増殖なし，2＝ほんの少し増殖あり，など）で評価したとすると，この検定法は使えない．

1因子分散分析には，他にもいくつか前提条件がある．ここではそれらを一つ一つとりあげてチェックすることはしないが，それこそまさに，この研究を担当した人がしなければならないことである．

すべての前提条件を調べて，すべてを満たすことができるならそれでいい．しかし，満たすことのできない条件があったらどうしようか．まず，その条件が破られたらどういうことになるかを考える必要がある．一般的に言って，検定法の前提条件が満たされない場合，結果の信頼性は低下する（そして，悪魔の代弁者に攻撃材料をあたえてしまう）．いくつかの前提条件を完璧には満たすことができなくても，結果の信頼性にはほとんど影響しないこともある．そういう場合は，注意しながら先に進むことも可能だろう．しかし，そのようなことはまれで，いくつかの前提条件を満たさなかったために検定全体が無効になってしまうケースがほとんどだ（コンピューターによる解析作業そのものができなくなると言っているのではなく，出てきた結果が信用できないという意味である）．そのようなさまざまな状況についての詳細な議論は，本書の範囲を超えてしまう．もしそんな状況に陥ったら，巻末の参考文献に載っているようなすぐれた統計の本を読むか，統計学者に相談することを強くお勧めする．その結果，重要な前提条件を満たすことができないとわかったら，とるべき道は2つしかない．ひとつは，すべての前提条件を満たすように研究をデザインしなおすこと，もうひとつは，満たすことのできる前提条件をもつ他の適切な検定法を探すことだ（ただし，そのような検定法は存在しないかもしれないし，最初の検定法よりはるかに検出力が低いだろうということは，頭に入れておいてほしい）．

とにかく，使う検定法がいったん決まれば，計画している実験の検出力や，研究を価値あるものにするのに必要なサンプルサイズについて，考え始めることができる．とったデータをどのように解析するのか，前もってわかっていない限り，検出力をきちんと評価することは不可能だ（なぜなら検出力は使う検定法によって変わるのだから．検出力についてさらに詳しいことは第6章参照）．

以上のような手順は，何だか長ったらしく感じられて，とくに統計に自信がないうちは，少々気が滅入ってしまうかもしれない．しかし，今では，以下のことがはっきりとわかり始めたのではないだろうか．デザインを考えるときに統計法についても考える，それもデータをとり始めるよりずっと前に考えることによって，自分のもっている生物学的問いに最も効果的に答えるデータをとることができる，ということが．

統計コラム 8.2

測定のタイプ

異なる統計法には，異なるタイプのデータが必要である．一般に，データは次の尺度で測った4つのタイプに分けられる．

- **名義尺度** nominal scale：名義尺度は，被験体がその中に分類できるようなカテゴリーの集まりである．異なるカテゴリーどうしが重なることはなく，カテゴリー間に順序はない．例としては，生物の種や，性がある．
- **順序尺度** ordinal scale：順序尺度は名義尺度と似ているが，カテゴリー間に順位がある．たとえば，中古のCDの質は，順序尺度に従って，次のように分類することができる．低い，普通，良い，とても良い，あるいは新品同様．

- **間隔尺度** interval scale：間隔尺度は順序尺度に似ているが，この尺度で測定した 2 つの実験単位が，どのくらい離れているかを明示することができる．したがって，この尺度では，2 つの値を足したり引いたりすることが意味をもつ．間隔尺度の例としては，日付がある．
- **比率尺度** ratio scale：比率尺度は間隔尺度と似ているが，絶対ゼロが決められていて，掛け算や割り算が意味をもつ．比率尺度は連続的な場合もあるし（例：重さ，長さ），離散的な場合もある（例：産み落とされた卵の数，2 次感染者の数）．

著者からのアドバイスは，このリストのできるだけ下の尺度で測定しなさい，ということだ．そうすれば，統計解析でより融通が利くようになる．たとえば，新生児の体重を記録するときは，赤ん坊ひとりひとりを，「軽い」「普通」「重い」などと順序尺度で分類するのではなく，グラム単位で（比率尺度で）実際に体重を測定するべきだ．そうすることで，データに使える統計ツールの数も増えるし，その効果も増す．もちろん，著者のアドバイスにしたがって，どの統計検定法を使うかをデータ採取の前に決めていれば，どのタイプのデータが必要になるかはわかっているはずだ．

➡ **データをとる前に統計法について考えることが必要である．**

まとめ

- 複因子実験の解析は，完全交差デザインのほうが，不完全デザインよりはるかに簡単である．
- 調べたい仮説が 2 つの因子の相互作用に関係していることはよくある．
- そのような相互作用の影響に関心があるときは，実験デザインも統計解析も，その相互作用を直接調べられるものにしなければならない．

- レベルと因子を混同しないように注意しよう．
- 複数因子の実験で，分割プロットデザインを検討するのは，ひとつの因子の処理を被験体のグループに施すのは簡単だが，それを個々の被験体に施すのは実際には難しい場合だけにすべきである．
- ラテン方格デザインは，複因子完全ランダム化デザインの代わりに使えるデザインで，より少ない数の実験単位ですむという利点がある．しかし，このデザインはかなり強い制約のもとでしか使えず，非常に制限された科学的問いにしか答えることができない．
- データをとる前に統計法について考えること．

第 9 章

完全ランダム化を超えて ──ブロックと共変数

ある新薬が，ヒトの血圧にどのような影響をあたえるかを知りたいとしよう．そのための臨床試験に被験者として参加登録した人々を，新薬グループか偽薬グループかのどちらかに割りふりたいとする．まず考えられるのは，第 7 章で学んだとおり，人々をこれらのグループにランダムに割りふることだ．それで何ら問題はない．血圧に関係する交絡因子はたくさんあると思われるが（例：年齢，性別，BMI，食生活，職業）これらの影響はランダム化によって，2 グループの間で平均化されるだろう．ただ，これらの因子のすべてが個体間のばらつきを作り出すので，必要な統計的検出力（第 6 章）を得るには，サンプルサイズをかなり大きくしなければならないかもしれない．個体間のばらつきを主に作り出しているのがどの交絡因子なのか，よくわからないとき（あるいは，わかっているが測定するのが難しいとき）は，ランダム化や被験体内デザイン（第 10 章）が，最善の方法である．しかし，もし（たとえば先行研究をもとに），BMI が血圧に特に強い影響をあたえると予想されるならば，他の方法を考えてみてもいいだろう．たとえば，狭い範囲の BMI 値をもつ個体だけを使う．こうすれば，実験のノイズを減らすことができる．しかし，これだと，研究結果を一般化するときに問題にぶつかる．「健康」な BMI 値をもつ被験者だけを使った場合，太りすぎの人や痩せすぎの人への薬の影響については，何も言えなくなるからだ．これに代わるものとして，BMI をブロック因子や共変数として使う，という方法がある．本章ではこれらの方法について述べる．

・まず，実験デザインにおけるブロック化とはどういうものかを説明する（9.

1 節）.

・次に，ブロック化に使える因子の中で，読者の参考になりそうなものについて述べる（9.2 節）.

・実験で調べたいことがあるとき，その実験にとってブロックデザインが魅力的かどうかを判断するときの助けになるよう，ブロック化でどういう損失がありうるかを説明する（9.3 節）.

・ブロック化の特別な形として，各ブロックに被験体が 2 つしかないペアデザインについて述べる（9.4 節）. また，もっと一般的に，最適なブロックサイズの選び方について考える（9.5 節）.

・最後に共変数の概念を導入し（9.6 節），共変数を含む相互作用について考える（9.7 節）.

9.1 特定の変数でブロックを作るという考え方

グレイハウンドの走る速さに，餌の種類が及ぼす影響を調べたいとしよう. 手元には 80 匹のグレイハウンドがいる. 4 種類の餌の効果を比較するため，これらのグレイハウンドを 4 つの処理群に割りふりたい. 80 匹のグレイハウンドの年齢はさまざまで，年齢は走る速さにかなり強い影響を及ぼすことが予想される. こういうとき，次のようにして，年齢を**ブロック因子** blocking factor として扱うことができる.

まず，イヌを年齢順に 1 列に並べる. それから，その列を数ヵ所で切り離し，似たような年齢のイヌが同じブロックに入るよ

ブロック化：blocking
ブロック因子：blocking factor
ある変数が結果に大きなばらつきをもたらすと予想されるとき，その変数でブロック化をおこなうことにより，ばらつきを制御することができる. ブロック化とは，各ブロック内の個体がその変数について似たような値をもつように，被験体をいくつかのブロックに分け，そのあとブロックごとに，その内部の個体をランダムに処理群に割りふることである. したがってこれは，完全ランダム化デザインの代わりに使える，より複雑なデザインである.

うに，いくつかのブロックに分ける．4匹ずつのブロックを20個作るかもしれないし，8匹ずつのブロックを10個作るかもしれないし，16匹ずつのブロックを5個作るかもしれない．このうちのどれを選ぶかは，ブロック内の個体の数が，処理群の数の倍数である限り，それほど大きな問題ではない（とはいえ，ブロックサイズの選び方については9.5節でさらに考える）．次に，それぞれのブロックで，ブロック内のすべてのイヌをランダムに処理群に割りふる．その仕方は，第7章の完全ランダム化デザインでしたときと，まったく同じである．この手順をすべてのブロックについておこなう．このように割りふり作業の一部にブロック（層ともいう）を使うこの方法は，層化ランダム割り付けと呼ばれ，第7章で述べた完全ランダム化とは大きく異なるものである．

では，そのようにするとどんな良いことがあるのだろうか．これについては次のように考えることができる．完全ランダム化実験では，ある処理群の年をとったイヌと，別の処理群の若いイヌを比べる，ということが起こりうる．そのような2匹の走る速さを比べ，差が見つかったとしよう．その差はおそらく，一部は餌によるだろうが，別の一部は年齢によるだろう（そして残りはランダムなノイズだろう）．これに対して，層化ランダム割り付けを使ったブロックデザインでは，各ブロック（層）の内部で比較をおこなうので，似たような年齢のイヌ同士しか比べない．どの比較においても年齢による差が大きく減るので，その分，餌の影響が見えやすくなる（図9.1参照）．**ブロック化** blocking によって，年齢が走る速さに及ぼす影響のかなりの部分を効果的に制御したことになる．このブロックデザインは，2因子デザインと見なすこともできる．その場合，餌の種類が1つ目の因子，年齢ブロックが2つ目の因子である[@]．

実際ここで何をしているかというと，個体間のばらつきを，ブロック間のばらつきとブロック内のばらつきに分けているのだ．個体間のばらつきに重要な影響をあたえる変数を使ってブロックを作れば，ブロック間の違いはブロック内の違いよりずっと大きくなるだろう．これは重要なことである．というのは，最後にデータを統計的に解析するとき，ブロックをもうひとつの因子として，

@　被験体の割りふり方についてさらに知りたい読者は，補足資料9.1節を参照のこと．

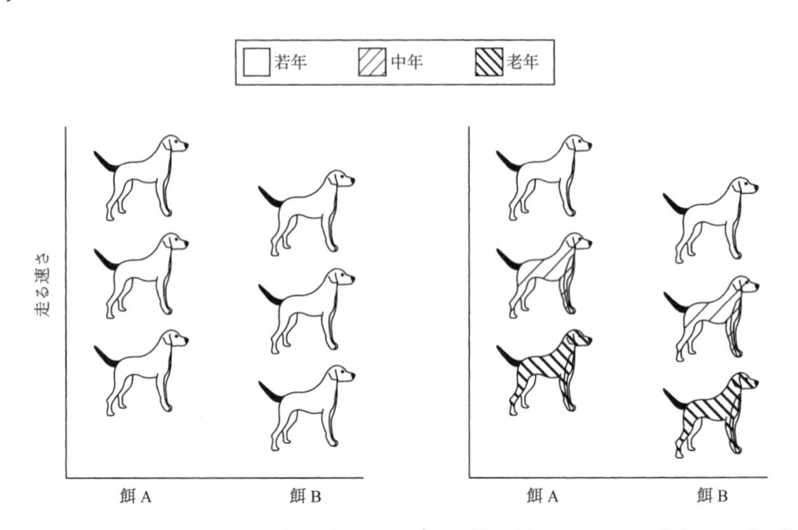

図 9.1　左側の図は，餌がイヌの走る速さに及ぼす影響を調べるための，完全ランダム化デザインを表している．イヌは，餌 A グループと餌 B グループのどちらかに，単純にランダムに割りふられる．しかし，もしイヌの年齢がわかっていて，年齢が走る速さに強い影響を及ぼすことが予想されるならば，完全ランダム化の代わりに，右側の図のようなブロックデザインにするという選択肢もある．このブロックデザインでは，イヌはまず年齢に従って 3 つのブロック（若年，中年，老年）に分けられている．そのあと，年齢ブロックごとに，ブロック内のイヌを餌 A グループか餌 B グループのどちらかにランダムに割りふる．データ解析では，それぞれの年齢ブロック内の 2 グループ間で，餌に起因する走る速さの違いを検定する．完全ランダム化実験におけるグループ内のばらつきの大部分が，年齢によるものだったとすれば，ブロックデザインのほうが効果的に餌の影響を検定することができるだろう．

2 因子分散分析をおこなうことができるからだ．これによって，（個体差の大きい）サンプル全体ではなく，（個体差の小さい）各ブロック内で処理間の違いを調べることが可能になる．あるいは，統計の言葉で言えば，ブロック間のばらつきを制御した上で，処理による違いを探すことができる．このデザインによってどんな問いに答えられるか，という観点から言うと，このようなランダム化ブロックデザインによって，次の問いに答えることができる．

年齢の影響が制御された場合，餌の種類はグレイハウンドの走る速さに影響するか．

少し違う言い方をすれば

年齢調整をしたグレイハウンドの走る速さは，餌の種類に影響されるか．

そして（今ではもう驚かないだろうが），研究につきもののばらつきを一部でも取り除くことができれば，統計的検出力を上げることができる．これについては次節のコラム 9.1 で例を使って説明する．

➡ **個体間のばらつきの多くの部分を説明できるような特徴がわかっていて，それを実験の被験体で測定できるならば，その特徴（因子）でブロック化をおこなうことは効果的である．**

9.2　個体のもつ特徴や，空間や，時間でブロックを作る

ブロック化に使う因子は，もしそれが同じ実験処理群の個体間のランダムなばらつきに重要な影響をあたえると考えられるならば，どんな因子でも（また，そういう因子をいくつ使っても）かまわない．ある特徴がブロック因子として使われるための条件は，それを個体で測定できる，ということだけである．この条件さえ満たせば，被験体を，その特徴の似通った個体からなるグループ（ブロック）に分けてよい．これを個体の特徴によるブロック化という．

そのほかに，生物学の実験でよく使われるブロック化に，空間によるブロック化と呼ばれるものがある．第 7 章（7.3 節）に出てきたトマトの実験で，トマトの株を全部入れるには 3 つの温室を使わなければならないことがわかったとしよう．もし温室間にトマトの成長に影響する条件の差があれば，3 つの異なる場所で実験をおこなうことで，場所の違いによるノイズが付け加わることになる．このばらつき（ノイズ）を無視して，完全ランダム化デザインを使い，それぞれの株を，それが受ける処理に関係なく 3 つの温室のどれかにランダムに割りふることもできる．しかし，これはあまり効果的なやり方とは言えない．何かの偶然で，ある温室内のすべての個体が同じ処理を受けることにでもなれ

ば，温室が交絡因子になってしまう．そんな事態は避けなければならない．

この問題の一般的な解決法は，温室をブロックにすることだ．つまり，それぞれの温室に，各処理群の株を同数ずつ割りふり，それぞれの株がどの温室で育ったかを記録しておく．こうして，肥料の濃度を1つ目の因子，温室を「ブロック」因子（2つ目の因子）とする2因子デザインが得られる．これにより，同じ温室内で肥料の濃度差による成長率の違いを比較することができ，この比較は温室間の差に影響を受けずにすむ．

場所によるブロック化は，大規模な農業実験ではよくおこなわれるが（異なる畑，異なる農園が，それぞれブロックとなる），分析や検査がいくつかの異なる場所でおこなわれる実験にも，同じように適用できる．水槽や，培養器内の棚から，異なる国の研究所まで，どんな場所でもブロックになりうる．

最後に挙げるブロック化は，時間によるブロック化である．これは，空間によるブロック化と基本的には同じもので，相違点は，測定が，異なる場所ではなく，異なる時におこなわれることだけだ．トマトの例で言えば，温室が1つしかなく，必要なサンプルサイズを得るために3回に分けて実験をしなければならないとき，実験が何回目に当たるかでブロックを作ることができる（時間によるブロック化）．その方法は，上で3つの温室をそれぞれブロックとして扱ったとき（つまり，空間によるブロック化）とまったく同じである．この方法は，実験全体を1つの時間的まとまりの中で終わらせることが不可能で，かつ，個々の被験体がいつ測定されるかによって，その測定値が変わってくると考えられる場合にも役に立つ（これについては第11章参照）．

空間によるブロック化のところで述べた，それぞれのブロックに各処理群の被験体を同数ずつ割りふる方法（あるいは同じことだが，それぞれのブロックの被験体を同数ずつ各処理群に割りふる方法）は，バランス型完全ブロックデザインまたはランダム化完全ブロックデザインと呼ばれている．

同じブロック内で各処理群の被験体がすべて同数ではないこともありうるし，処理

【問 9.1】3 つの温室と **4** つの異なる処理群で育った，トマトの品質を，**2** 人の科学者が評価するという状況を想像してほしい．この科学者たちは，トマトの評価が，評価者によって変わるのではないかと心配している．ブロック化はこの心配を軽減できるだろうか．

群によっては特定のブロックに属する被験体がない場合もありうる．しかし，そのような不完全なブロックデザインは，統計的に解析するのがはるかに難しい．被験体が足りないなどの理由で，そのような状況に追い込まれることがあるかもしれないが，そういうときは，事前に統計学者に相談することをお勧めする．

➡ 個体にもともと備わっている特徴を使うだけでなく，時間や空間でブロック化することも役に立つ．

コラム 9.1

ばらつき，ブロック化，検出力

オスのショウジョウバエが求愛中に羽で歌う「歌」の特徴が，同じ種でも個体群によって異なるかどうかに興味があるとしよう．2つの個体群からオスを集め，求愛ソングの特徴的な構成要素であるパルス間間隔（IPI）を測定する．IPIは測定するのが容易で，種間で異なることが知られている．それぞれの個体群から15匹ずつオスをとって測定することにしたが，IPIを測定する一連の手順は時間がかかり，実際には1日に10匹しか測れない．つまり，30匹のハエを全部測定するには，3日かかる．先行研究により，求愛ソングは，大気圧のような日々変化する因子に影響されることがわかっている．そこで検討の結果，ランダム化ブロックデザインを使って，1日ごとに，それぞれの個体群から5匹ずつとって測定することにした．図9.2aにはその結果が示されている．これを見ると，一方の個体群のほうがもう一方の個体群よりIPIが短いようだ．しかし，同じ個体群内のハエの間にあるランダムなばらつきも大きいことがわかる．

図9.2bは，同じデータを別の仕方で図示したものである．こちらは測定値を測定日別に分けて示してある．この図からすぐにわかることは，同じ個体群内のハエの間のばらつきは，データを3日分まとめた場合（上の図）より，測定日別に分けた場合のほうがずっと小さい，ということだ．なぜそうなるのかは，各測定日の平均IPIを見てみればわかる．全体として見ると，2日目のハエは1日目のハエより少し遅い歌（つまりIPIの長い歌）を歌い，3日目のハエは2日目のハエより少し早い歌を歌っているようだ．この日ご

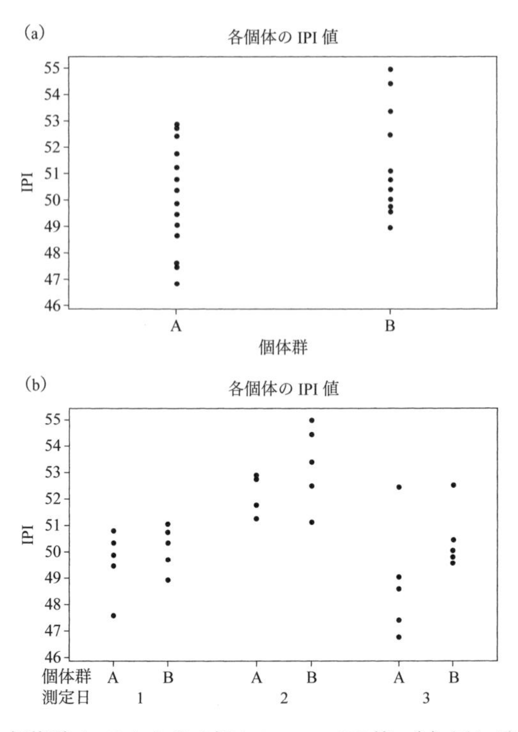

図 9.2 (a) 2 つの個体群 A，B における個々のハエの IPI 値．(b) 同じデータを，測定日ごとに分けて示したもの．

との変動は，全部をまとめたデータに見られるランダムなばらつきの一部をなし，このデータが大きなノイズをもつ理由の一部となっている．「測定日」を因子としてブロックに分け，統計解析をおこなえば，日ごとの変動によるばらつきを効果的に取り除くことができ，個体群間の差異が見やすくなる．統計用語で言えば，日ごとの変動を制御した上で個体群間の違いを探すのだ．

この研究を実行に移す前に，検出力分析をおこない，この研究が IPI 値の差 1.5 をどのくらいの確率で検出できるか調べてみたとしよう．ランダムなばらつきの推定値として，図 9.1a のばらつきを使ったときの検出力（つまり，ブロック因子なしに統計解析をした場合の検出力）は 0.55 だった．これに対し，ブロック因子を取り入れ，測定日内のばらつきを使ったときの検出力は 0.84 だった．つまり，ブロック因子の影響を無視すれば，IPI 値の差

1.5は，半分を少し超えるくらいの確率でしか検出できそうにないが，ブロック因子を考慮に入れれば，同じ差を検出する確率を80％以上にまで高めることができる，ということだ．

9.3　ブロック化の長所と短所

ブロック化の長所は，生物に元々ある個体間のばらつきの影響を減らし，処理の影響を検出しやすくすることである．これによって統計的検出力が上がることが期待できる．しかし，ブロック化には短所もある．応答変数に強い影響をあたえない特徴を使ってブロック化をおこなえば，役に立たないどころではなく，もっと悪い結果を引き起こす．したがって，ある特徴が測定する変数に影響する，という確固たる生物学的理由がない限り，その特徴でブロック化をおこなってはいけない．効果のない変数でブロック化すると，処理の影響を検出できる確率は減ってしまう．これはなぜかというと，統計検定の検出力が，ブロック間の違いを調べるために使われる分だけ，低下するからだ．適切な変数でブロック化した場合は，それによってブロック内の個体間のばらつきが減るので，そのくらいの代償を払う価値は十分にある．しかし，ブロック化してもばらつきが減らないならば，損をするだけだ．

ブロック化は，被験体の脱落率が高そうなときもあまり勧められない．脱落率が高いと，一部のブロックが空（から）になる処理群が出てくる可能性が高い．そうなると，計画してもいないのに不完全なブロックデザインになってしまう．そして，すでに述べたように，不完全ブロックデザインは統計解析が非常に難しい．

【問9.2】 学生ボランティアを使って，4つの異なる運動療法が身体の健康に及ぼす効果を調べたい．ブロック化に使いたいと思うような変数はあるか．

一般に，ブロック化によって得られる利益は，サンプルサイズが大きくなるにつれて増加する．だから，理想的だと思える数より少ない被験体しか使えない場合は，ブロック化はお勧めしない．そういうときは，完全ランダム化デザインのほうが通常は適している[@].

➡ **その因子が個体間のばらつきを大幅に増加させていることに確信が持てない限り，その因子を使ってブロック化してはいけない.**

9.4　ペアデザイン

> **ペアデザイン：paired design**
> ペアデザインでは，母集団を互いに似通ったペアに分ける（あるいは，自然に存在するペアを使う）．そして，各ペア内の個体をランダムに 2 つの処理群に割りふる．

よく使われるブロック化は**ペアデザイン** paired design である．たとえば，生まれて間もない家畜の子牛に抗生物質を注射すると，その後の子牛の健康にどのような影響があるかを知りたいとしよう．こういうとき，何組かの双子の牛を実験のペアとして使うことができる．つまり，各ペアからランダムにどちらか 1 頭を選んで，抗生物質をあたえる．この方法の魅力は，ペア内で比較する統計検定が使えることだ（ペア t–検定，あるいは z–検定）．ペアデザインには，他のすべてのブロックデザインと同じく，多くの交絡因子を除去できるという利点がある．なぜなら，ペアを組む双子の子牛は遺伝的に似ているし，同じ母牛から乳をもらうし，同じ環境を経験させるために一緒に飼うのも簡単だからだ．しかし，ペアデザインにはひとつ欠点がある．双子で生まれた子牛だけを調べて得た結果を，単独で生まれた子牛に適用してもかまわないだろうか．この種の問題は 6.4.1 小節で扱った．

ペアデザインが使えるのは，双子の組だけではない．たとえば，海鳥の親に見られるヒナへの餌やり行動に性差があるかどうかを知りたいならば，繁殖ペアを何組もとり，各ペア内でオスとメスを比較すればいい．ペア内で比較することによって，巣の中のヒナの数や，周りの採餌環境といった，餌やり行動の

@　ブロック化が，第 5 章で述べた被験体（サンプル個体）の独立性という概念に反するのではないかと心配な読者は，補足資料の第 9.3 節を読むといい．

ばらつきに大きく影響することが予想される因子によるばらつきを，制御することができる．

➡ ペアデザインは，一般のブロックデザインと同様の理由で，魅力的である．しかし，ペアの選び方によって，サンプルから得られる結論の一般性を狭めることにならないか，注意深く考えなければならない．

9.5　ブロックの大きさをどう選ぶか

9.1 節では，被験体をいくつずつブロックに分けるかは大して問題ではないと言った．たとえば，80 の被験体と 4 つの処理群があるとき，4 個体ずつの 20 ブロック，8 個体ずつの 10 ブロック，16 個体ずつの 5 ブロックの，どれを選ぶこともできる．ここでは，もう少し具体的なアドバイスを述べてみよう．

最初に言えるのは，主観的にしか評価できない特徴を使ってブロック化する場合は，正当化できるより多くのブロックを作ってはならない，ということだ．たとえば，被験体がサケの幼魚で，それらの健康状態を専門家に外見から判断してもらって，ブロック化をおこなうとしよう．健康状態を 1 点から 20 点までの点数で評価して，20 のブロックに分けるとする．この場合，たとえば 18 番目と 19 番目のブロックで，魚の健康状態が本当に違うことを確信するのは難しいだろう．つまり，主観にもとづいてこのような細かい評価をすると，研究にノイズが加わる可能性がある，ということだ．これをもっともな指摘だと思うなら，ブロックの数を減らしたほうがいい．

これに対して，もっと客観的な特徴（例：幼魚の体長）にもとづいてランクを付けているならば，体長によるブロック内のばらつきを減らすために，可能なかぎり多くのブロックを作ってもかまわない．

ただし，調べたい因子とブロック因子の間に相互作用がある場合は，ブロックデザインの実験の解析を解釈するのは，複雑で難しくなるので，注意を要する．たとえば，4 つの異なる餌によって，サケがどのくらい速く成長するかに関心があるとする．この場合，最も単純な考えは，餌と最初の体長はどちらも成長率に影響するが，この2つはまったく別々に影響する，というものだろう．つまり，大きな魚にとって一番良い餌は，小さな魚にとっても一番良い餌だと考える．しかしこの考えは必ずしも正しいとは限らない．正しいかそうでないかを知るためには，各ブロック内のそれぞれの餌処理群に複数の魚がいなければならない．したがって，相互作用が気になるならば（たいていは気になるだろう．第8章参照），4個体ずつ20ブロックに分けるよりも，8個体ずつ10ブロックに分けるほうが良い選択である．

➡ **ブロック因子を含む相互作用に関心があるならば，ブロック内の各処理群が反復体をもつようなブロック分けをしよう．**

9.6　共変数

異なる種類の餌をあたえられたグレイハウンドの，走る速さを比べる実験に戻ろう．イヌの年齢の違いが，走る速さの個体間のばらつきに大きな影響をあたえる，と予想したことを思い出してほしい．このばらつきを制御するために先にとった方法は，年齢のカテゴリーでブロックを作ることだった．それに代わるもうひとつの方法は，それぞれのイヌについて，走る速さと一緒に年齢も記録する，というものだ．そうすれば，統計解析のときに，年齢の影響を統計的に制御して，餌処理による走る速さの違いをより明確にすることができる．言いかえると，個体間のばらつきの一部を統計的に取り除くことによって，処理による効果の検出力を上げることができる．どうして検出力が上がるのかについてはコラム9.2で説明する．このデザインを使えば，ブロックデザインと同じ問いに答えることができる．つまり，

年齢の影響が制御された場合，餌の種類はグレイハウンドの走る速さに影響するか．

年齢でブロック化するのと，年齢を共変数として扱うのと，どちらが良いかは，年齢が走る速さにどのように影響するかによって変わってくる（これについては，本節の後ろのほうで述べる）．

コラム 9.2

共変数を使うと，どうして研究の検出力が上がるのか

穀物に害をあたえる甲虫に病原性のカビを感染させると，この害虫の繁殖力を減らすことができるかどうかに関心があるとしよう．これを調べるために，シンプルな1因子完全ランダム化実験をデザインした．各処理群（カビ感染群と対照群）にメスの甲虫を16匹ずつ割りふり，それぞれのメスが死ぬまでにいくつの卵を産むかを測定する．図9.3aは，そのような研究から得られるであろうデータを示したものだ．これを見ると，確かに処理の影響があるようにも見えるが，それより目につくのは，各処理群内のばらつきが非常に大きいことである．こんなにばらついていると，処理の効果の検出は難しい．仮に，このデータのばらつきをランダムなばらつきの推定値として使って，研究を始める前に検出力分析をしてみれば，この実験で卵数の差10を検出できる確率はかなり低いに違いない（約30％）．

しかし，多くの昆虫では，一生のうちに産む卵の数は体の大きさに強く影響されることが知られている．それなら，各処理群内の体の大きさのばらつきが，卵の数のばらつきの原因の一部になっているのかもしれない．図9.3bは，この勘が今の場合は正しかったことを示している．つまり，メスの体重と，この研究でメスが産んだ卵の数の間には，明らかな関係がある．そこで，この関係を使うことで，卵の数のばらつきを統計的に制御することができる．どのようにするかというと，原理的には次の通り．メスの体重と，そのメスが産んだ卵の数を関係づけるデータ点の集まりに，直線（回帰曲線）をフィットさせる（図9.3b）．この直線は，どんな大きさのメスについても，そのメスが産む卵の数の予測値をあたえる直線と見なすことができる．したがってこの直線を使って，この研究で使ったすべてのメスに対し，その大きさのメスが産むだろうと予測される卵の数よりどれだけ多く卵を産んだか，あるいはどれだけ少なく卵を産んだかを問うことができる．これは結局，そのメスの産んだ卵の数が，直線から（上または下に）どれだけ離れているかを問うのと同じことだ．統計学では，この上下方向の差を卵数の残差と呼んでい

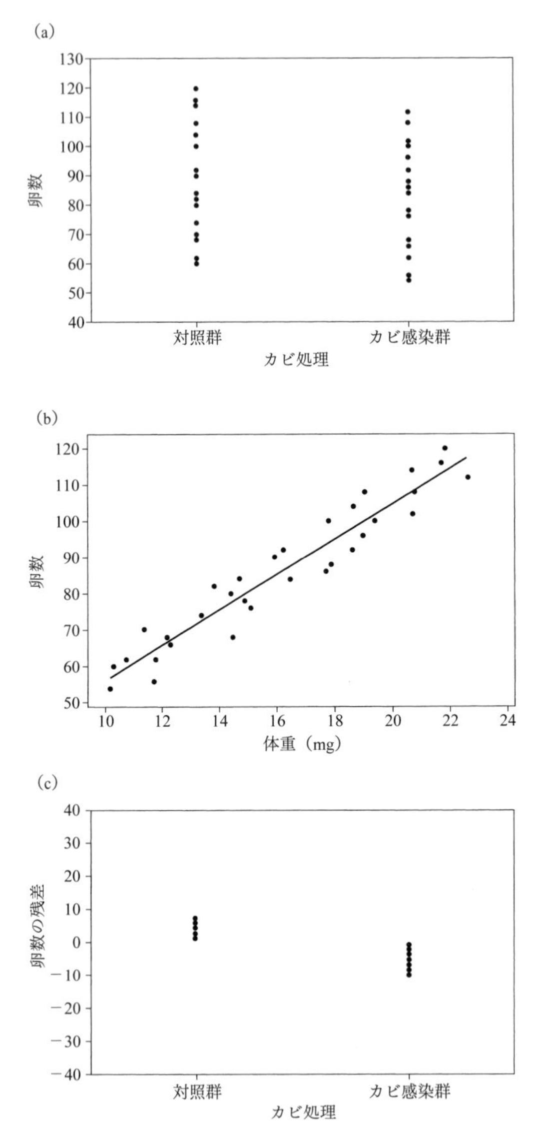

図 9.3　(a) 対照群と実験群のメスが，死ぬまでに産んだ卵の数．(b) メスの体重と，そのメスが死ぬまでに産んだ卵の数の関係．直線は回帰曲線を表す．(c) 体重制御をしたあとのメスの卵数の残差．

るが，これは，体重調整をしたあとの卵数を表す尺度と見なすことができる．図 9.3c は，体重調整をしたあとの卵数の値を，図 9.3a の実際の卵数の値と同じやり方で図示したものである．ここで明らかなのは，体重の影響を制御した結果，処理群内のばらつきが大幅に減った，ということだ．比較のために，この図のばらつきをランダムなばらつきの推定値として使って検出力分析をしてみれば，この研究の検出力は 100％近くまで上昇するに違いない．

実験を始める前に，例によって，最終的に使う統計法について考えておく必要がある．今の場合（つまり共変数を測定する場合）は，ANOVA（分散分析）よりむしろ ANCOVA（共分散分析）を使うほうが自然だろう．共分散分析を使うに当たっては，頭に入れておくべき重要な前提条件が 3 つある．

ANCOVA の前提条件その 1．共変数は年齢のような連続変数でなければならない．連続変数（身長，体重，温度など）は，測定することができ，広範囲の値をとることができ，自然に順序付けられる（たとえば，3.2 秒は 3.3 秒より短く，5m は 3m より長い）．これに対して，不連続変数（または離散変数）はカテゴリーの集まりである．これらは限られた値しかとることができず，自然な順序付けができるとはかぎらない（できることもあるが）．典型的な不連続変数としては，紅色，緑色，褐色に分けられた海藻の色や（自然な順序はない），大，中，小に分けられた腫瘍の大きさ（自然な順序はある）などが挙げられる．イヌを若年，中年，老年に分ければ，年齢を不連続変数として扱うことになるが，連続変数と不連続変数の区別はいつもはっきりしているわけではない．イヌの現時点での年齢を，年刻みで最も近い年と決めれば離散変数になるが，小数点まで許せば連続変数になる．異なる変数のタイプについて再確認する必要のある読者は，統計コラム 8.2 を見てほしい．今の例では，もしイヌの正確な年齢がわかっているならば，年齢を共変数として扱っていいだろう．しかしもし，若年，中年，老年にしか分類できないならば，年齢をブロック因子として扱うべきである．

ANCOVA の前提条件その 2．イヌの年齢と走る速さの間に，直線的な関係がある，と考えられなければならない．直線的な関係がある，とは，走る速さが年齢とともに直線的に増加または減少する，ということだ．もし，走る速さが若年から中年にかけては増加するが，その後は齢とともに減少したり，他の非直線的な関係になったりするならば，ブロックデザインのほうがはるかに解析が容易である．年齢をブロック因子として使うにせよ，共変数として使うにせよ，イヌの年齢分布が処理群間で似通っていればいるほど，統計検定の検出力は高くなる．

ANCOVA の前提条件その 3．連続な共変数と，調べている応答変数（今の例では走る速さ）の関係は，どの処理群でも同じでなければならない．統計の言葉で言うと，共変数と調べている因子の間に，相互作用があってはならない．これについては次の節で詳しく説明する．

共変数は 1 つでなくてもかまわない．一般的なルールとしては次のように言える．サンプルの特徴の中に，関心の的である応答変数に影響をあたえそうだと思われるものがあり，それが測定できるならば，測定しておきなさい．結局は役に立たないことがわかっても，たくさんの変数を記録しておくほうが，あとで考えたり読んだりした結果，重要だと判明した変数を測定しそこなうよりずっと良い（ただし，第 2 章で述べた，焦点をしぼった問いに関するアドバイスも忘れないように）．いったん実験が終われば，時計の針を戻して測りそこなった情報を集めることは不可能だ．

➡ **共変数を記録しておくと，測定可能な交絡因子によるノイズに対処するのに役立つ．しかし，研究対象の生物システムが，共変数の連続性と直線的応答という 2 つの重要な前提条件を満たしている場合を除き，たいていはブロック化のほうが検出力が高い．**

9.7　共変数と因子の間の相互作用

8.2 節では，因子と因子の間の相互作用，つまり，ひとつの因子の影響がもうひとつの因子のレベルによって異なる，という意味での相互作用について述べた．しかし，他にもうひとつ，読者が出会うであろう重要な相互作用がある．それは，因子と連続変数（共変数）の間に見られる相互作用だ．因子と共変数の間に相互作用がある，とは，因子の影響が共変数のレベルによって異なる，という意味である．図 9.4 には，そのような相互作用がある場合と，ない場合が示されている．どちらの図も，トゲウオのオスの婚姻色の鮮やかさと，生息環境の光の種類が，オスの繁殖成功に及ぼす影響を調べた実験の結果を示している．婚姻色の鮮やかさは，ある決まった条件のもとで測定する．実験では，オスを 2 つの実験処理のどちらかにランダムに割りふる．ひとつの処理では，振動数の範囲の広い普通光で水槽を照らし，もうひとつの処理では，振動数の範囲の限られた赤い光で水槽を照らす．繁殖成功に影響すると考えられるのは，光処理（普通光と赤色光の 2 レベル）と，共変数（連続変数として測定されたオスの色素への投資，つまり鮮やかさ）である．

図 9.4a では，相互作用はない．繁殖成功は普通光のほうが高いが，2 つの直線は平行である．これは，光の種類の影響は，オスの鮮やかさのすべてのレベルで同じ，ということだ．これを図 9.4b と比べてみよう．図 9.4b では，オスの鮮やかさと繁殖成功の関係は，2 つの処理で異なっている．光の種類の影響は，オスの鮮やかさによって変わってくる（つまり，相互作用がある）．普通光は，より鮮やかな色のオスの繁殖成功を増加させるが，地味なオスには影響をあたえない（あるいは，いくらか負の影響をあたえる）．

以上から，2 つの因子間の相互作用だけでなく，共変数と因子の相互作用を調べる実験もデザインできることがわかるだろう．ただし，一般にそれができるためには，因子の異なるレベル間で，共変数の値の範囲が重なり合うことが必要である．つまり，普通光のもとで調べられるオスは鮮やかなものばかりで，赤色光のもとで調べられるオスは地味なものばかり，というような実験は避けなければならない．

また，すでに述べたが，個体差を制御するために共変数を使いたいならば，次のことを覚えておかなくてはならない．そのようなテクニックがとても役に立つのは（そして簡単なのは），共変数と測定しているものとの間に直線的な関

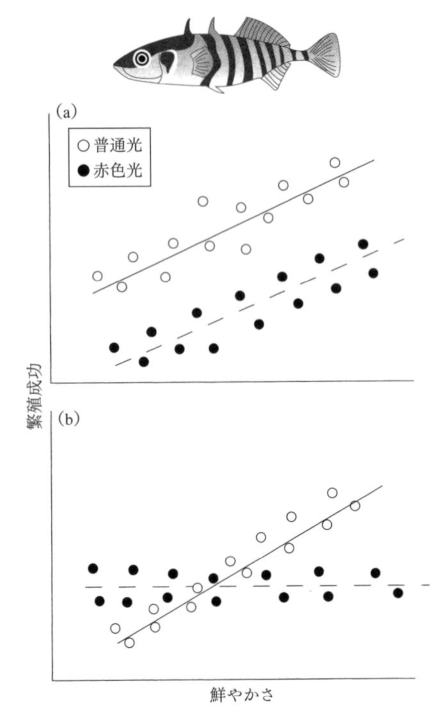

図 9.4　因子と共変数の影響を調べた実験の 2 つの異なる結果．2 つのレベルをもつ因子（普通光と赤色光）と，共変数（オスの婚姻色の鮮やかさ）がオス魚の繁殖成功に及ぼす影響を調べた実験の結果を示している．(a) では，どちらの変数も繁殖成功に影響をあたえるが，相互作用はない．つまり，オスが鮮やかなほど，また，振動数の範囲の広い普通光でメスから見られるほど，繁殖成功は高い．重要なのは，相互作用がないことである．つまり，光処理の影響は，体の鮮やかさに関係なく，すべての魚について同じである．これに対し，(b) では相互作用がある．つまり，特定の鮮やかさのレベルを指定することなく光の影響について何かを述べることはできないし，光処理を指定することなく鮮やかさの影響について何かを述べることはできない．具体的に言うと，普通光のもとでは鮮やかであるほど有利だが，赤色光のもとでは鮮やかでも繁殖成功は上がらない．この相互作用は次のように表現することもできる．非常に鮮やかな個体は普通光下で繁殖成功がより高いが，あまり鮮やかでない個体は普通光下では赤色光下に比べて繁殖成功が低い．

係があって，その関係がどの処理群でも同じ（つまり，共変数と処理の間に相互作用がない）場合だけである．

➡ **共変数と因子が，相互作用することがある．そのような相互作用をきちんと解釈するには，データを図示する必要がある．**

まとめ

- 個体間のばらつきの多くの部分を説明できるような特徴がわかっていて，それを実験の被験体で測定できるならば，その特徴（因子）でブロック化をおこなうことは効果的である．
- 時間や空間でブロック化することも役に立つ．
- その因子が個体間のばらつきを大幅に増加させていることが明確に予想できない限り，その因子を使ってブロック化してはいけない．
- ペアデザインは，一般のブロックデザインと同様の理由で，魅力的である．しかし，ペアの選び方によって，サンプルから得られる結論の一般性を狭めることにならないか，注意深く考えなければならない．
- 一般に，ブロック化するときは，ブロック内の各処理群が反復体をもつようにしよう．
- 連続的に変化する因子については，ブロック化をする代わりに，それらを共変数として研究に取り入れることが可能である．ただし，測定している形質に及ぼされるその連続因子の影響が直線的な場合に限る．
- 共変数と因子が，相互作用することがある．

第 10 章 被験体内デザイン

本章では，異なる被験体どうしを比較するのではなく，同一の被験体の異なる処理下での測定値を比較するデザインを考える．

- 最初に，被験体内デザインとはどういうものかを，注意深く定義する（10.1 節）．
- 次に，これまで扱ってきた被験体間デザインと比べて，被験体内デザインにはどういう長所があり（10.2 節），どういう短所があるか（10.3 節）を考える．
- 被験体内デザインがなぜ偽反復にならずにすむのかを説明するとともに（10.4 節），このデザインだと，場合によっては，研究を終えるまでに長い時間がかかることに注意を促す（10.5 節）．
- 異なる被験体に，どういう異なる順番で処理を施したらよいかを考える（10.6 節）．
- 一見似ている被験体内デザインとランダム化ブロックデザインの区別について考える（10.7 節）．
- 最後に，被験体内要素と被験体間要素を，どのように 1 つのデザインの中で組み合わせることができるかを，例を通して考える（10.8 節）．

10.1 被験体内デザインとは何か

これまで話してきた実験デザインは，どれも，異なる処理を施されたいくつかの異なるグループに属する被験体どうしを比較する，というものだった．そのような見地から，これらのデザインはまとめて被験体間デザイン，グループ間デザイン，独立測定デザインなどと呼ばれている．これらとは異なる方法が，**被験体内デザイン** within-subject design である．被験体内デザインでは，個々の被験体に，時間を追っていくつかの異なる処理を施し，同一個体の異なる処理下での測定値どうしを比較する．実は，わたしたちはすでに縦断的研究という形で（5.6 節），被験体内デザインの例に出会っている．ここでは，実験に使われる被験体内デザインについて考えよう．

被験体内デザイン：within-subject design
被験体内デザイン（クロスオーバー試験，くり返し測定デザインともいう）では，被験体は時間を追っていくつかの異なる処理を受ける．比較は，同じ時に処理された異なる個体どうしではなく，異なる時に処理された同一の個体でおこなわれる．

➡ **被験体内デザインでは，被験体は時間を追っていくつかの異なる実験処理を受ける．そして比較は，同一被験体内でおこなわれる．**

10.2 被験体内デザインの長所

ニワトリの巣箱に入れる中敷きの素材が，ニワトリの産む卵の数に影響するかどうかを調べたいとしよう．調べる場所は養鶏場で，何棟かの鶏小屋があり，それぞれの鶏小屋には何羽かのニワトリがいる．ニワトリは，自分の鶏小屋の周りを歩きまわることはできるが，鶏小屋間の移動は柵でさえぎられている．中敷きの素材としては，干し草，かんなくず，おがくず，細断された紙，ゴムマットなど，さまざまなものが考えられる．単純なランダム化実験をして，鶏小屋を異なる種類の中敷き処理にランダムに割りふってもいいだろう．しかし，これだと鶏小屋がたくさん必要になる．鶏小屋の位置や建て方が異なり，鶏小屋間のばらつきが大きいと思われるときはなおさらだ．

この問題を解決する方法のひとつは，鶏小屋をそれ自身の対照基準として使い，同じ鶏小屋を異なる処理下で比べることだ．この養鶏場では，今まではかんなくずを使ってきたが，もうすぐ供給元の会社がなくなるので，別の素材を探しているとしよう．話を簡単にするため，ゴムマットと干し草だけを3週間ずつあたえて比べることにする．この場合，処理を施す順番は2通りあるので，鶏小屋をそれらの順番のどちらかにランダムに割りふる．つまり，鶏小屋は「ゴムマット→干し草」の順か，または「干し草→ゴムマット」の順に処理を受ける．それが終わったら，同じ鶏小屋で異なる処理下で産み落とされた卵の数を，ペア t-検定を使って統計的に比較する．異なる鶏小屋どうしではなく，同じ鶏小屋内で比較をおこなっているので，鶏小屋間の違いはあまり問題にならない．同じ数の鶏小屋を使ったランダム化実験に比べて，より明確な結果を得ることができるだろう．図10.1には，この種の問いに答えるために使える，いくつかの異なるデザインが示されている．見比べてみてほしい．

> **【問10.1】** 鶏小屋の実験で，ブロックデザインを使ってはどうだろうか．使うとしたら，何でブロックを作るといいだろう．

➡ **被験体内で比較することにより，被験体間デザインのもつノイズの問題の多くを取り除くことができる．**

10.3　被験体内デザインの短所

被験体内デザインには，時期効果と持ち越し効果という難点がある．このうち時期効果は，注意深くデザインすることで対処できる．しかし，持ち越し効果は，対処するのがなかなか難しい．

(a) 単純な被験体間デザイン

中敷き処理	
干し草	ゴムマット

(b) 被験体内デザイン

	個々の鶏小屋（被験体）									
1番目の処理	マット	マット	マット	マット	マット	干し草	干し草	干し草	干し草	干し草
2番目の処理	干し草	干し草	干し草	干し草	干し草	マット	マット	マット	マット	マット

(c) ランダム化ブロックデザイン

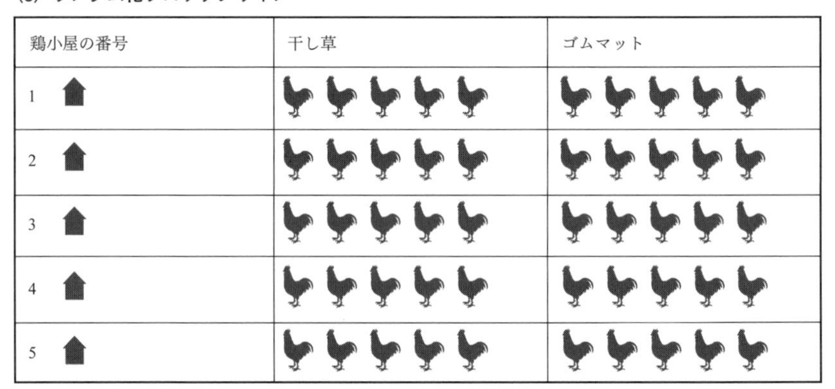

鶏小屋の番号	干し草	ゴムマット
1		
2		
3		
4		
5		

図 10.1　鶏小屋の実験をデザインする 3 つの方法.
(a) の単純な被験体間デザインでは，個々の鶏小屋が被験体で，それらがランダムに 2 つの中敷き処理に割りふられる.
(b) の被験体内デザインでも鶏小屋が被験体だが，それぞれの鶏小屋は両方の処理を順番に受ける．鶏小屋の半数は，初めにゴムマットをあたえられ，残りの半数は初めに干し草をあたえられる.
(c) のランダム化ブロックデザインでは，個々のニワトリは，鶏小屋内に設けられた個別の囲い内で卵を産む．各鶏小屋では，2 つの中敷き処理がランダムに個別の囲いに割りふられ，2 つの処理が同時に進行する．したがって，このデザインの被験体は（鶏小屋ではなく）個々のニワトリであり，鶏小屋はブロックとなる.

10.3.1　時期効果

鶏小屋の実験で，処理の順番を変えた 2 つのグループを必要としたことに注目してほしい．つまり，「ゴムマット→干し草」の順にあたえられる鶏小屋のグループと，「干し草→ゴムマット」の順にあたえられる鶏小屋のグループだ．これら 2 つのグループを必要としたのは，時間が交絡因子になるのを避けるためである．ニワトリの卵を産むペースが，中敷きの素材とは無関係な何かのせいで，時とともに変化するならば，すべての鶏小屋で「ゴムマット→干し草」の順に処理を施した場合，得られた結果は，この何かと交絡することになる．可能な処理列（処理の順列）のすべてに同数の鶏小屋を割りふることによって（今の例では，可能な処理列は 2 通りしかない），この交絡因子の影響が相殺し合うようにすることができる．この**相殺法**（そうさい）counterbalancing は，時間が交絡因子になるのを避けるための効果的な方法である．ただ，処理の数が多い（4 を超える）場合は，この方法は実際的ではない（10.6 節参照）．

> **相殺法：counterbalancing**
> 被験体内デザインにおける相殺法は，時間による交絡を避けるための手段で，すべての可能な処理列のそれぞれに少なくとも **1** つの被験体を割りふる．N 個の異なる処理があるとき，処理列の数は $N! = N(N-1)(N-2)\cdots 1$ である．

時期効果 period effect とは，処理の効果とは関係なく，処理を受けた時期が異なるために生じる，応答変数の測定値の系統立った違いのことである．そのような時期効果は多くの実験で起こるだろう．今の例で言えば，産卵には季節的変動があって，実験を実施した 6 週間は，産卵数が徐々に上がっていく時期に当たっていたかもしれない．時期効果に対抗するには，「処理期間全体を通して眺めたとき，一様になる」ように実験をデザインする．つまり，すべての処理列を並べたとき，各処理時期にそれぞれの処理が同数ずつ現れるようにする，ということだ．上に述べた干し草とゴムマットの実験では，確かにそうなっていて，各処理時期に干し草処理とゴムマット処理が 1 つずつ現れている．そしてこれは，相殺

> 【問 **10.2**】次のような **2** つのグループを作ったとしよう．**1** つのグループは，実験期間のはじめの半分で実験処理を受け，残りの半分で対照処理を受ける．もう **1** つのグループは，実験期間の全体をとおして対照処理を受ける．これによって時期効果があるかどうか調べられるのではないだろうか．

法を用いれば必ず成り立つことである．

➡ **時間を交絡因子としてもちこまないよう注意しなければならない．しかし，これは注意深くデザインすれば避けることができる．**

10.3.2　持ち越し効果

巣箱に入れた中敷きがニワトリの産卵ペースにあたえる影響は，その中敷きが取り除かれた後もしばらく続くかもしれない．また，中敷き素材を変える作業がニワトリの生活を乱し，それが産卵にマイナスに働くかもしれない．このような理由から，各処理を始めたら，安定したパターンに落ち着くまでは，何か変わったことが起こっていないかどうか，生のデータに目を光らせたほうがいい．そして，もし異変に気がついたら，切り替え直後のデータは，慎重を期して捨てるほうがいいだろう．ニワトリの例で言えば，それぞれの処理を 3 週間ずつ施すが，それぞれ最後の 2 週間のデータだけを使うことにする．

被験体内デザインは，**持ち越し効果** carry-over effect が強そうなときや，持ち越し効果の定量化が難しそうなときには，あまり役に立たない．たとえば，新薬の薬効試験ではこのデザインはほとんど使われない．持ち越し効果の問題を解決するためのひとつの方法は，2 つの処理の間に処理のない通常の状態をはさみ，持ち越し効果をできる限り小さくすることだ．そのような期間はしばしば洗浄期間 washout period と呼ばれている［訳注：医学研究では休薬期間］．上で述べた干し草とゴムマットを比べる実験ならば，2 つの処理の間に 1 週間をはさみ，そこでは実験を始める前に使っていた中敷き（かんなくず）を使う．実験終了が 1 週間延びてしまうが，その代わり，各処理の最初の 1 週間分のデータを当てにならないという理由で捨てる，という事態は避けられる．

> **持ち越し効果：carry-over effect**
> 持ち越し効果とは，処理が施されなくなってからも，被験体のその後の状態にその処理の影響がしばらく残ることである．

持ち越し効果が無視できるほど小さいときは，可逆性が成り立つという点で，被験体内実験にとって理想的な状態が得られる．つまり，ひとまとまりの処理と測定の作業が終わるたびに，被験体は，その作業の開始時の状態に戻る．この場合，ひとつの処理への被験体の応答は，それ以前に受けた処理によって何が起こったかには影響されない，と考えてよいだろう．

鶏小屋の実験で被験体内デザインが使えるのは，ニワトリが産んだ卵の数を測定するために，ニワトリに危害を加える必要がないからだ．もし，元の問いが，巣箱の中敷きはニワトリの心臓の壁の厚さを増加させるか，というようなものだったら，測定でニワトリを殺さねばならず，被験体内デザインは現実的ではないだろう．同様に，子どもの読解力が発達する速さに，いくつかの異なる教授法が及ぼす効果を比べるときも，被験体内デザインはふさわしくないだろう．いったん子どもがどれかの教授法で読み方を学んだら，他の教授法でどのように学ぶかを測るために，子どもが身につけた読解力を消し去ることはできないからだ．いったん身につけたものを取り去ることはできない．したがって，教授法の効果を比べたければ，被験体内デザインではなく，被験体間デザインにしなければならない．

持ち越し効果には，関連の専門用語がたくさんある．教科書によっては，2 つのタイプの持ち越し効果を区別しているものもある．その 2 つとは，順序効果と処理列効果だ．今，3 つの処理 A，B，C があるとしよう．被験体の処理 C への応答が，処理 A を受けたかどうかには影響されるが，それがどのくらい前だったかには関係しない場合は，順序効果と呼ばれる．しかし，処理 A のすぐあとに処理 C を受けたか，それとも A と C の間に別の処理 B を受けたかが問題となる場合は，処理列効果と呼ばれる．また，持ち越し効果が，すぐ次の処理時期には影響するが，そのあとの処理時期には影響しないとき，それは 1 次持ち越し効果と呼ばれ，処理の影響がもっと長く残る持ち越し効果は高次持ち越し効果と呼ばれる．

持ち越し効果を検出して，それを統計的に制御するために，バランス型デザイン，あるいは強いバランス型デザインを勧めている教科書もある．バランス型デザインでは，ひとつの処理が他の処理の直前におこなわれる回数はすべて同じである（たとえば処理が A，B，C の 3 つの場合，A が B の直前におこなわれる回数も C の直前におこなわれる回数も，B が C の直前におこなわれる回数も A の

相殺型

	⬆	⬆	⬆	⬆	⬆	⬆
1番目の処理	A	A	B	B	C	C
2番目の処理	B	C	A	C	A	B
3番目の処理	C	B	C	A	B	A

強いバランス型

	⬆	⬆	⬆	⬆	⬆	⬆
1番目の処理	A	A	B	B	C	C
2番目の処理	B	C	A	C	A	B
3番目の処理	C	B	C	A	B	A
4番目の処理	C	B	C	A	B	A

図 10.2　3つの処理 A，B，C がある場合の，相殺型と強いバランス型の被験体内デザイン．

直前におこなわれる回数も，C が A の直前におこなわれる回数も B の直前におこなわれる回数も，すべて同じである．図 10.2 の左図参照)．強いバランス型デザインでは，ひとつの処理がそれ自身を含む処理の直前におこなわれる回数はすべて同じである（たとえば処理が A，B，C の 3 つの場合，上の 6 つのほかに，A，B，C が各々それ自身の直前におこなわれる回数も含めて，すべて同じである。図 10.2 の右図参照)．相殺型のデザインはバランス型である．これにもう 1 つ処理時期を足して，そこで相殺型の最終時期の処理をくり返すと，強いバランス型デザインが得られる．

あるタイプの持ち出し効果を検出し制御するのに適したデザインで，相殺型ほど多くの処理列を必要としないものもあるが，ここでは，それらについては詳しく述べない．なぜならそれらのデザインを使うと，統計解析がかなり面倒になるからだ．著者たちのアドバイスはこうである．もしあなた（または悪魔の代弁者）から見て，洗浄期間を使っても消すことのできない持ち越し効果があると考えられるならば，被験体間デザインに切り替えたほうがいい．もし，持ち越し効果の心配があるのにどうしても被験体内実験をしたいならば，実験にとりかかる前に，統計学者に相談しなさい．巻末にいくつか参考文献を挙げておくので，統計学者の助言を最大限に生かすために役立ててほしい．

➡ **被験体が，処理を施される前の状態に戻れない場合には，被験体内デザインは適さない．被験体内デザインを使う場合は，ひとつの処理時期が終わったら，次の処理を施してその影響を測定する前に，前の処理の影響が消えるように，十分時間を置くことが大切である．**

10.4　同一個体をくり返し測定するのは，偽反復ではないのか

被験体内デザインでは，被験体は必然的に 2 回以上測定される．これは，第 5 章で述べた偽反復の問題に引っかからないのだろうか．偽反復との重要な違いは，被験体内デザインでは被験体が 2 回以上測定されるとはいっても，それぞれの被験体は各処理下でただ 1 回しか測定されない，という点である（鶏小屋の実験の例で言えば，ゴムマットで 1 回，干し草で 1 回）．そのあと，同一個体内で，異なる処理で得た測定値どうしを比較する．偽反復の問題が起こるのは，ある被験体を同じ状況下で 2 回以上測定し，そのデータを異なる状況下にある個体どうしの比較に使う場合である．この区別に頭が混乱した読者は，コラム 10.1 を読んでほしい．

コラム 10.1

被験体内デザインと偽反復

偽反復と被験体内デザインの概念について，まだすっきりしていない人には，以下の例が理解に役立つかもしれない．異なる餌をあたえられたグレイハウンドの走る速さを，もう一度比べてみよう．イヌは 20 匹いて，それぞれについて走る速さを 2 回測る．1 回は標準食を 1ヵ月あたえた後で，もう 1 回は高タンパク食を 1ヵ月あたえた後だ（もちろん，あるイヌたちには標準食を先にあたえ，別のイヌたちには高タンパク食を先にあたえる）．こうすると，イヌの数の 2 倍の数の測定値が得られる．これは確かに偽反復になるのではないだろうか．そうではないことを理解するには，この研究で知りたいことは何なのかを考えなくてはならない．

それぞれのイヌについて 2 つの測定値をとっているが，この研究の関心の的は，それぞれのイヌが異なる餌をあたえられたときの，測定値の違いである．何なら，それぞれのイヌについて，標準食処理下での走る速さから高タンパク食処理下での走る速さを引き，2 つの測定値を 1 つにまとめてもいい．こうしてみると，各個体について 2 つあるように見える測定値は，実は，イヌの走る能力の変化という 1 つの測定値と見なせることが即座にわかる．関

心の的である量（走る速さの差）の測定値が，1匹のイヌにつき1つしかないのだから，これは偽反復ではない．もっと複雑な被験体内デザインでは，状況を思い浮かべるのはずっと難しくなるが，被験体内の測定値であることを考慮し，実験を適切に分析すれば，同じ一般原則が成り立つことがわかる．

これに対して，10匹のイヌには標準食，もう10匹のイヌには高タンパク食をあたえる被験体間デザインを使い，しかも，どのイヌでも走る速さを2回測定するとしよう．この場合は，1匹のイヌから得た2つの測定値は，明らかに偽反復となる．したがって，統計解析をする前に，それぞれのイヌについて，2つの測定値の平均をとらなければならない．

➡ きちんと計画された被験体内デザインで同一個体をくり返し測定することは，偽反復にはならない．

10.5　いくつかの処理を含む被験体内実験は時間がかかる

ニワトリの巣箱の中敷きの研究をもう少し考えよう．今度は4つの異なる処理を使うところを想像してほしい．一番単純なデザインは，4つの処理を異なる順番であたえるグループのどれかに，各個体をランダムに割りふる，というものだ．ここで問題点が見えてくる．この実験には，とくに洗浄期間も含めると，とても時間がかかるということだ．それは困る，という実際的な理由があるかもしれない．さらに，実験の時間が長くなればなるほど，どうしても多くの脱落例が出てくるだろう．

倫理面で考慮すべきこともある．ニワトリの例では問題にならないだろうが，実験処理の中に動物にとってストレスの多い操作が含まれているならば，その処理を同じ個体にくり返し施すよりは，多数の個体に1回だけ施すほうが良いかもしれない．どちらにするかは難しい問題だ．しかし，これは生物学の問題であり，統計の問題ではないので，生命科学者なら避けて通るわけにはいかない．

不完全デザインを使って，各被験体が処理の（全部ではなく）一部だけを受けるようにすれば，実験の時間は短縮できる．しかし，もうおわかりだろうが，できることなら不完全デザインは使わないほうがいい．なぜなら，不完全デザインは解析するのも解釈するのも本当に難しいし，確実に本書の範囲を超えているからだ．しかし，実際的な理由から，不完全デザインにせざるをえないこともある．そのときは，巻末の参考文献に載っている本を読み，統計学者に相談することをお勧めする．

➡ いくつかの処理を含む被験体内デザインの研究は，終えるまでに長い時間がかかる．

10.6　どういう処理列を使うべきか

ここまで，鶏小屋の実験はとても小規模で，2 つの処理（干し草とゴムマット）しか調べなかった．しかし，以前使っていた素材（かんなくず）を対照基準として使えば，より良い実験ができるはずだ．つまり，干し草とゴムマットのどちらが良いかだけでなく，良いとわかった素材が，以前の素材に比べて良いか悪いかも調べることができる．このとき処理は 3 つになる．もし，もう 1 つ別の素材（細断された紙）も調べたければ，処理の数は 4 つになる．鶏小屋の研究で 4 つの処理があるとき，1 つの鶏小屋が 4 つの処理をすべて受けるような処理の順列（処理列）は 24 通りある．信じられなかったら，書き出してみるといい．これまでは，可能な処理列のそれぞれに少なくとも 1 つの被験体が割りふられる相殺型を勧めてきた．処理が 2 つしかないとき，これは問題ではなかった．しかし，処理が 4 つになると，鶏小屋は少なくとも 24 棟必要になる．処理が 5 つになれば 120 棟，処理が 6 つになれば 720 棟，という具合に増えていく．相殺型のデザインは，処理の数が少ないとき以外はたちまち実行不可能になることがわかるだろう．

処理の数が多いときはどうするかというと，通常は，被験体が異なる処理を受ける順番をランダム化する．つまり，それぞれの被験体に対して，ランダムに処理列を選ぶ．処理列の選び方は，被験体ごとに独立でなければならない．そして各被験体は，選ばれた処理列の順番どおりに処理を受ける．これでたいていは時期効果の悪い影響を減らすことができる．ただし，相殺法ほどの効力はない．

相殺法もランダム化も，実験が受けそうな時期効果の影響を制御する方法である．相殺法の長所は，順序効果があるかどうかを統計解析で調べ，制御できることだ．ランダム化の場合，統計解析では順序効果について調べることができないので，それがどれだけ強く影響しているかはわからない．とはいえ，ランダム化は，順序効果が実験に交絡してくるのをある程度は防いでいるはずである．10.3.2 小節でも述べたように，持ち越し効果の心配はあるが被験体内デザインで行くと決めているときは，統計学者に相談して最良のデザインを決定するのが一番良い．

➡ 処理の数が少ないとき（4 以下）は，一般に，相殺型の処理列を使うべきだ．処理の数がもっと多い場合は，ランダム化のほうが魅力的である．

10.7　被験体内デザインとランダム化ブロックデザイン

第 9 章で説明したランダム化ブロックデザインと，本章で取り上げている被験体内デザインは，時おり混同されることがある．おまけに，それぞれがいくつもの別称を持ち，それらが時々入れ替わって使われるので，いよいよ混同に拍車がかかる．しかし，これら 2 つのデザインの違いをはっきりと見分けられることは重要である．なぜなら，データを解析する段になったとき，どちらのデザインを使っているかによって，解析法が違ってくるからだ．

そこで，2 つのデザインを並べて，よく見比べてみよう．再び，鶏小屋の中敷に干し草とゴムマットのどちらを使うほうが良いか，に関心があるとする．鶏小屋は 10 棟あり，各鶏小屋には 10 羽のニワトリがいるとしよう．まず被験体内デザインだが，これは先に述べたように進めて，5 棟の鶏小屋にゴムマット，残り 5 棟の鶏小屋に干し草の中敷きを敷く．そして，一定の期間が過ぎたら，中敷きの種類を入れ替える．一方，ランダム化ブロックデザインでは，それぞれの鶏小屋の中に，個々のニワトリ用に別々の囲いがある．そして，各鶏小屋内の半数の囲いにゴムマット，残りの半数の囲いに干し草をランダムに割りふる．この場合，各鶏小屋が，10 個の囲いを持つブロックになる．これら 2 つのデザインは，表面的にはとてもよく似ている．どちらも鶏小屋をいくつも使い，各鶏小屋に両方の処置を施している．そして，どちらも各鶏小屋内で処理の効果を比較し，その目的は鶏小屋の違いによって生じるばらつきを減らすことにある．

2 つのデザインの根本的な違いは，被験体内デザインでは，2 つの処理が（同時ではなく）時間を追って順番に施されるのに対し，ランダム化ブロックデザインでは，2 つの処理が同時に施される，という点である．なぜこの点が重要なのだろうか．なぜなら，時期効果や持ち越し効果は被験体内デザインには関係するが，ランダム化ブロックデザインには関係しないので，各デザインに適用される統計検定法が違ってくるからだ．ランダム化ブロックデザインをしたつもりで，それに適した統計法を選んだが，実は被験体内デザインを使っていたとしたら，間違った結論が引き出されることになる．そう言われてもはっきり区別できない読者は，図 10.1 の b と c をよく見比べてほしい．

➡ 被験体内デザインとランダム化ブロックデザインは，似て見えるかもしれないが，これらを識別できるようになることが大事である．

10.8　被験体内効果と被験体間効果が混ざった実験のデザイン

本章の締めくくりに，被験体内処理と被験体間処理を両方含むようなデザインについて考えよう．次のような仮説を立てたと想像してほしい．ラットの幼年期における栄養状態は，成熟してからある種の認知課題を解決する能力には影響するが，それとは別種の認知課題を解決する能力には影響しない．すぐに気づいてほしいのだが，これは因子間の相互作用に関する問いであり，したがって，相互作用が検証できるようなデザインを使う必要がある（これに気づかなかった人は，第8章に戻って読み直してほしい！）．真っ先に考えるのは，2因子完全ランダム化デザインを使うことだろう．そうすれば，確かにこの問いに答えることができる．ただ，そのためにはたくさんのラットが必要になるだろう．もっと良い方法があるかもしれない．たとえば，次のようにしてもいい．まず，ラットを，幼年期の栄養状態という因子の，異なる処理群にランダムに割りふる（ここでは因子のレベルは，良いと悪いの2つとしよう）．もちろん，幼年期に栄養状態が悪かったラットを，その後のある時点でもう一方の処理群（栄養状態が良かったラットのグループ）に入れることはできないから，幼年期の栄養状態を，被験体内デザインの因子として扱うことは不可能だ．しかし，1匹のラットに2つの異なるタイプの認知課題をやらせても，動物の福祉に差し障りはないだろう．それなら，各栄養処理群のラットを2つの課題処理のどちらかに割りふる代わりに，それぞれのラットに時間を追って2つの認知課題をやらせればいい．

もちろん，これまでに述べた被験体内デザインの注意事項は，すべて心に留めておかなければならない．たとえば，半数のラットには最初に一方の課題をあたえ，残りの半数のラットには最初にもう一方の課題をあたえる．持ち越し効果を最小限に留めるために，課題と課題の間に時間を置く，などである．使う統計法についても，かなり注意深く考える必要がある．なぜなら，今述べたようなデザインを使うと，統計解析は当然，複雑になるからだ．そんなに面倒なことになるなら，もっと単純な完全ランダム化デザインにすればいいのに，なぜこちらのデザインを選ぶのだろうか．それは明らかな利点があるからだ．それぞれのラットを各課題で1回ずつ，計2回測定することで，完全ランダム化デザインよりも実験に必要なラットの数が少なくてすむのである．

これに似たデザインは，医学研究によく見受けられる．いくつかの治療法または薬を患者たちに施し，その後，たとえばその処理がその後の病気の進行にどのような影響をあたえるかを知るために，それぞれの患者を時間を追って何回か測定する．たとえば，患者たちにインフルエンザの異なる治療法を施し，その後1週間にわたって，毎日インフルエンザの症状を記録する．これは，上に述べたラットのデザインに似ているが，微妙な違いがある．ラットの例では，被験体内で比較されるのは異なる認知課題の処理だったが，この例では，被験体内で比較されるのは異なる測定日である．これによって，統計解析はさらに複雑になる可能性がある．なぜなら，測定日は認知課題と違って，順番をランダムに変えることはできないからだ．これらの問題にここで頭を悩ます必要はないが（詳しく知りたい読者は，巻末の参考文献に載っている教科書を見てほしい），研究を計画するときは，解析法もいっしょに計画しておきなさい，という著者たちのアドバイスは，デザインが複雑になるにつれていよいよ重要になる．このような研究を計画するときは，まずそれが自分の問いに答えるための最良の方法であることを確かめ，とったデータをどのように解析するかを知っておくようにしよう．

➡ **さらに複雑なデザインは，被験体内因子と被験体間因子の両方を含んでいることがある．しかし，デザインが複雑になればなるほど，統計解析法も複雑になる．**

まとめ

- 被験体内デザインでは，被験体は時間を追っていくつかの異なる実験処理を受ける．そして比較は，同時点での被験体間ではなく，異なる時点での同一被験体内でおこなわれる．
- 被験体内で比較することにより，被験体間デザインのもつノイズの問題の多くを取り除くことができる．
- 時間を交絡因子としてもちこまないよう注意しなければならない．しかし，これは注意深くデザインすれば避けることができる．

- 被験体が，処理を施される前の状態に戻れない場合には，被験体内デザインは適さない．

- 被験体内デザインでは，ひとつの処理時期が終わったら，次の処理を施してその影響を測定する前に，前の処理の被験体への影響が消えるように，十分時間を置くことが大切である．

- きちんと計画された被験体内デザインで同一個体をくり返し測定することは，偽反復にはならない．

- いくつかの処理を含む被験体内デザインの研究は，終えるまでに長い時間がかかる．

- 処理の数が少ないとき（4以下）は，一般に，相殺型の処理列を使うべきだ．処理の数がもっと多い場合は，ランダム化のほうが魅力的である．

- 被験体内デザインとランダム化ブロックデザインは，似て見えるかもしれないが，これらを識別できるようになることが大事である．

- 原理的には，被験体内効果と被験体間効果の両方を含むデザインも可能である．そのようなデザインは，問いによっては非常に検出力の高いものになりうる．しかし，細心の注意をはらった解析が要求される．

第 11 章

測　定
――良質なデータをとるために

本書で最も重要なメッセージは，何といっても，本番の実験を始める前にじっくり考えて準備することが必要だ，ということである．第 2 章では，予備研究をすることの利点をいくつか挙げた．予備研究のもうひとつの重要な利点は，データを記録する方法の質を上げることができることだ．多くの時間をかけて研究をデザインし実行するのだから，良質なデータをとるようできる限り努力しなければならない．しかし，注意を怠れば，測定の中に不正確さや偏りはいくらでも忍び込んでくる．本章では，このことを多くの例を使って示すとともに，陥りやすい落とし穴を回避する方法を説明する．

- まず，計測機器がきちんと機能しているかどうかを確かめ，調整することの重要性を示す（11.1 節）．
- 次に，連続変数の測定における精度の低さと不正確さの危険性について述べ（11.2 節），精度を改善する方法として，サブサンプリングについて述べる（11.2.1 小節）．
- 2 つの状態のどちらに該当するかを判定するような診断テストを取り上げ，その有効性をあらわす尺度である，感度と特異度について述べる（11.3 節）．
- 人は機械ではないから，その仕事のできばえは時間とともに変化する．このことが研究に及ぼす影響を，どうすれば最小化できるかについて考える（11.4 節）．

- 同様に，人が2人いれば，同じ出来事でも記録が異なることがある．これにどう対処するかを考える（11.5節）．
- そのあと，データの質に影響すると考えられる実際的な問題をいくつか取り上げる（11.6節）．具体的には次の通り．
  - カテゴリー変数のレベルをどのように定義するかを慎重に考える（11.6.1小節）．
  - 連続変数をどこまで細かく測るかを決める（11.6.2小節）．
  - 測定に人による判断が必要とされる場合，意識的あるいは無意識的な偏りを非難されないよう手を打つ（11.6.3小節と11.6.4小節）．
  - 個体に課題を課すときは，難しすぎたり，易しすぎたりしないように注意する（11.6.5小節）．
  - 生きた生物を扱う場合は，測定という行為が，測定したい被験体の形質に影響しないようにする（11.6.6小節）
- 最後に，人間の本来的な性質が原因で生じるデータ採取の落とし穴のうち，事前に少し考えることによって回避できるものを挙げる（11.7節）．

11.1　較正——計器のチェックと調整

どんなに簡単に思える測定でも，不正確な結果を得なくてすむよう，つねに注意を払わなければならない．最も簡単な例として，デジタル表示の秤（はかり）に載せられた物体の質量を単に読むだけ，という状況を考えてみよう．それだけなら問題の起こりようがない？　そうだろうか．その秤は正確だろうか．質量がわかっているものを測って，チェックしてはどうだろう．大丈夫かもしれないが，チェックするのに大した時間はかからない．最初は正確でも研究の途中でおかしくなることもあるのだから，測定を始める前だけでなく，一連の測定作業が終わった後もチェックするほうがいいのではないだろうか．それに，たとえば，1日に1回の測定を14日間続けるような実験だったらどうだろう．秤を研究室の作業台の上に置きっぱなしにしていれば，その間に誰かが秤を落として，誰にも言わずにひそかに台に戻す可能性がないとは言い切れない．あるいは，秤の上に何か重いものを落とすかもしれない．ソフトドリンクをこぼすかもしれない．そう考えると，すでに正確な値がわかっているものを測って計測機器をチェックすること，つまり**較正**（こうせい）calibrationと呼ばれる作業をする価値は十分にある．時間を少しだけ余分にとって，この作業を実験に組み入れれば，測定結果をより信頼できるものにすることができる．

> **較正：calibration**
> 較正とは，正しい測定値がすでにわかっているものを計測機器で測り，それによってその計測機器をチェックし，調整することである．

この秤の例では，すでに質量のわかっているものを測る代わりに，次のようにしてもいい．もう1つ別の秤をしばらく借りて，同じ物体を2つの秤で測り，それらが同じ値になるかどうかをチェックするのだ．もちろん，どちらの秤も不正確かもしれないが，両方が同じくらい不正確（たとえば，両方とも7%少なく測る）ということは，まずないだろう．秤の機種が違うときは特にそうだ．また，3つ目の方法として，正確な値が明らかであるような当たり前の場合に，計測機器が正しい値を示すかどうかをチェックしてもいいだろう．たとえば，秤に何も載っていないとき，秤がゼロを指しているかどうかをチェックする，などだ．

一連の測定の期間中に計器の不具合が起こるのが心配ならば，サンプルをためておいて，14日目の終わりに，全部を次々に測るという手もある．しかし，ここでは注意が必要だ．なぜなら，これをすると，あるサンプルは他のサンプルより長い間保存されることになるからだ．保存されている間に重さが変わる可能性があれば，実験に

> **【問 11.1】** 実験で，孵化後1日目のキンカチョウのヒナの骨格サイズを比べるとしよう．親鳥は2種類の餌のどちらかで飼育されている．一方の餌は，抱卵期間を短縮させるらしいことがわかっている．したがって，その餌をあたえられた親鳥のヒナは，もう一方の餌をあたえられた親鳥のヒナより早く卵から孵（かえ）り，平均すると，実験期間中の早い時期に測定されることになる．測定時期が交絡因子になるのを避ける方法はなさそうに思えるが，どうすればいいだろうか．

交絡因子を持ち込むことになる．測定手順を実験デザインの一部に組み込み，研究対象のシステムに最も適したデザインを考えるべきである．

もちろん，測定においてランダム化が重要なことは，今さら言うまでもないだろう．たとえば先の例で，対照群の個体が 7 つ，処理群の個体が 7 つあるとしよう．これら 14 個体はランダムな順番で（あるいは可能ならば，対照群の個体と処理群の個体が交互になるような順番で）測定されなければならない．こうすれば，測定時期が交絡因子となるのを防ぐことができる［訳注：交互の順番については賛否両論がある］．なぜそれが重要なのだろうか．何よりもまず，秤が時間とともに（おそらく日中，室温が上がるにつれて）変化するかもしれないからだ．それに，実験者が個体にふれたり秤に載せたりするときの注意力が（昼食時が近くなるにつれて）低下するかもしれないからだ．ランダム化をすれば，このような時間に関係する交絡因子を取り除くことができるだけではない．実験結果にとって重要だと思われるどんな懸念材料も，取り除くことができる．これらの用心が行き過ぎに感じられるならば，本書を通じて強調してきた，悪魔の代弁者を納得させるという観点から考えてみるといい．そして，これらの用心はたいていの場合，ほとんど余分な努力なしにできてしまうということも[@]．

➡ 測定に際しては，計測機器を較正することを忘れずに．また，測定時期を交絡因子として持ち込まないよう注意しよう．

11.2　正確度と精度

学生たちが 60 m を走るタイムを，デジタル表示ではなく，昔ながらの文字盤のあるストップウォッチで計ろうとしていると思ってほしい．どの学生も，2 つの異なる体力増進法のうちのどちらかを受けてきている．実験では，これ

@　この節で扱った題材についてさらに詳しいことは，補足資料の 11.1 節に載っている．

ら2つの方法が，短距離を走る速さに異なる影響をあたえるかどうかを調べたい．

文字盤表示のストップウォッチでは，デジタル表示のものより，読み手の解釈の余地が大きくなる．秒針は60個ある文字盤上の目盛りをピタリと指して止まるわけではないので，それをどう読むかは，ある程度読み手の判断にゆだねられる．切り上げたり，切り捨てたり，秒と秒の間のどのくらいの位置に止まっているかを見積もったりしなければならない．まず指摘したいのは，デジタル表示のストップウォッチならば，このような**精度** precision の問題は生じない，ということだ．しかし，アナログ式を使わざるをえないときは，記録するタイムの読みとり方について明確なルールを定めておかなくてはならない．たとえば，針が秒と秒の間で止まったときは，つねに，一番近い偶数を読みとる，というふうにする．

精度：precision　正確度：accuracy
偏り：bias
精度が低いと測定の誤差は大きくなるが，測定と測定の間に相関はない．つまり，ある測定が実際より少なく見積もったとき，次の測定はそのことに影響を受けず，実際より少なく見積もるかもしれないし，多く見積もるかもしれない．偏りがある，つまり正確度が低い場合も，測定の誤差は大きくなるが，このときは測定と測定の間に相関がある．つまり，ある測定が実際よりある量だけ少なく見積もれば，次の測定もそれと同程度の量だけ少なく見積もる．

ここで，正確度と精度という概念を導入しよう．ストップウォッチの秒針の位置からタイムを読みとるときの判断は，誤差が生まれる原因となる．これは，データに余分なノイズが付け加わる可能性がある，という意味だ．仮に4人の学生全員が60mをきっかり7.5秒で走ったとしても，ストップウォッチの操作の仕方や文字盤の読みとり方のばらつきのせいで，{7.5，7.5，7.5，7.5} ではなく {7.5，8.0，7.0，7.5} と記録されるかもしれない．これは精度が低いということだ．精度が低いと，測定結果に個体間のばらつきが付け加わる．このばらつきは，数値が系統立って高くなったり低くなったりするわけではないという意味で，ランダムだ．精度は，実験をデザインするときに，できるだけ上げるよう努力すべきものである．

さて今度は，使っているストップウォッチの進み方が速かったせいで，{9.5，9.5，9.5，9.5} と記録された場合を考えてみよう．これは**偏り** bias である．つまり，**正確度** accuracy が低いということだ．一般に，正確度の低さは，精度の低さよりも深刻な問題である．もし，2つの学生グループの間に走る速さの違いがあるかどうかを調べたいだけならば，大した問題ではない．不正確なストップウォッチが引き起こす偏りは，どちらのグループでも同じだからだ．しかし，短距離走のタイムの違いを定量化したいならば，これは問題となる．また，この結果を，同じような偏りをもたない別のストップウォッチで計った結果と比べたい場合も，やはり問題となる．さらに悪いことに，偏りの問題があっても，統計解析はそれを教えてはくれない．そもそも統計解析は，偏りがないことを前提としている．こう考えると，較正が本当に大事だということがわかるだろう．偏りを見つけられるのは，較正だけなのだ．

偏りの影響を取り除いて，データを訂正できる場合もある．今の例で言えば，ストップウォッチがどれだけ速く進んでいるかがわかれば，記録されたタイムを適切に訂正することにより，本当のタイムが得られる．しかし，これができるのは，偏りがあることに気づき，それを定量化できたときだけだ．そのためには，11.1節で述べたような較正をして，計測機器をチェックするのが最善の方法である．図11.1には，標的の中心を狙って撃ち込まれた弾の跡を使って，精度と正確度を説明した古典的な概念図が載せてある．

学生の短距離走のタイムを計る実験では，上に挙げた事情以外にも精度や正確度の問題が生じる余地がある．たとえば，ゴールの反対側に立って，「スタート！」と大きな声で言いながらストップウォッチを押す場面を思い浮かべてほしい．スタートと言うほんの少し前に，ストップウォッチを押す傾向はないだろうか．個々の学生がいつゴールに達したかを決めるにも，判断が必要になる．一部の学生はプロの選手のように体を前傾させ，他の学生はそうしないかもしれない．こういうところで精度を落とさないひとつの方法は，いつゴールに達したと見なすかについて，明確なルールを作っておくことだ．たとえば，「胴体の一部が，最初にゴールラインの上に達したときに，ストップウォッチを押す」と決めておくなどである．

この実験でもうひとつ偏りの原因として考えられるのは，（ゴールに立っている）あなたが，学生たちはスタートラインからスタートすると信じ切っていることだ．学生の中には，タイムを縮めるために，スタートラインよりほんの少

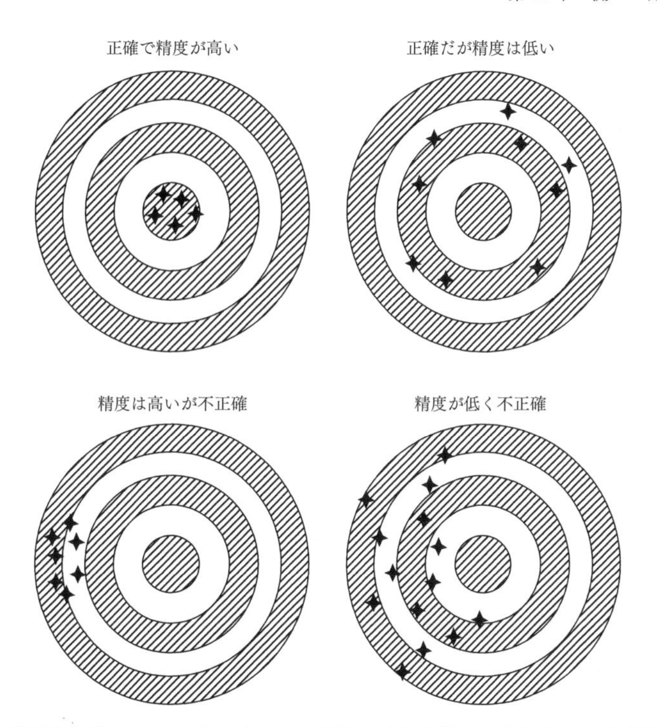

図 11.1　正確度と精度の4つの組み合わせ．標的の中心を狙って撃ち込まれた銃弾の跡の散らばり方で示してある．正確度の低い射撃では，弾の跡は一貫して偏っている．この図では，不正確な射撃の場合，弾の跡は一貫して中心から左にずれている．一方，精度の低い射撃では，弾の跡は一貫性なくばらついている．ある弾は高すぎ，ある弾は低すぎる．ある弾は左にそれ，ある弾は右にそれる．精度の高い射撃では，弾の跡はひとところにかたまり，精度の低い射撃では，弾の跡はより広範囲に散らばっている．

し前に出る不心得者がいるかもしれない．そして，前の学生がこのようなズルをして見つからなかったのを見たら，次の学生は，さらにもう少し前に出るかもしれない．こうして，測定する学生の順番をランダム化しないかぎり，まったく間違った結果を得ることになる．ここでの教訓は，正確度と精度の問題が生じる余地をできる限り小さくするように実験をデザインせよ，ということである．今の例で言えば，同僚に頼んで，学生たちが全員スタートラインの手前からスタートしているかどうかを，チェックしてもらうといいだろう．ズルをするのではないかと疑われて，学生が気を悪くするのではないか，などと心配する必要はない．例によって，悪魔の代弁者につけ入る隙をあたえず，測定に問題を持ち込むかもしれない懸念の種を取り除いているだけである．

懸念といえば，上の例で，もし測定者が学生の属する処理群を知っているならば，それもまた測定に偏りが生じる原因となりうる．タイムを計る人が，2つの体力増進法の効果に関する先入観によって，偏った見方をする心配があるからだ．片方のグループの学生のほうが速く走るだろうと予想して，（おそらく無意識に）そちらのグループのタイムを実際より速く記録しがちになるのではないだろうか．個々のランナーがどちらのグループに属するかを知らなければ，そのような偏りは起こりえない．これはまさに，どの学生がどの処理群に属するかを，測定が終わるまで測定者が「知らない」ほうが良い種類の実験である（測定者が知らずにいるようにする，という盲検化の概念については，11.6.3 小節で詳しく述べる）．

【問 11.2】本文中の，人の走る速さの研究で，あなたならタイムを計るのに電子計時システムを使うだろうか．

以上を考えると，測定に関するこうした問題の多くは，タイムの測定に電子機器を使えば取り除けるのではないかと思うかもしれない．たとえば，スタートライン上の光ビームが破られた瞬間にスタートし，ゴールライン上の光ビームが破られた瞬間にストップするような計時システムを使う．そうすれば確かに，誤差の原因のいくつかは取り除かれる．正確度も上がり，ストップウォッチで計っている人の先入観によって測定が偏るのではないかという心配も取り除かれるだろう．しかしその場合も，この自動システムを較正するのが重要であることを忘れてはならない．

精度が低いと，測定結果にランダムなノイズが加わるので，研究の検出力が低下することになる．ノイズが増えれば，データのどんなパターンも見えにくくなるからだ．第6章で学んだように，研究の検出力を上げる最も直接的な方法は，反復体の数を増やすことである．上の例で言うと，走る速さの測定値の精度は，計時技術のほかに，学生の事情にも影響を受ける（たとえば，スタート時にちょっと足が滑るかもしれない．まわりに気をとられてスタートが遅れるかもしれない）．より多くの学生を測定すれば，これらの影響を効果的に均(なら)すことができる．とはいえ，反復体の数を増やせないこともある．たとえば，使える機材が限られているときや，生物の被験体に制約があるときなどだ．また，とくに生きた動物を扱う場合など，反復体を増やすことが倫理面や動物福祉の面から望ましくないこともある．このような場合には，反復体のそれぞれを複数回測定して平均をとることで，反復体内のばらつきを均し，それによって個々の反復体の測定結果の精度を上げる，という方法がある．この方法は，データのばらつきを減らし，検出力を上げるのに効果的だ．今の例で言うと，それぞれの学生のタイムを複数の異なる機会に計り，その平均をその学生の典型的なタイムとして使う．データを解析するときは，偽反復を避けるために，学生1人につき1つの値（平均）しか使わないように注意する[@]．

➡ 実験に含まれる精度の低さや偏りが結論にあたえる影響が，無視できるほど小さいことを，自分自身にも悪魔の代弁者にも示せるように，十分時間をかけて考えよう．

11.2.1 サブサンプリング——森を多くするか，木を多くするか

上の最後のパラグラフで，精度を改善するために使われる2つの異なるサンプリングの方法を大まかに述べた．ひとつは，反復体の総数を増やすことで，もうひとつは，各反復体を複数回測定することにより個々の反復体の測定精度を上げることだ．そして，多くの研究でぶつかるのが，サンプリングに費やす労力をこれら2つの異なるレベルにどのように配分するか，という問題である．例を使って説明しよう．次の仮説を検証することに関心があると思ってほしい．

樹上で見つかる甲虫の種の数は，地元にある針葉樹林と広葉樹林では異なっている．

地図を見ると，それぞれの樹木タイプの森林が10ヵ所ずつある．また，全部で100本の木を調べられるくらいの資金と時間はありそうだ．サンプリングを

@ この節で扱った題材についてさらに詳しいことは，補足資料の11.2節に載っている．

どのように森林に割りふればよいだろうか．ひとつ考えられるのは，それぞれのタイプの森林を1ヵ所ずつ選び，選ばれた森林でそれぞれ50本の木（もちろん森林内でランダムに選ばれた木）を調べる，という方法だ．こうすると，選ばれた森林については最大量の情報が得られるが，その代わり，情報を得られる森林の数は最小（各樹木タイプにつき1ヵ所ずつ）になる．もし，針葉樹林と広葉樹林の一般的な違いを知りたいのなら，これがとるべき道でないことは明らかだ．もうひとつ考えられるのは，20ヵ所の森林すべてをサンプルにする，という方法だ．この場合は，1ヵ所の森林につき5本の木しか調べられない．1ヵ所の森林から得られる情報量は大幅に減少するが，すべての森林から何かしら情報を得ることができる．これら両極端の方法に代えて，その中間をとるという方法もある．それぞれのタイプの森林から5ヵ所ずつサンプルにとり，各森林で10本ずつ木を調べるのだ．以上3つのデザイン（図11.2参照）のうち，どれが一番良いのだろうか．

【問11.3】 本文で，「もし，針葉樹林と広葉樹林の一般的な違いを知りたいのなら，これがとるべき道でないことは明らかだ」と述べた．なぜそうなのか，説明しなさい．

それに答えるには，何のために反復するのか，という基本に立ち戻って考える必要がある．反復はばらつきに対処するための方法だ．この例の場合，ばらつきの源は2つある．

- 同じ森林内の木と木の間で，それぞれに住む甲虫の種数が異なっている．
- 森林と森林の間で，森林内の木々に住んでいる甲虫の平均種数が異なっている．この違いは，たとえば森の標高や水環境の違いなどから生じる．

サンプリングの労力は，**最も大きいばらつき源のあるところに重点を置く**ことが必要である．極端な場合として，それぞれの森林内では，すべての木にまったく同じ種数の甲虫がいると想像してみよう．つまり，1つの森林内では，木と木の間にばらつきがないとする．そのような状況では，各森林でたった1本の木を調べれば，その森林の木1本あたり何種の甲虫が住んでいるのか，良い推定値が得られる．そこで，できる限り多くの異なる森林で測定することに集中できる．逆の極端な場合として，木1本あたりの甲虫の平均種数は，どの針

50本の針葉樹をサンプルにとるための3つのデザイン

(a)

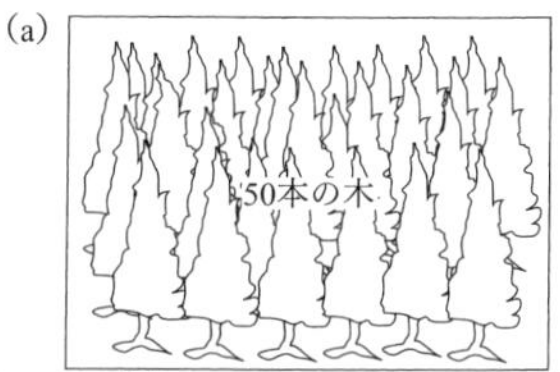

50本の木をすべて同じ森林からとる．その森林についてはきわめて良い情報が得られるが，他の針葉樹林については，何の情報も得られない．

(b)

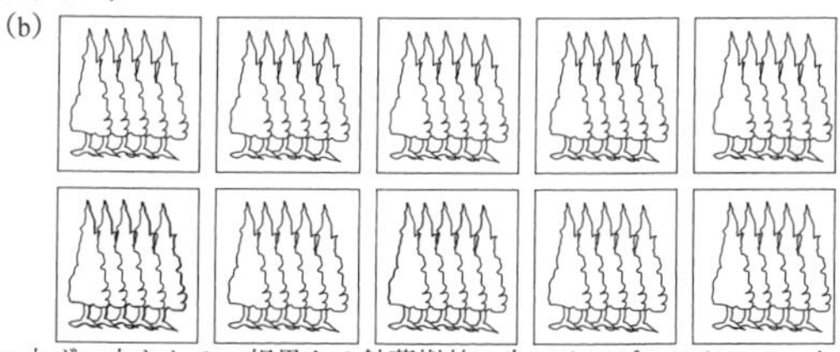

10ヵ所の森林から，5本ずつ木をとる．相異なる針葉樹林の良いサンプルになるが，各森林についてはそこそこの情報が得られる程度である．

(c)

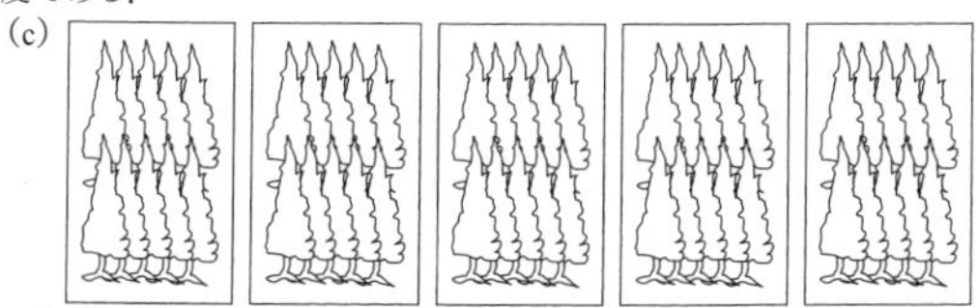

5ヵ所の森林から，10本ずつ木をとる．相異なる針葉樹林についてそこそこ知ることのできるサンプル．各森林については，良い情報が得られる．

図11.2　この研究では，1つの樹木タイプの森林から全部で50本の木をサンプルに選ぶことができる．独立な被験体は森林である．研究に使える各タイプの森林の最大数が10のとき，ひとつの方法は，できるだけ多くの被験体を使い，10ヵ所の森林のそれぞれから5本ずつ木を選んで調べる，というものだ (b)．各森林内では，5本の木で見つかった甲虫の種数の平均をとる．しかし，同じ森林内で木の間のばらつきが非常に大きい場合，わずか5本の木ではその森林を代表していないかもしれない．この難点をなくすには，サブサンプリングの規模を大きくして，各森林10本の平均をとればよい (c)．これをしたことの代償は，同じサンプリングの労力で，半数の被験体（5ヵ所の森林）しか調べられなくなることだ．最も極端なケースは，サブサンプリングの規模を最大限まで大きくして，1つの樹木タイプの森林から1ヵ所だけを選び（つまりその森林で50本の木をサンプルとし），その森林から最良の情報を集めることだ (a)．一般に，著者のアドバイスはこうである．最も大きなばらつきの源を最もよく制御できるように，サンプリングの配分を偏らせなさい．この例で言えば，もし森林内の木の間にみられる甲虫の種数のほうが，森林間にみられる平均種数より大きくばらついているならば，調べる被験体の数が少なくなるという代償を払っても，サブサンプルの規模をより大きくすべきだ．しかし，そのことに特に確信がないときは，独立な被験体の数を最大にすべきである．

葉樹林でも同じで，どの広葉樹林でも同じだが（ただし，その平均種数は針葉樹林とは異なる），1 つの森林内の木々の間では，住んでいる甲虫の種数が（平均の周りで）かなりばらついていると想像してみよう．このような状況では，それぞれの樹木タイプの森林を複数調べる必要はほとんどなく，各々のタイプにつき 1 つの森林を集中的に調べることによって，より良いデータを得ることができる．

このように，先の問いへの答えは，生物的なばらつきが現実にどこにあるかによって違ってくる．予備研究を上手に使えば，いくつかの異なるサンプリング配分をもつデザインの検出力を見積もって，どれを使うのが一番良いかを決定することができる．そのやり方は第 6 章で単純なデザインを例にとって説明したのと似ているが，ここではこれ以上は述べない．巻末参考文献の Underwood（1996）の本では，これらの問題がとくに詳しく考察されている．ただ，確かな経験則を述べれば，互いに独立な被験体（この場合は森林）の内部のばらつきが非常に大きいと考えられるのでないかぎり，あるいは，すでにたくさんの被験体をサンプルにとっているのでないかぎり，1 つの被験体あたりのサブサンプル数（この場合は木の本数）を増やすよりも，被験体の数を増やすほうが，検出力は高くなるのが普通である[@]．

➡ **ばらつきが最も大きいと予想されるレベルで，より多くの測定値が得られるように，サンプリングの配分を偏らせよう．**

11.3　感度と特異度

研究によっては，個体が 2 つのカテゴリーのどちらに属するかを，直接観察できる状態にもとづいて判定するのが難しいことがある．たとえば，人が妊娠

@　この小節で扱った題材についてさらに詳しいことは，補足資料の 11.2.1 小節に載っている．

の初期段階にあるか否か，アナグマが結核菌をもっているか否か，などの判定がそれに当たる．このような場合には，何らかの間接的な尺度にもとづいて個体をカテゴリーに分類するタイプの診断テストがよく使われる．個体の状態を直接観察する代わりに，間接尺度に頼るので，当然，その分類は信頼できるのかという問いが生じる．**感度** sensitivity と**特異度** specificity は，そのような診断テストの性能をあらわす基本統計量である．

感度：sensitivity　特異度：specificity
個体が特定の状態にあるかないかという二択の分類検査において，感度とは，検査を受けた本当にその状態にある個体のうち，その状態にあると判定される個体の割合である．特異度とは，検査を受けた本当にその状態にない個体のうち，その状態にないと判定される個体の割合である．

感度とは，本当に陽性の受検個体のうち，陽性と判定される個体の割合である．たとえば，ある尿検査によって，本当に妊娠している女性の 80％が陽性と判定されたとすると，その検査の感度は 80％である．これは，本当に陽性の人を検査したとき，20％の人は誤って陰性と判定される，ということだ．つまり，偽陰性の割合が 20％ということになる．特異度とは，本当に陰性の受検個体のうち，陰性と判定される個体の割合である．たとえば，妊娠診断テストの特異度が 95％だとしたら，本当に妊娠していない女性のうち，95％が妊娠していないと判定されると考えてよい．このとき偽陽性の割合は 5％である．

診断テストは，感度と特異度がともに高いのが理想だが，感度が上がるように検査を変えれば特異度は下がり，特異度が上がるように変えれば感度は下がることが多い．たとえば，アルコール摂取のせいで，ドライバーの運転能力が低下しているかどうかを評価するには，息の中のアルコール量を測定する．この量がある閾値（いきち）を超えると，検査はアルコールによる運転能力低下に対して陽性の判定を下す．このとき，閾値として設定するアルコールのレベルは，検査の感度と特異度に逆の影響をもたらすことになる．閾値を非常に低く設定すれば，本当に陽性の人のほとんどが正しく陽性と判定されるだろう（検査の感度は高い）．しかし，閾値が低いと，運転能力が低下していない人々から多くの偽陽性が出ることにもなる（検査の特異度は低い）．閾値をより高く設定することで，特異度を上げることはできるが，そうすると，実際に運転能力の低下したドライバーを誤って陰性と判定することが増え，検査の感度が下がるのは避けられない．社会的には，これら2種類の誤り（偽陽性と偽陰性）のバランスが最も良いと思われるところに閾値を設定するしかないだろう．このとき考慮すべき重要な要因は，これらの誤りによってもたらされる損失（今の例で言えば，ドライバーと他の人々がそれぞれ被（こうむ）る損失）である．

今，感度が97％，特異度が90％の家庭用妊娠検査キットがあるとしよう．検査をして陽性判定が出たとすると，妊娠している確率はどのくらいだろうか．よくある誤りは90％，つまり検査の特異度をそのまま答にすることである．その理屈はこうだ．検査の特異度が90％ならば，偽陽性になる確率は10％である．ということは，陽性の判定が間違っている確率は10％だ．したがって，陽性の結果が正しい確率，つまり本当に妊娠している確率は90％となる．この推論は説得力があるように思えるかもしれないが（そう思うのはあなただけではない．資格のある産婦人科医を対象にした調査では，80％以上がこの種の間違いを犯した），完全に間違っている．その理由は，陽性の検査結果が本当の陽性である確率は，検査の感度や特異度だけで決まるのではなく，何よりもまず，あなたが妊娠している確率が元々どのくらいあるかによっても変わってくるからだ．

このことを納得してもらうために，2つの極端なシナリオを考えてみよう．まず，本書の著者のひとり（男性）が検査を受けて，結果が陽性だったとする．医学的な奇跡が起こったのでもないかぎり，この陽性が偽陽性であることは100％確かだと言ってよいだろう（テストで偽陽性が出る確率がわずか10％にすぎないとしても）．さて今度は，出産準備教室に出席している女性にこの検査をし，陽性の結果が出たとしよう．この場合の陽性が真の陽性であることは，ほとんど100％確実である．これらの例から明らかなように，陽性の結果が真陽性である確率は，単に偽陽性の確率を裏返したものではなく，検査される個体の属する個体群でその状態が元々どれだけ普通に見られるか（**普通度**

陽性的中率：positive predictive value
陰性的中率：negative predictive value
普通度：prevalence
特定の状態にあるかないかを見る検査の陽性的中率とは，その検査で陽性と判定された個体のうち，実際にその状態にある個体の割合である．陰性的中率とは，検査で陰性と判定された個体のうち，実際にその状態にない個体の割合である．状態の普通度とは，検査をおこなった時点で，その状態にある人々が，検査を受けた人々の中で占める割合である．

prevalence）に左右されるのだ［訳注：普通度は医学分野では「有病率」と訳されている］．この問題に対処するため，統計学ではさらに2つの尺度を定めている．ひとつは**陽性的中率** positive predictive value（PPV）で，これは，検査で陽性と判定された個体のうち，本当に陽性の個体の割合である．もうひとつは**陰性的中率** negative predictive value（NPV）で，こちらは，検査で陰性と判定された個体のうち，本当に陰性の個体の割合である．これらの尺度は，検査の感度と特異度のどちらも考慮に入れているが，それに加えて，検査される個体群においてその状態がどのくらい普通に見られるかも考慮に入れている．コラム11.1では，これらの計算法を説明する．

感度を上げると特異度が下がり，特異度を上げると感度が下がるという状況にあって，自分の研究ではどちらを最大化すべきか，どうやって決めればいいのだろう．アルコールと運転能力の関係の例のように，偽陽性と偽陰性のもたらす事柄に違いがあるときは，より深刻な誤りの数を最小化するような感度を選ぶといい．例として，空港のセキュリティチェックで通らされる金属探知機を考えてみよう．この検査の目的は，誰かが飛行機の中に持ち込もうとしている武器を検出することだ．金属探知機は，偽陰性のリスクを最小にするために，偽陽性の割合が高くなるように設定されている．仮に金属探知機が誤って，武器を持っていると判定しても，この誤り（偽陽性）は，警備員が身体検査をすることで，すばやく安上がりに正すことができる．本当に武器を持っている人を検出しそこなったとき（偽陰性）の損失のほうが，はるかに大きいことは明らかだろう．

しかし，誤りの種類にかかわらず，単に誤りの数の合計を最小にしたい場合もある．たとえば，アナグマのある個体群における結核感染のレベルを見積もりたいとしよう．このようなときは，誤りの数の合計を最小にすることで，最も良い推定が得られる．それに，2種類の誤りのうち，あえてどちらか一方の誤りを減らす理由もない．この場合，誤りの数の合計（偽陽性と偽陰性の数の総和）を最小にするような感度と特異度のバランスは，まれな現象を調べているのか，それともよくある現象を調べているのかで変わってくる．一般的に言うと，まれな現象を調べているならば，できる限り特異度を上げて偽陽性を減らし，よくある現象を調べているならば，できる限り感度を上げて偽陰性を減らすのがいいだろう[@].

コラム 11.1

陽性的中率と陰性的中率

本文で述べたとおり，家庭用妊娠検査のような診断テストで陽性判定が出ると，わたしたちは簡単に間違った結論を引き出してしまいがちだ．本コラムでは，これを正すための方法として，検査の陽性的中率の計算法について述べる．まず，陽性的中率とは，陽性判定が出た個体のうち，本当に陽性の個体が占める割合なので，

$$\text{陽性的中率} = \frac{\text{真陽性の数}}{(\text{真陽性の数}) + (\text{偽陽性の数})}$$

次に，普通度を定義しなければならない．これは，すべての受検個体のうち，検査時に実際に陽性の状態にあった個体の割合である．今の例で言えば，検査を受けた女性のうち，そのとき実際に妊娠していた女性の割合である．上の定義式から，簡単な計算で次の式が導かれる．

$$\text{陽性的中率} = \frac{(\text{普通度}) \times (\text{感度})}{(\text{普通度}) \times (\text{感度}) + (1 - \text{普通度}) \times (1 - \text{特異度})}$$

本文で述べた仮想例では，感度は 0.97 で，特異度は 0.90 であることがわかっている．普通度は推測するのが難しいので，いくつかそれらしい値をとって，10％，30％，50％としてみよう．これらを使うと，陽性的中率はそれぞれ，0.51，0.81，0.91 となる．ここで何より重要なことは，感度と陽性的中率は非常に異なることがあるということ，そして陽性的中率は普通度に大きく左右されるということだ．

陽性と陰性を取り換えた陰性的中率という用語もある．これは，検査で陰性判定された個体のうち，本当に陰性の個体の割合である．つまり，

$$\text{陰性的中率} = \frac{\text{真陰性の数}}{(\text{真陰性の数}) + (\text{偽陰性の数})}$$

@　この節で扱った題材についてさらに詳しいことは，補足資料の 11.3 節に載っている．

であり，ここから次の式が導かれる．

$$\text{陰性的中率} = \frac{(1-\text{普通度})\times(\text{特異度})}{(1-\text{普通度})\times(\text{特異度}) + (\text{普通度})\times(1-\text{感度})}$$

➡ **間接尺度を使う診断テストに，完璧なものはない．したがって，偽陽性や偽陰性に用心しなければならない．**

11.4　観察者内変動

11.4.1　何が問題なのか

今度は，これまでの例から離れて，アマゾンで進行中の土地利用パターンの変化を調べる生物地理学の研究を考えてみよう．アマゾン熱帯雨林の 100 m^2 相当の土地の衛星写真を 1000 枚見て，それぞれを，人間による撹乱（かくらん）の程度に応じて，次の 6 段階に分類する．

0：人間による撹乱の徴候はない．
1：一時的な撹乱の最小限の徴候（例：山道，ごみ）．
2：規模はより大きいが，一時的な撹乱（例：広い山道，未舗装の車道，キャンプ地）．
3：規模は相当大きいが，一時的な撹乱（例：舗装された車道，農業や林業の証拠）．
4：低度の人間の定住（例：散在する家屋，小さな農場）．
5：高度の人間の定住（例：町や村，工場）．

1000 枚の写真を一枚一枚見て，それにふさわしいカテゴリーを（0 点から 5 点までの点数で）裏面に書いていく．全部見終わるのに 3 時間かかる．そんなに時間がかかるようでは，データの質が心配だ．この場合，とくに心配なのは

観察者漂流 observer drift である（評価者漂流ともいう）．つまり，写真に付けられる点数が，見ていく順番に影響されるのではないかという心配だ．そのようなことが起こると考えられる理由はいくつもある．何より，3 時間というのは，このような仕事を休憩なしに遂行するには，あまりにも長い時間である．終わりのほうになると疲れてきて，「4」のつもりで「3」と書いてしまうといったことも現実に起こりうる．それに，時間が経つにつれて，各カテゴリーの定義の仕方を無意識のうちに変える可能性もある．たとえば，50 枚くらい見たところで，まだどれにも 1 を付けていないな，と感じたとしよう．そのあとの何回かは，1 と 2 の境目のケースが出てきたら，自然に 1 を付けてしまうのではないだろうか．

観察者漂流：observer drift
観察者漂流とは，計測機器や観察者に，時間とともに系統立った変化が起こることである．その結果，個々の被験体でとられた測定値は，被験体が本来持っている性質だけではなく，一連の測定過程のどこでそれが測定されたかによっても変わってくる．

11.4.2 問題への取り組み

観察者漂流によって起こる問題を避けるためにできることはたくさんある．第一に，測定する順序をランダム化するのが良い考えであることは，すぐにわかるだろう．もし，これら 1000 枚の写真が，比較したい 2 つの地域で撮られているとしたら，まず一方の地域の写真だけを全部評価して，それからもう一方の地域の写真に移る，というようなことはしないはずだ．

さて，将来，もう 1000 枚の写真を渡されることがわかっているとしよう．手元の 1000 枚と，次に渡される 1000 枚の評価が同じになるようにするには，どうすればいいだろうか．ひとつ考えられるのは，できることなら，2 組の評価の間に長い時間を空けないようにすることだ．それができないなら，次のうち 1 つを（できれば両方とも）実行するといい．

1) カテゴリーや，異なるカテゴリーを分ける境界線を，客観的に記述するようにする．たとえば，異なるカテゴリーを分けるルールを「植物の生えていない範囲が定住地域の 30 % を超えていれば 5 点，そうでなければ 4 点とする」と決める．主観的な判断の要素を減らすことにより，**観察**

者内変動 intra-observer variability を減らすことになる．

> **観察者内変動：intra-observer variability**
> 観察者内変動とは，人的エラーによる精度や正確度の低下である．

2）異なるカテゴリーの見本のファイルを作っておく．とくに役に立つのは，カテゴリーの境目に近いケースの例である．新しい組を始める前に，これらの見本に目を通しておくと，漂流を避けるのに役立つ．

11.4.3　くり返し性

観察者漂流は大きな問題で，さまざまな状況で起こる．しかしこれには良い特徴がある．観察者漂流をチェックするのは，とても簡単なのだ．たとえば上の例で，2組目の写真を2ヵ月後に受けとったとしよう．まず下準備として，1組目のときにとったメモを読み，見本と客観的な定義に目を通しておく．それから，2組目を始める前に，1組目からランダムに50枚をとって採点する（1回目の点数を見ないようにしよう）．そして，この50枚について，2つの点数を比べてみる．それらがまったく同じなら，心配はいらない．1回目と2回目で写真の評価が変わらないことに自信をもって，すぐに作業を始められる．しかし，もし食い違いがあったらどうするか．そのときは，どういう食い違いがあるかを見れば，どういう側面で採点の仕方が変わったかわかるだろう．たとえば，前回より今回のほうが，人間の定住がより進んでいると見る傾向がある，といった具合だ．

このようにランダムなサンプルを数回測定してその値を比べることを，統計学では**くり返し性の研究** repeatability study と呼んでいる．その理由は明らかだろう．1回目に得た測定結果がどのくらい良くくり返されるかを調べているのだから．

> **くり返し性：repeatability**
> 同じものを測るたびに同じ点数が得られるならば，測定のくり返し性は高い．点数に一貫性がなければ，くり返し性は低い．くり返し性が高いことは，精度が高いことを意味するが，偏りについては何も示唆しないことに注意しなければならない．一貫していても，一貫して間違っているかもしれない！

測定がどれだけ良くくり返されているかを，数字で表す方法はいくつもある．最も一般的なのはくり返し度と呼ばれる尺度で，

0から1までの数で表される（これは級内相関係数とも呼ばれ，rと表記されることが多い）．rの計算法に関心のある読者は参考文献 Krebs（1999）を読むといい．1に近いrの値を示すことは，測定結果のくり返し性の良さを人々に納得してもらうための簡便な方法である．しかし，著者がいつも勧めているのは，くり返し測定されたデータを図示したり，表にまとめたりすることだ（図 11.3 参照）．これは自分のためになる．なぜなら，他に比べてくり返し性の悪いところに，何らかの傾向があるかどうかを調べることができるからだ．そのような傾向を正確に突き止めることができれば，将来似たような研究をするとき，測定技術を改善するのに役立つ．もちろん，先に見たくり返し性は，衛星写真のようなカテゴリーデータに限らず，どのような測定結果でも調べることができる．前に出てきたデジタル秤を使うときでさえ，いくつかのサンプルを2回測って，測定のくり返し性を確かめたほうがいい．測定結果がくり返されることがわかれば，データの質の良さにより自信がもてる．

さて，観察者漂流をチェックするのは簡単なわけだが，漂流が起こっているらしいとわかったら，どうすればいいだろうか．先の熱帯雨林の写真の研究なら，1組目に戻って，2つのカテゴリーの境目に近いケースをピックアップするようお勧めする．それらに付けた点数を見てみよう．どのように点数を付けたか，思い出せるだろうか．そのときの感じを思い出せたら，しばらく他のことをしてアマゾンのことは完全に忘れてしまおう．そのあと戻ってきて，50枚の写真でもう一度テストをする．人の定住度の境目にあるような写真ばかりではなく，他のランダムサンプルも手にとって，古い点数と新しい点数が今度は完璧に一致しているかどうか，少なくとも，前回よりはるかに一致の度合いが高くなっているかどうかを見てみよう．もし答がイエスなら，正式に2組目の採点にとりかかる準備が整ったということだ．もしノーなら，採点に関して1組目のときと同じ精神状態に戻るまで，上に述べた手続きをくり返す．

【問 11.4】 あなたは獣医で，異なる餌をあたえられた飼いネコについての研究に参加しているとしよう．あなたはどのネコがどの実験群に属するのか知らないが，ネコの身体状態を測定しなければならない．測定するのは，体重と，背中に沿って頭のてっぺんから尾の付け根まで測った骨格サイズである．測定のために飼い主がネコを連れてくるのは**1**回きりで，あなたは毎週**4**匹ずつ，**20**週にわたって測定をおこなう．漂流を非難されないためにはどうすればよいだろうか．

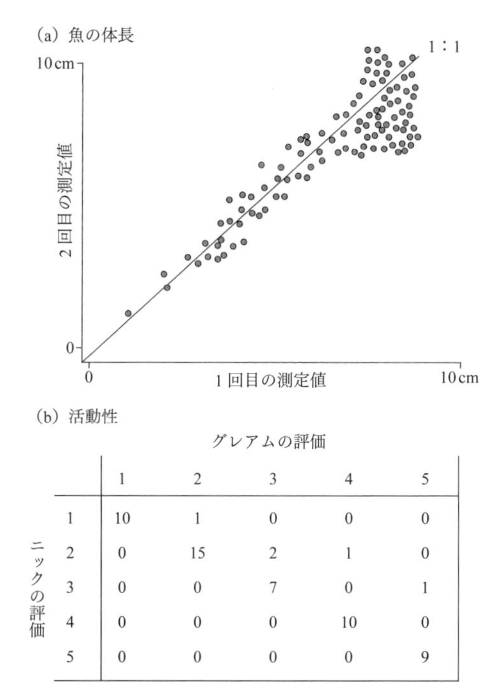

ニックの評価＼グレアムの評価	1	2	3	4	5
1	10	1	0	0	0
2	0	15	2	1	0
3	0	0	7	0	1
4	0	0	0	10	0
5	0	0	0	0	9

図 11.3 (a) は，死んだ魚の体長測定のくり返し性を調べるために使われた図である．個々の魚は，別々の機会に計 2 回測定された．図中の点の x 座標は 1 回目の測定値を表し，y 座標は 2 回目の測定値を表している．これを見ると，くり返し性は小さな魚では非常に良いが，大きな魚ではデータに 2 つの気がかりな点がある．(i) 1 回目と 2 回目の測定値の違い（1：1 の直線からの離れ具合）が，小さい魚に比べて大きい．(ii) 1 回目の測定値のほうが 2 回目の測定値より大きい傾向にある．これは，定規の上に魚を伸ばすという方法で漂流が起こったが，それが大きい魚でだけはっきりした，と説明できるかもしれない．別の説明または追加説明として，特に大きい魚は乾くにつれて体長が本当に縮んだ，ということも考えられる．(b) は，グレアムとニックの 2 人が，事前に合意した 5 段階評価を用いて，1 匹ずつ別々の容器に入れられたワラジムシの活動性を，別々に評価した結果を突き合わせたものである．これを見ると，2 人の評価がなかなか良く一致していることがわかる（つまり，ほとんどのワラジムシは，2 人の評点が一致する対角線上に乗っている）．ただ，グレアムにはニックより高い点数をつける傾向が少しあるようだ．

残念ながら，いくらくり返してもそのような状態に戻らないことがある．いったいどうして 1 組目にその点を付けたのか，さっぱりわからないことがある．そういうときは，2 組目を採点するとき，同時に 1 組目も採点し直すしかない．

つまり，最初の3時間はまったく無駄だったということだ．そんなことにならないよう，できる限り客観的な採点システムを作ることが大切だ．それに見合う結果が得られることはわかるだろう[@]．

➡ **観察者漂流は簡単に起こる．しかしそれが起こっているかどうかは簡単にチェックできる．もし起こっていることがわかったら，救済措置もある．しかし，予防は治療に勝る．**

11.4.4　一貫性はあっても，一貫して間違っているかもしれない

前小節で述べたようなやり方で再測定をして比較すれば，測定に一貫性があるかどうかを調べることができる．しかし，この方法では，一貫して正しいのか，それとも一貫して間違っているのかはわからない．たとえば，馬の脚のX線写真を100枚見て，それぞれの写真に対し，骨折しているかどうかを見分けるという作業を考えてみよう．まず100枚すべてを採点し，そのあと再び採点して，それらが完全に一致しているならば，大丈夫，あなたの判定は漂流していない．しかし，その判定は正しいのだろうか．主観的要素が含まれている場合には（一般にX線写真の判断にはかなりの主観的要素が含まれる），一貫して偏った判定を下す恐れがある．もしかしたら，ある種の影を一貫して骨折と間違って判断する傾向があるかもしれない．あるいは，毛髪のように細いひびは一貫して見落としているかもしれない．この種の偏りを見つけるにはどうすればいいのだろう．ひとつの方法は，誰かに頼んで，答が確実にわかっているX線写真集を作ってもらうことだ．そして，正解を見ずにそれらの写真を採点してから，正解と突き合わせる．こうすれば，正しい判定ができているかどうかがわかるだけでなく，間違えるときに共通する傾向についてヒントが得られる

@　この小節で提起した問題について，さらに詳しいことは，補足資料の11.4.3小節に載っている．そこでは，くり返し性の文脈で使われる妥当性（validity）という用語も説明している．

だろう．もし，確実な正解がわかっている写真集が手に入らなければ，定評のある専門家を見つけて，あなたのX線写真から少なくとも何枚かを選んで採点してもらう．自分の判定を専門家の判定と比べることで，自分がどういう場合に間違いやすいかを突き止めることができる．もし専門家が見つからなければ，誰でもいい，その人に採点してもらう．自分の判定を他人の判定と比べることにより，X線写真ではどういうときに判定が難しいのかを知る上で，いろいろヒントが得られるだろう．このことは，次節で取り上げる**観察者間変動** inter-observer variability というもうひとつの問題とも関係がある．

観察者間変動：inter-observer variability
観察者間変動とは，データをとるために，数人の観察者が使われることによって生まれる誤差である．2人の観察者（もっと一般的には，2つの異なる計測機器）による測定結果がまったく同じということはない．2者間の違いはデータの精度を低下させ，デザインに注意を怠れば，偏りにもつながる．

【問 11.5】相異なる処理群を別々の人が測定すると，どういう問題が起こりうるか．

➡ **くり返し性を高めるよう努力するとともに，偏りにも用心することが大事である．**

11.5 観察者間変動

11.5.1 何が問題なのか

同じ人間が2つの機会に下した判定が異なっているとすれば，2人の人間が同じものに下した判定が異なっていたとしても，別に驚くことではない．このことは，データのとり方をどうデザインするかに関係する．できることなら，データはすべて同じ人がとるべきだ．とくに，ひとりがある処理群の測定をおこない，もうひとりが別の処理群の測定をおこなう，というようなデータのとり方をしてはいけない．

11.5.2　問題への取り組み

時には実際的な理由から，2人以上の観察者を使わざるをえないこともある．ここで重要なのは，観察者たちの評価の仕方ができるだけ同じになるようにすることだ．そのための方法はただ1点を除いて11.4.3小節とまったく同じである．その異なる1点とは，ここでは，11.4.3小節のように同じ被験体の集合を別々の機会に見て結果を比べるのではなく，同じ被験体の集合を別々の観察者が見て結果を比べる，ということだ．

一般に，観察者内変動と比べると，観察者間変動のほうが対処するのは簡単である．なぜなら，同じものに対する評価が2人の間で違っていたら，なぜそうなったのか，再びそうならないために何ができるのかを，2人で話し合うことができるからだ．観察者内変動でもそうだが，できるだけ主観的な評価をしなくてすむように準備することが，観察者間変動を減らすための確実な方法である．また，2人の評価が一致しているかどうか，実験の初めにチェックするだけではなく，実験の終わりにも，その後2人の間にずれが生じていないかどうかをチェックする．さらに，実験を正しくデザインして，どの測定者がどの測定をおこなったかを記録しておいた場合には，第9章で述べたブロック化の手法を使って，観察者間の小さな食い違いに対処することができる（これと同じ方法は，1つの研究でたとえばストップウォッチのような計測機器を，複数個使わなければならない場合にも適用できる）．どうするかというと，基本的には，それぞれの観察者をブロックとして扱う．どの観察者もすべての処理群で測定を担当しているならば（交絡の問題を避けるために，そうすることを強く勧める），温室間の違いでおこなったのと同じ方法で，観察者間の違いを制御するのはそれほど難しいことではない．しかし，統計関係のすべての問題と同様，ここでも予防は治療に勝る（少なくとも，解析は容易になる）．観察者間変動が起こらないように，手を打っておくに越したことはない．

➡ 観察者の数はできるだけ少ないほうがよい．しかし，複数の観察者を使わなければならない場合は，上で推奨したやり方で観察者間の違いを最小にし，

それを統計的に制御できるようにしておこう.

11.6　どう測定するかを決める

本節では，より良質なデータをとるために，考慮すべきいくつかの実際的な問題について手短に述べていく．順番に挙げると，カテゴリー変数のレベルをどのように定義するかを慎重に考える（11.6.1 小節）．連続変数をどこまで細かく測るかを決める（11.6.2 小節）．測定に人による判断が必要とされる場合，意識的あるいは無意識的な偏りを非難されないよう手を打つ（11.6.3 小節）．そのような偏りを防ぐために，割り付けの秘匿という方法を使う（11.6.4 小節）．個体に課題を課すときは，難しすぎたり，易しすぎたりしないように注意する（11.6.5 小節）．生きた生物を扱う場合は，測定という行為が，測定したい被験体の形質に影響しないようにする（11.6.6 小節）．

11.6.1　カテゴリーを定義する

個体をカテゴリーに分類するという作業は，観察者内変動や観察者間変動の原因となることが多い．ごく単純な例として，動物園でサイを観察し，それぞれの個体の行動を 5 分ごとに「立っている」「歩いている」「走っている」のどれかに分類することを考えてみよう．ここにはいくつか考慮すべきことがある．

まず，カテゴリーの数を 13 ではなく 3 にしたのは良いことだ．カテゴリーの数が多ければ多いほど，誤差が入り込む余地が大きくなる．だが，それぞれのサイを「静止中」か「移動中」かのどちらかに分け，移動中ならその速さを記録する，という方法を考えてもいいだろう．そうすれば，移動速度についてより正確な情報が得られるし，早歩きがいつ走りに変わるのか，といった微妙な判断をしなくてすむ．

もし 3 つのカテゴリーで行こうと決めているならば，サイのどんな状態も，3 つのカテゴリーのどれか 1 つ，それもたった 1 つに分類できることを確かめなくてはならない．つまり，立っている状態と歩いている状態，歩いている状態と走っている状態を，どう区別するかについて明確なルールが必要だ．同じ場所で体の向きを変えるために足を少し動かすのは，歩いているのだろうか，立っているのだろうか．理想を言えば，予備研究中に，観察者全員が集まってルールを決めるといい．カテゴリーをどう定義するか，データをどのように記録するかを明確な文章にまとめ，同じサイの行動を各自で観察してみて，その結果を突き合わせる[@]．

➡ カテゴリーはできる限り明確に定義し，そのカテゴリー体系を予備研究中にチェックしよう．

11.6.2　連続変数をどこまで細かく測るか

たとえば，カタツムリの殻の長さを定規で測るときのように，アナログ式の計器で測定するときはいつでも，どこまで細かく測定するかを決めておく必要がある．定規には 1 cm 刻みではっきりとした目盛りがついているので，単純に，一番近いセンチメートルまで測ることにしてもよい．しかし，もっと近くで見てみれば，定規の 1 cm はミリメートルに分かれていて，より細かい単位で測ることもできる．あるいは，0.01 cm まで測れるカリパスを手に入れることも考えられる．どうすればいいのだろうか．ここでの問題は，細かい単位まで計測すればするほど，関心の的である効果を検出し定量化する検出力は高くなるが，その反面，より多くの時間と労力と費用がかかる，ということだ．

養殖のサケに 2 つの異なる餌をあたえたときの効果を調べているとしよう．餌やり期間が終わって魚を収獲するときがきたら，異なるタイプの餌があたえられていたケージからサンプルの魚をとり，それぞれの重さを測定する．バネ秤を使えば，費用は 20 ポンドですみ，50 g 単位で測定できる．携帯用の秤を使えば，費用は 500 ポンドで，0.5 g 単位で測定できる．魚を大学に持って帰

@　この小節で扱った題材についてさらに詳しいことは，補足資料の同じ小節に載っている．

り，研究室にある4000ポンドの精密な秤を使えば，0.01g単位で測定できる．ただし研究室の秤は，測定するたびに掃除と較正が必要で，これには毎回30分かかる．

適切な測定の単位を決めるに当たっては，検出力分析のときと同じく，どのくらいの効果量に関心があるのかを考える必要がある．今の例で言えば，一般に収獲時には2kgほどになるサケの体重を，1gや2gも増やせない餌には，誰も興味を持たないだろう．したがって，一番細かく測れる秤を使っても，労力と資金がかかるばかりで，中間の秤に比べて大した利点はないと言える．残りの2つの選択肢を比べると，もし50gから100gくらいの効果量に関心があるのなら，一番安いバネ秤では，得られるデータの解像度という点で少し大ざっぱすぎるだろう．中間の携帯用秤は（養殖場規模で餌の実験をする費用に比べれば）桁外れに高価というわけではなく，使い勝手，持ち運びやすさ，性能の面では，バネ秤と大差がないと思われる．したがって，統計的検出力と実際面の問題の最も良い落としどころは，携帯用秤ということになる．

➡ 最先端のテクノロジーや方法は，統計的検出力を上げるのに役立つならば，大いに利用しよう．しかし，よりシンプルな方法で，統計面と実際面（たとえば，入手のしやすさ，費用，時間，機器の性能など）を，より良く両立させることができないかどうかも検討してみよう．

11.6.3 観察者バイアスと盲検化

データ採取に，意識的または無意識的な偏りの入り込む余地がないことを，悪魔の代弁者に納得してもらえるよう，つねに気をつけていなければならない．測定に人がかかわることによって生まれる偏りを，観察者バイアス（または実験者バイアス，研究バイアス）という．たとえば，研究室で抗生物質の効果を調べているとしよう．抗生物質で処理されたシャーレのほうが，そうでないシャーレに比べて，病原菌の増殖がより少ないように見えたとする．このとき，それはあなたがそういう結果を見たかったからだ，と言われないようにしなくてはならない．その意味は，シャーレの病原菌が増殖しているかどうかが曖昧なとき，イエスかノーかを記録する人の判断は，結果に対するその人の期待によって偏る可能性がある，ということだ（このような効果を肯定バイアスという）．このような疑いに対抗する方法は2つある．ひとつは，曖昧さを取り除くこと．もうひとつは，期待を取り除くことだ．たいていの場合は，2つを組み合わせるのが最も効果的である．

まず，曖昧さを取り除くには，測定者ができる限り主観的な判断をしなくてすむように，データ採取の方法を決めておかなくてはならない．つまり，単に誰かがシャーレを見て，病原菌が増殖しているかいないかを言うのではなく，あらかじめ客観的な測定法を決めておく．今の例で言えば，シャーレのデジタル写真を撮り，病原菌がいることを示す色の範囲を決定する．そして，その色がシャーレのどのくらいの部分を占めているかを，画像解析ソフトを使って測定し，その部分が何パーセント以上のときに病原菌が増殖していると見なすかを決めておく．ただ，曖昧なケースはほとんどないと事前に予想される場合は，これでは労力がかかりすぎるという気がするかもしれない．著者たちも同感だ．その場合は，期待を取り除くことに取り組むほうがいいだろう．そう思う理由はとくに，写真撮影で主観的要素を減らすことはできても，完全に取り除くことはできないからだ．たとえば，何枚かの写真は照明の具合が悪くて，きれいに撮れていないかもしれない．そんなときはきっと撮り直したくなるだろう．しかし，写真を撮り直すというその決定自体，このシャーレの写真には増殖の証拠が写っているはずだという期待に，まったく影響されていないと言い切れるだろうか．それはなかなか難しい．だからこそ，期待を取り除かなくてはならないのだ．

もし，シャーレを見て病原菌の状態を判断する人が，どのシャーレに抗生物質が入っているのかを知らなければ，つまり，実は2つの異なる実験群（抗生物質で処理された群とそうでない対照群）があるということを知らなければ，そもそも期待を抱くことができないのだから，その人の判断が期待によって偏ることはありえない．これが盲検法である．著者たちのアドバイスはこうだ．データ採取の方法は，人の主観的判断ができるだけ要らないようにデザインしなさい．それでも人による判断がかなり必要になる場合は，できるだけ盲検法を使いなさい．

【問 11.6】主観を排除し，盲検法を使うことが，実際問題として不可能な場合もある．たとえば，性差を調べる研究で，有罪判決を受けた殺人者が正気かどうかを判断するよう求められたと想像してほしい．正気かどうかを測る客観的なテストはないので，精神科医の主観的な（少なくとも，主観的になる可能性のある）意見に頼らざるをえないだろう．精神科医はおそらく被験者を面接しなければならないので，被験者の性別を知らずにいることは（不可能とは言わないまでも）非常に難しい．それでは判断が偏るのではないかという批判に答えるために，あなたならどのような対策を立てるか．

盲検法は，悪魔の代弁者を黙らせるための強力な手段である．もう少し詳しく見てみよう．以前，2 つのイボの治療法の効果を比較する臨床試験の話をしたことを思い出してほしい（2.3.1 小節）．治療法はどちらも薬用クリームだとしよう．研究者は，被験者のイボがいつ消えたかを判断しなければならない．2 つの異なる薬用クリームの効果を判断するのに，2 つの別々の基準を使ったのでは意味がないことは明らかだろう．しかし，判断する人が，新しい薬用クリームの効果について，前もって何か考えをもっていたらどうだろう．さらにその人が，誰がどのクリームを使ったかも知っていたとしたら？　患者のイボがいつ消えたかの判定が，判定者の先入観によって偏るのではないだろうか．時には研究者が，自分の利益になるよう，意図的に偏った判定を下すこともある（普通はそんなことはないが）．しかし，たとえ研究者が意図的に不正行為をしているのではなくても，期待に合わせて，無意識に偏った判定を下す可能性はある．誰の目にも明らかな解決策は，処理によって患者のイボが治ったかどうかを判定する人が，患者の属している処理群を知らないように，あるいは，異なる患者グループが 2 つあることすら知らないように，実験をデザインすることだ．これが**盲検法** blind procedure と呼ばれるのは，患者の属している処理群が判定者に見えないからである．盲検法の魅力は，判定者が意識的または無意識的に偏った判定を下すかもしれないという心配を取り除いてくれることだ．

盲検法：blind procedure
二重盲検法：double-blind procedure
盲検法では，被験体を測定する人は，各被験体がどの実験処理を受けたか，つまりどの処理群に属しているかを知らない．人を使った実験では，被験者も自分がどの処理群に属しているかを知らない二重盲検法を使うとよい．

このような盲検法を使った研究で，決定的に大事なことは，どの患者がどの処理群に属するかを，判定者は知らなくても，誰かが知っていなければならない，ということだ．そうでなければ，とったデータが何の役にも立たなくなる．そのように情報へのアクセスを制限するには，コード番号がよく使われる．たとえば，先のイボの治療薬の例で言うと，患者一人一人にコード番号をあたえ，各患者のカルテにその番号を記入して，誰でもそれを見られるようにする．ただし，個々のコード番号がどの処理群に対応するかを示すリストは，誰か（望ましくは，患者の処理群への割りふりや，治療法や，最後の判定に関与しない誰か）が持っておくのである．

盲検法を使うことを知らせたら，共同研究者たちが「自分たちを疑うのか」と気を悪くするかもしれない，などと心配する必要はない．この方法は，無意識のバイアスが研究結果をだめにしてしまうのではないか，という懸念を取り除くためにデザインされたものだ．悪魔の代弁者はそのような弱みを突くのが上手い．それに，共同研究者が無意識のバイアスを持っているはずがない，と説得力をもって主張することは誰にもできない．

盲検法がとりわけ効果的なのは，実験者が被験体を主観的に測定せざるをえない場合である．しかし，ストップウォッチで時間を測るといった，明らかに客観的にみえる場合でさえ，観察者バイアスから完全に自由というわけではない（11.2 節参照）．被験体が人のときは，もう一歩踏み込んで，被験者自身も自分がどの処理群に属しているのかを知らないほうが望ましいだろう．そのようなやり方は**二重盲検法** double-blind procedure と呼ばれている．このような用心をすることの利点を見るために，イボの治療の例に戻ろう．最近の新聞に，従来の確立された治療法の効果に疑問を投げかける記事が掲載されたとする．その場合，この治療法に割りふられた患者は，そのような否定的な報道のなかった新治療法に割りふられた患者に比べ，規則正しくきちんとクリームを塗る気がしなくなるのではないだろうか．そうなると，2 つのグループ間の違いが，新しい治療法の効果を誤って大きく見せる結果になるだろう．

盲検法や二重盲検法を使った実験では，ときに患者に**偽薬処理** placebo を施す．たとえば偽薬の錠剤は，研究で調べたい有効成分が加えられていないというただ 1 点を除き，あとは本物の錠剤とまったく同じに作られる．他の成分は本物とまったく同じで，錠剤の見た目や包装もまったく同じになるように注意する（といっても，コード番号を使って，実験結果を最終的に解析する人が偽薬か本物かわかるようにはするが）．盲検法を使うと，少しだけ余分な仕事が増える．しかし人が被験体になったり測定者をつとめたりする場合は，盲検法を強く推奨する[@]．

偽薬処理：placebo
溶媒対照：vehicle control
偽薬処理，あるいは溶媒対照とは，研究で調べているパラメーターを除き，本当の処理とまったく同じに見えるようにデザインされた処理のことである．

➡ 研究の中に，悪魔の代弁者が測定結果の偏りを指摘する余地がないかどうか，つねに自問して，できる限り彼らに攻撃材料をあたえないよう実験をデザインしよう．

11.6.4 割り付けの秘匿

割り付けの秘匿（ひとく）とは，被験体がある処理群に割りふられることを，その被験体が実際にその処理群に割りふられるまで，誰も知らない，ということである．たとえば，ある病状に対する新しい治療法と従来の治療法を比べる臨床試験を考えてみよう．つまり，この臨床試験に参加した被験体は，2つの治療法のどちらかにランダムに割りふられるわけである．このとき，自分がどのような処理を受けるのかを事前に知って参加してくる人がないようにし，かつ，参加者を受け入れる側が，誰がどの治療を受けるかについて影響を及ぼす手段をもたないようにすることが望ましい．

具体的にはどうするか，例を使って説明しよう．今，ある医師が参加者50人を集める責任を負っているとする．ここで役に立つのは，参加者を募集する前に，他の誰かがあらかじめランダムな割りふりをすませておくことだ．つまり，「従来の治療法」カード25枚と，「新しい治療法」カード25枚を袋に入れ，

@　この小節で扱った題材についてさらに詳しいことは，補足資料の11.6.3小節に載っている．

そこから1枚ずつ選んでは，1番から50番までの番号がついた不透明な封筒に入れていく．こうしておけば，医師がたとえば27番目の参加者を得た時点で，初めて割りふり係が27番の封筒を開け，その参加者がどちらの処理を受けるかが明らかになる．

なぜこんな面倒なことをするのかというと，意識的あるいは無意識的な偏りが，割りふりの仕方に影響を及ぼすことがあるからだ．そのような割り付けバイアスは，たとえば，参加者集めにかかわった医師が新しい治療法をほとんど信用していなくて，親切心から，重症の人をつい従来の治療法に割りふる，といったことから生じてくる．被験者のほうでも，たとえば新しい治療法の安全性に不安を感じている場合，従来の治療法に割りふられると知ったら，もっと進んで参加する気になるかもしれない（これは選択バイアス）．あるいは，自分が望むグループに割りふってもらえるよう，割りふり作業に影響を及ぼそうとするかもしれない（割り付けバイアス）．割り付けの秘匿はいつでも実行可能なのだから，いつでもおこなうべきである．そうすれば，割りふりの仕方に人的バイアスが忍び込む隙がなかったことを，悪魔の代弁者に納得させることができる．

注意してほしいのは，割りふりの担当者が，患者にどの処理が割りふられたかを知った後でも，その情報を，患者自身にも，患者の世話をする人や判定をする人にも，知らせないでおくほうがいい，ということだ．これもやはり，意識的あるいは無意識的な偏りが結果に影響するのを防ぐためである．このように情報を伏せておくことは盲検化と呼ばれていて，すでに11.6.3小節で扱った．

盲検化はつねに可能とは限らないが（たとえば，ある運動をするよう言われたか言われなかったかを，患者は確実に知っている），割り付けの秘匿はつねに可能なのだから，つねにおこなうべきである．割り付けの秘匿と盲検化は，どちらも意識的または無意識的な偏りの問題を防ぐための方策で，よく混同される．しかし，割り付けの秘匿は，被験者に処理が施されるより前の偏りを回避するためのもので，盲検化はそれより後の偏りを回避するためのものである．

参加者を順番に集めるとき，最もやりがちなのは，人々を参加の順番どおりに処理群に割りふることである．グループがAとBの2つあるなら，最初の人をグループAに，2人目をBに，3人目をグループAに，……というふうに割りふっていく．しかしこのようなランダムでない割りふりは勧められない．なぜなら，割りふりにかかわる人々が簡単に順番を予測できてしまうからだ．そうなればさっそく悪魔の代弁者が，意識的または無意識的な偏りの忍び込める方法を考え始めるだろう．順番に参加が決まった人々を，ランダムに割りふって悪いという理由はない．それなら，そうするほうがはるかに安全である．

➡ **あなたの割りふり方に偏りはない，と悪魔の代弁者を納得させる必要があることを，つねに意識していなければならない．割り付けの秘匿はそのために役に立つ手段である．**

11.6.5　床効果と天井効果

アルコールの摂取が，情報を取り込んで思い出す能力に，どのような影響を及ぼすかを調べたいとしよう．それぞれ10人の被験者からなるグループを2つ作る．アルコール群の人々は，決められた数のアルコール飲料を飲みながら，2，3時間音楽を聞いてリラックスする．対照群の人々も同じことをするが，飲み物にはアルコールが含まれていない．そのあと，各被験者は同じ5分間の映像を見て，それについていくつかの質問に答える．この実験のデザインで難しいのは，適切な質問を用意する部分だ．質問は，ある程度難しくなければならないが，難しすぎてはいけない．質問が難しすぎて，どちらのグループの誰も正しく答えられないようでは，グループ間の違いについて何も知ることはできない．また，20人全員が楽々と正解できる場合も，やはり，アルコールの認知機能への影響について何も知ることはできない．前者のような状況を，専門用語では**床効果** floor effect といい，後者のような状況を**天井効果** ceiling effect という．理想を言えば，難しくはあるけれども，酔っている人と酔っていない人の両方にとって，

> **床効果：floor effect**
> **天井効果：ceiling effect**
> 床効果は，被験体からとった測定値の大部分が，可能な測定値の範囲の最低値になったときに起こる．天井効果は，それとは反対に，測定値の大部分が，可能な測定値の範囲の最高値になったときに起こる．

答えるのが不可能ではない質問がほしい．そうすれば，全質問に占める正解の割合がグループ間でどのように違うかを測ることができる．床効果と天井効果を避ける一番の方法は，予備研究をおこなうことだ．

床効果が起こるのは，被験体からとった測定値のすべて（あるいはほとんどすべて）が，可能な測定値の範囲の最低値になってしまったときである．反対に，天井効果が起こるのは，被験体からとった測定値のすべて（あるいはほとんどすべて）が，可能な測定値の範囲の最高値になってしまったときである．実験処理による差異が検出できるためには，被験体の測定値にある程度の幅がなければならない．だから，これら２つの効果を避けなければならないのだ．

たとえば今，学生のボランティアを，２つの異なる体力増進トレーニング法にランダムに割りふったとしよう．どちらの方法がより効果的かを評価するために，運動能力のある側面を測定したい．もし，1ヵ月のトレーニングの後，50m 短距離走のタイムが改善したか，それともしなかったか，というような単純な尺度を使ったとしたら，どちらのグループのどの被験者も，1ヵ月間トレーニングをすれば，前より速く走れるようになっているだろう．そうなると，トレーニング法の間にあるどんな違いも知ることはできない．天井効果に引っかかってしまったわけだ．これに対して，もし，タイムを 50％縮めるには何ヵ月のトレーニングが必要かを測るとしたら，どちらのグループのどの被験者も達成できない課題を設定する，という逆の危険を冒すことになる．今度は床効果に引っかかってしまったわけだ．この場合，被験者からとった測定値が，自然と幅のある範囲に広がるような尺度を使うべきだ．この例で言えば，1ヵ月のトレーニングの後に，50m 走のタイムが何パーセント減少したかを測るといいだろう．そして，そのあと統計検定を使って，個体間のばらつき（があるとして，そのうち）のどれほどが，トレーニング法の違いによるのかを調べればいい．

➡ **個体間，あるいはグループ間の違いを検出するためには，被験体に課す課題が難しすぎたり易しすぎたりしないように注意しなければならない．**

11.6.6　観察者効果

場合によっては，単に生物を観察するという行為そのものが，その生物の行動を変えることもある．この現象は，観察者効果，実験者効果，期待バイアスなど，多くの名前で呼ばれている（索引の「観察者効果」参照）．水槽内の魚の摂餌行動を，プラスチック模型の捕食魚がいる場合といない場合で観察しているところを想像してほしい．残念なことに，魚たちは模型の魚には特におびえていないのに，水槽の上から観察しているあなたには警戒している．その結果，すべての魚が，捕食者が常時いるかのように行動し，模型がいることによる差異は検出できない．

このような問題は，行動研究だけで起こるとは限らない．たとえば，齧歯類のかかるマラリアが，人において見られるのと同じような発熱サイクルを引き起こすかどうかを知りたいとしよう．そのための最も単純な方法は，マラリアに感染したマウスの体温を一定の時間間隔で測り，それを対照マウスの場合と比べることだ．しかし，体温を測るために人がマウスにさわるだけで，ホルモンの変化が起こり，マウスの体温が上がってしまうかもしれない．測定をすること自体が，測定を信頼性のないものにする可能性がある．つまり，被験体にとってなじみのない状態で被験体をテストし，ストレスをあたえることを避けようとするのには，倫理的そして実際的な理由があるのだ．これについては，コラム 11.2 でさらに詳しく述べる．

上の 2 つの例で述べたような現象は，生物学の研究をおこなうときに直面する大問題である．どのように対処すればいいのだろうか．ひとつの方法は，動物を順応させることだ．動物を実験室に連れてきたら，彼らが新しい環境に慣れるまで，十分時間をとることが不可欠である．そうすれば彼らの行動や生理状態は，実験を始めるときには通常通りになっている．順応の大事な部分は，観察者がいることや，実験のために人にさわられることに，動物が慣れることだ．観察者効果は，適切な順応期間のあとでは消えることが多い．もしそれがうまくいかなければ，次の手段は，遠隔地点から測定をおこなうことである．水槽の魚は，ついたての後ろからでも，ビデオカメラからでも観察できる．同様に，マウスに取りつけられる温度記録計を手に入れれば，事前に設定した時間間隔で温度を記録できるので，実験中にマウスにさわる必要はなくなる．そのような機器は高価かもしれないが，良質なデータをとるための唯一の方法かもしれない．それに，これによって動物の受けるストレスが減るならば，倫理的にも良いことである．

観察者効果の最大の問題は，まさにその性質からして，それが起こっているかどうかの判別が難しい，ということだ．もしあなたがそこで見ていなかったとしたら，魚がどんな行動をとるのか，どうやってわかるのだろう．その答は，少なくとも一部の測定を遠隔でおこない，それを直接観察の結果と比べることである．すべての魚をビデオに収めるのに十分な数のカメラは手に入らないかもしれないが，1 台でも数日間借りてきて，予備研究として，観察者がいる場合といない場合の魚の行動を比べてみれば，本番の研究ではビデオに撮る必要がないことを，説得力をもって示せるかもしれない．

結局のところ，観察者効果の問題は，研究対象の生物システムの問題である．それを最小限に抑えるためにできることは何でもすべきだし，他の人たちにその努力を正当に評価してもらえるよう，自分が何をしたかを明確に示すべきだ．測定のプロセスが何らかの形で測定の対象に影響をあたえている，と悪魔の代弁者が主張する余地はないかどうか，つねに自問して，それに対して自分を弁護できるように実験をデザインすることが大事である[@]．

【問 11.7】観察者効果が起こる可能性の非常に高いケースとして，人に面接をしてデータをとる場合が考えられる．どのように対処すれば一番良いだろうか．

コラム 11.2

実験室で人や動物を測定する

意図せずに被験体にストレスをあたえることは，倫理面と実践面の両方の理由により，避けなくてはならない．同じ変数を測っても，ストレスを受け

@　この小節で扱った題材についてさらに詳しいことは，補足資料の 11.6.6 小節に載っている．

ている個体からは，通常の環境にいるストレスのない個体と同じような測定値は得られないかもしれない．ストレスは多くの場合，測定環境に慣れていないことが原因である．測定の手順の中に，環境に慣れてもらうプロセスを組み込み，被験体が人間ならば，測定を始める前にできるだけ具体的な説明をするようにしよう．できれば測定器具に慣れてもらう機会を設け，気になることは何でも質問するよう励まそう．実験動物の測定では，被験体はたいてい，ふだんの飼育場所から検査室に移される．おそらく，移動と，新しい環境を経験することの両方が，動物にストレスをあたえるだろう．この問題の解決法は，それぞれの種に特有なものになるが，著者たちのアドバイスはこうである．動物の苦しみを最小にすること．そして，意図せずストレスをあたえたせいで自然でない測定値を得てしまう危険を最小にすること．この2つを実現するという目的意識をもって，関連先行研究の実験手順を勉強しなさい．動物たちがストレスの下でふだんとは違う行動をするかもしれないという考えは，確実に悪魔の代弁者の頭に浮かぶと思っていい．そのような懸念に対して自己弁護できるよう，できることはすべてしておきなさい．

➡ 情報を集める方法そのものが，測定しようとしている変数に影響しないよう注意しなければならない．

11.7 データ記録の落とし穴

データの記録も一種の「技」であり，上手と下手がある．上手な記録はある程度，経験のたまもので，経験を積むうちに身についてくる秘訣やコツはたくさんある．しかしここでは，読者がうまくスタートを切れるよう，著者たちが初心者だった頃に誰かが警告してくれればよかったのに，と思ったいくつかの落とし穴について述べよう．中には，わかりきっていると思うものもあるかもしれない．著者たちに言えるのは，かつてこれらのアドバイスを無視したばかりに，自分自身が痛い目に遭った，ということだ．

11.7.1　一度にあまり多くの種類の情報を記録しようとしない

このあやまちは特に，行動研究で起こしやすい．わたしたちは人間にすぎない．一度に記録するデータの種類が増えれば増えるほど，間違いも増えていく．予備研究を利用して，情報を効率よく記録するために，速記コードやデータシートの書き方を工夫するといい．もし本当に，行動研究でさまざまな種類の情報を記録する必要があるのなら，ビデオに撮ることだ．それを何回も見て，毎回，データの異なる側面を記録するといい．

11.7.2　速記コードの注意点

チンパンジーの群れを観察するに当たって，行動を記録するためのコードを考えた．行動が始まったら，オンになったままのテープレコーダーに向かって，2 文字からなるコードを言う．1 文字目は個々のチンパンジーの識別コードで（A，B，C, ... H），2 文字目は以下のように行動のタイプをあらわす．

E：(eating) 食べている
A：(aggression) 攻撃行動を見せている
P：(play) 遊んでいる
G：(grooming) 毛づくろいをしている
V：(vocalizing) 声を出している
W：(watching for predators) 捕食者を見張っている

まず指摘したいのは，テープの音声を文字に起こすときは，「ビー (b)」と「ディー (d)」を区別するより，たとえば「ブラボー (bravo)」と「デルタ (delta)」を区別するほうがはるかに楽だということだ．それから，テープを起こすときは，たとえば「W」が何だったかを覚えておく必要がある．たぶん一番安全な方法は，各テープの冒頭でコードを定義しておくことだろう．そうすれば，コードで記録されたデータとコードの意味がばらばらになることはない．そのほか，日付や，場所や，天気など，データ採取について記録が必要な情報すべてについて，同じことが言える．一般に，互いに関係のある情報は，ひとまとめにしておくことだ．

11.7.3　データを2セット以上持っておく

失われたデータの代わりを見つけるのは難しく，時には不可能である．しかし，コンピューターは壊れるものだし，ノートを電車に置き忘れることもある．野外ノートや研究ノートは，すみやかにコンピューターのスプレッドシートに書き写そう．スプレッドシートのバックアップをとり，原本（元のノート）はとっておく．すぐに書き写せないときは，定期的にノートのコピーをとって，親元に送るか，少なくともノートから遠く離れた場所に置いておこう．そんなことをするのは，仮にあなたの住まいが洪水に遭っても，原本とコピーのどちらか一方は無事であるようにしたいからだ．厳しいことを言うようだが，コピーもとらずにデータを紛失したとしたら，それは運が悪かったのではない．あなたの不注意が明るみに出た，ということだ．

11.7.4　実験手順をきちんと詳細に書き出す．詳細な野外ノートや研究ノートをつける

野生のチンパンジーを観察する3ヵ月の集中的な野外調査を，ちょうど終えたところだと思ってほしい．これからしばらく息抜きだ．3週間の休みをとってアフリカを見てまわったあと，家に帰ってくる．アフリカにいる間にたまっていた郵便物の山を整理するのに，2〜3週間かかる．こうして，データをきれいにそろえて解析する頃には，そのデータを実際にとった時から1ヵ月から4ヵ月くらい経っていることになる．きっと何も覚えていないだろう！　データをできる限り徹底的に解析するのに必要なことはすべて，何らかの形で（紙，CD-R，録音テープ）記録しておかなくてはならない．自分の記憶は当てにならない．重要なことはすべて記録しよう．できるだけ細かく，はっきりと，読みやすく．これができているかどうかをテストする方法は，あなたと同じような

訓練を受けてきた人（あなたがアフリカにいる間，あなたのネコの世話をしてくれた人）に記録ノートを見てもらうことだ．それが十分よく書けているならば，その人はあなたのデータを使って，あなたと同じくらいちゃんとそれを解析できるはずである．だから，位置を記録するのに，「大きな丘の頂上の近く」のような書き方をしてはいけない．GPS の座標を記録するか，地図上に印をつけておこう．ノートにはまた，あなたが測定したカテゴリーの詳しい記述や，あなたが決めた測定の決まり事（腕の長さを測るとき，指まで含めたか，含めなかったか）も書いておかなければならない．ていねいにノートをつけることには，別の利点もある．あなたが 2，3 日病気で寝込んだとき，誰かが代わりにデータをとるのが容易になるし，将来誰かが追跡研究するのも容易になるだろう．

11.7.5　働きすぎない

最後に述べたことと関係するが，集中的な野外調査をしていると，ここには 3ヵ月しかいられないのだから，起きている間は 1 分も無駄にせずチンパンジーを観察しなければならない，といった気持になりがちだ．だからといって，できるだけたくさんデータをとろうとするのは間違っている．量が多いことは安心材料だが，その気持ちにだまされてはいけない．量は質の代わりにはならない．ここでまた例の予備研究の話を持ち出すつもりはない．しかし，データを書き写し，照合し，その質をチェックするために費やされた時間は，有効に使われた時間であり，問題点をできる限り早く見つけるのに役立つ．それに，野外ノートを早いうちにもっと整理された形に書き写しておけば（コンピューターに入力するなど），データをなくしたり，重要な情報を忘れたりする機会も少なくなる．そして，これは何より難しいことだが，休憩をとって，仕事とは関係のないことをしなければならない（眠ること，食べること，風呂に入ること，すべてお勧めだ）．そうしたからといって，あなたが弱いとか，研究への熱意が足りないとかいうことにはならない．むしろ，疲れ果てている時よりリフレッシュした時のほうが良質なデータがとれる，と信じているからそうするのだ．

良いデータをとるには苦しまなくてはならない，などというマッチョ文化に流されてはいけない．疲れた記録係は間違いを犯すし，ばかなことをしていても気がつかない．働きすぎは実際には非生産的だし，隠れた危険性もある．働きすぎに注意しよう！

【問 11.8】疲れて注意力が散漫になる前に，何分または何時間ぐらい，顕微鏡を使って花粉をかぞえていられるだろうか．

11.7.6　コンピューターや自動データ採取システムをチェックする

データ採取をする者にとって，コンピューターは本当にありがたい道具だ．一般に，人より正確だし，漂流も少なく，疲れたり飽きたりもしない．しかし，人と比べたときの大きな欠点は，自己批判ができないことだ．コンピューターは，何かがおかしいと告げることもなく，何日も続けて平気でゴミを記録し続ける（あるいは，何も記録しないでいる）ことができる．だから，記録すべきものをちゃんと記録しているかどうか，あなたがチェックすることが決定的に重要だ．そして，研究中はつねに再チェックを怠らないことが必要である．

➡ とにかく，データを 1 組しかもたないようなことは，決して，決して，決して，してはならない．

まとめ

- 測定の仕方を考えることもデザインの一部である．以下のことに気をつけよう．
- 計測の機器（人間の観察者も含む）の較正をする．
- 測定をランダム化する．
- 精度を上げるためにサブサンプリングを考える．

- 実験に含まれる精度の低さや偏りが十分小さく，結論に無視できるほどの影響しかあたえないことを示せるよう努力する.
- 間接尺度を使う診断テストに完璧なものはない．偽陽性や偽陰性には注意しよう.
- 観察者漂流，観察者内変動，観察者間変動に用心する.
- 測定中の主観的意思決定を減らせるように，明確な定義を用いる.
- 観察者効果，つまり生物システムの測定そのものがその行動に影響をあたえるという現象，に用心する.
- 床効果と天井効果に注意する.
- 観察者バイアスや生きた被験体へのストレスを指摘された場合に，研究を弁護できるようにしておく.
- つねにデータのバックアップをとっておく.

セルフチェック問題の解答例

ここに示す解答が，唯一の可能な答ではないことに注意してほしい．多くの問題は意図的に，決まった正解のないものにしてある．あなたの答が解答例と異なっているからといって必ずしも間違っているわけではない．それもまたこの解答と同じくらい正しいかもしれない．

第 1 章

【問 1.1】質問が曖昧なので，どういう母集団を使うか決めかねる．とくに，この質問は地理的な範囲について何も言っていない．おそらく質問者は，世界中の刑務所の被収容者に関心があるわけではないだろう．したがって便宜上，質問者は研究の範囲をイギリスに限るつもりだと考えておくが，仮に他の地理的範囲を考えたとしても，問題はないだろう．刑務所の被収容者集団は変動するので，特定の母集団を定めるには時間的な制限も考える必要がある．そこで，サンプリングをおこなう日を 2016 年 3 月 12 日と定めるならば，わたしたちの母集団は，正確には「2016 年 3 月 12 日にイギリスの刑務所に収容されていた人すべて」となる．母集団を記述するときは，できる限り具体的に述べるよう心がけなければならないが，この問ではそこがぼやけている．

【問 1.2】宗教の教えの実践に関しては，確実に独立ではない．刑務所に入れられることは人生が一変するような経験なので，新しい宗教思想に対する抵抗がいつになく弱まると考えられる．強い宗教心をもった人といっしょの小さな部屋に入れられれば，自分の宗教心に強い影響を受ける可能性は非常に高い．一方，左利きであることは，そのような社会的影響をはるかに受けにくいので，これに関しては，同じ監房にいる 2 人は互いに独立だと考えてよいだろう．実験デザインの多くの要素について言えることだが，一見統計学的に見える「データ点の独立性」のような概念も，実際の研究でそれを扱うときは，数学的理論よりむしろ研究対象の生物システムに関する知識を使って考えなければならないことが多い．

【問 1.3】そんな因子はいくらでも思いつく．年齢，性別，遺伝，職業，食習慣，社会経済的グループ，これらすべてが視力に関係すると考えられる．問題は，これらの因子がすべて喫煙性向にも関係している可能性が高いことだ．したがって，喫煙の影響を他の因子の影響から切り離すのはなかなか難しい．

【問 1.4】測定の日時をあらかじめ決めておき，同僚に頼んで，あなたが一方の群れを測定するちょうどその時に，もう一方の群れを測定してもらう．しかし，これでは単に，ひとつの交絡因子（測定時期）を，別の交絡因子（測定者）と入れ替えたことにしかならない．これが本当に改善策となるのは，2人が羊をまったく同じ方法で測定できるように手筈を整えた場合である．そのような手筈の中には，2人できっちりと測定手順を合意すること，2人とも同じ測定機器を使うことが含まれる．群れの半分を午前中に測り，その後同僚と交代して，もうひとつの群れの半分を午後に測るようにしてもいい．そのあと統計検定を使って，2人の異なる測定者が同じ群れからとった測定値の間に，有意な差が見られるかどうかを調べる．もし有意な差がなければ，この研究には，測定者や測定時期が交絡因子となって起こる問題はなさそうだと考えていいだろう．しかし，この研究ではもっと他のやり方がたくさんある．これが唯一の解決策だと思わないように．

第2章

【問 2.1】 行きは，その日の仕事を（少なくとも無意識に）できるだけ早く始めなければと思っているが，帰りは，時間をそれほど気にしなくなっているだろう．仕事場に遅刻したときのペナルティは，帰宅が遅くなったときのペナルティより大きい可能性がある．朝はできるだけ長くベッドの中にいたいので，その分の遅れを取り戻すために急ぐのかもしれない．たいていは帰りのほうが道が混んでいて，車の列がゆっくりとしか動かないので，遅くなりがちなのかもしれない．

【問 2.2】 仮説のひとつとして考えられるのは，頻繁にコンピューターゲームをすることはその人の暴力的傾向を強める，というものだ．この仮説から，たとえば次のような予測が導かれる．ふだんコンピューターゲームをあまりしていないボランティアを見つけて，一定期間，頻繁にコンピューターゲームをしてもらい，その前と後とで暴力的傾向を比較すれば，後のほうが暴力的傾向が強くなっているだろう．

もうひとつ考えられる仮説は，コンピューターゲームは暴力的傾向には影響しないが，他の理由（遺伝，環境，あるいはその両方）により暴力的傾向の強い人の多くは，コンピューターゲームが好きである，というものだ．この仮説が正しければ，上に述べた実験をした場合，頻繁にゲームをしてもらう前と後とで，ボランティアの暴力的傾向に変化は認められないはずだ．したがって，上に述べた実験をすれば，対立する2つの仮説を検証することができる．

【問 2.3】「これからの6ヵ月間に暴力行為に及んだ回数を記録しておいてください」とか「この6ヵ月で何回ぐらい暴力行為をおこないましたか」とかいうような質問をして，信頼性の高い回答を得られる可能性は低い．第一，何が暴力行為かについて，人々の考えは同じではないだろう．それに，仮に暴力行為の定義を決めたとしても，このような質問に人々が正直に答えるとは思えない．衝突が起こるような状況を仕組んで，被験者たちの反応を観察するという方法も考えられる．しかし，これは設定がかなり難しいだけではなく，倫理的に非常に問題である．それに，ある人の暴力的な傾向一般が，仕組まれた状況におけるその人の行動にどの程度現れるかは，よくわからない[@].

【問 2.4】対照群のサンプルと実験群のサンプルは，実験で調べている変数においてのみ異なっているべきだ．この同僚はうっかり時間という交絡因子を加えてしまった．今となっては，対照群と実験群の間のどんな違いも，調べている変数のせいだと確信をもって言うことはできない．なぜなら，それらの違いが生じたのは，単に時間とともに条件が変わったせいかもしれないからだ．実験群を測定してから対照群を測定するまでの間に，条件や機器や実験者に何か大きな変化が起こったかもしれない．そういうことは起こらなかったと悪魔の代弁者を納得させるのは非常に難しい．この問題は，歴史的対照群を使ったときに生じる問題とよく似ている．この同僚は，実験群と対照群を同時に調べ，被験体に処理を施す順番をランダム化することによって，このような状況を避けることができたはずだ（ランダム化について詳しいことは 7.2.2 小節と 11.1 節参照）．

【問 2.5】まず，かなりの数の野生ガンの群れを観察できるような研究場所が見つかるかどうかを確認しなければならない．次に，ガンは人の存在に敏感なので，ガンを邪魔せずにどこまで群れに近づけるかを調べる必要がある．どこまで近づけるかによって，それぞれの群れでとる測定値の質が変わってくるからだ．話を簡単にするために，データをとるのはあなた 1 人だと仮定しよう．もし 1 人でなければ，予備研究を利用して，観察者間のばらつきの程度も調べておく［訳注：観察者間のばらつきは観察者間変動と呼ばれる．11.5 節参照］．予備研究をすると，野外の環境下で，どれくらい正確にガンを種まで同定できるかがわかるだろう．もしかしたら，異なる種が混じり合った群れがあるかもしれず，そのような群れの扱いについてルールを決めることもできるかもしれない．1 つの群れには 100 羽以上の動く個体が含まれることがあるので，ガンの数をどのようにしてかぞえるかが問題になるだろう．予備研究では，群れの大きさの推定にどれだけ自信をもてるかを調べてみよう．その方法のひとつは，群れ全体の写真を撮って，写真上で個体数をかぞえることだ．適切な写真が撮れそうな場所が，そのあたりにどのくらいあるかを調査する．また，本研究の前に，農地の使われ方のタイプを分類する基準を決めておくわけだが，その分類法がどの程度うまく機能するかも予備研究中にチェックし，必要に応じて微調整する．

第 3 章

【問 3.1】第三の変数として，摂餌行動が考えられる．（おそらく生息地によって餌が違うせいで）アナグマによってとる餌が異なり，あるタイプの餌は，腸内寄生虫に感染するリスクを上げると同時にカロリーが低く，このカロリーの低さが低体重の原因なのかもしれない．

@　研究の被験体が人間である場合に起こる特別な問題についてもっと知りたい読者は，補足資料の 2.2.1 小節を見るといい．

このような第三の変数の影響があったとしても，だからといって，腸内寄生虫の量は体重には直接影響しない，とは言えないことに注意しよう．第三の変数の働きと直接的影響の両方があるかもしれない．ただ，これら2つのメカニズムのうち，どちらのほうが体重に対する作用が大きいかを推定するには，操作的研究が必要になるだろう．

【問 3.2】(a) この問題では，第三の変数が絡んでいる危険性がある．たとえば，時間のストレスが高いことを自覚している人は加工食品をとる傾向が強く，それとは無関係に，うつになる傾向も強いのかもしれない．逆の因果関係の可能性もある．つまり，理由が何であれ，うつになっている人は，材料を使って一から料理をする気になれず，簡単に食事がとれる加工食品に手を伸ばしやすいのかもしれない．食生活を操作するのは比較的簡単で，数週間から数ヵ月後には結果が見られるはずだ．したがって，操作的研究を選ぶ．
(b) この問題でも，さまざまな第三の変数が考えられる．たとえば，性別，年齢，社会経済的集団，民族性，飽和脂肪以外の食事因子（塩分など），遺伝的因子，運動量など．こうして見ると，操作的研究に惹かれそうになる．しかし，心臓発作は比較的まれにしか起こらず，何千人もの被験者を使うとしても，何らかの影響を見るためには，研究を数年続けなければならない．それにこの場合，操作的研究には倫理面で重大な問題がある．心臓発作は死に至る危険性が高い．そのようなことが起こるリスクが高くなりそうな食事をボランティアにとってもらう，というのは簡単に正当化されることではない．これに比べると，(a) でうつになるリスクの増加は，倫理的な問題はあるにせよ，注意深く経過観察をするならば，より正当化しやすいと言えるだろう．このように実際的考察と倫理的配慮から，(b) では操作的研究ではなく，相関的研究を選ぶ．そして，いくつかの重要と考えられる第三の変数を制御するために，データ採取と統計解析を注意深くデザインすることにする．

第 4 章

【問 4.1】サンプルを夫婦に限るのはおそらく問題だろう．既婚者の集合は母集団の部分集合にすぎない．既婚者のサンプルを母集団全体に一般化しても安全だと言えるのは，人が結婚する可能性と，人の身長との間には，まったく関係がないと言ってよい場合だけだ．しかし，これについて説得力のある議論をするのはなかなか難しい．一般に身長は人の魅力に大いに関係すると考えられているし，人の魅力は結婚する可能性ともおそらく関連しているからだ．

【問 4.2】公平でない質問では，回答者が（意識的にか無意識的にか）ある決まった答え方をするように仕向ける言い回しが使われている．明らかに公平でない言い回しを使った質問としては，次のようなものが挙げられる．
「私はコークよりペプシのほうがおいしいと思っていますが，あなたもそうですか」
「最近の調査で，コークのほうがペプシよりおいしいという結果が出ました．あなたもそう思いますか」
「売り上げはこのところずっとペプシがコークを上回っています．ペプシのほうがおいしいと思いますか」
「私はコカ・コーラの代表者です．我々の商品はペプシよりおいしいと思いますか」
たとえば「コークよりペプシのほうが好きですか」のように非常に中立的に見える質問でも，「ペプシよりコークのほうが好きですか」と順番を入れ替えてみる注意深さが必要だ．ひょっとしたら，順番が答に影響をあたえているかもしれない．

【問 4.3】文献を読む．罠(わな)を使って小型哺乳類を捕獲するのは，科学研究ではよく使われる手法なので，餌の好みや「罠へのかかりやすさ」など，研究している種について，多くのことが知られているはずだ．この研究では特に，罠にかかる確率に影響しそうな因子（たとえば，一般的活動レベル，餌の好み，好奇心など）が，雌雄間でどのように違うと報告されているかを調べるといいだろう．これらの影響が強いようなら，調査方法の思い切った見直しが必要だろう．
また，罠のデザインや，使う餌の種類，罠をしかける場所など，重要と思われる因子を変化させてみるのも良い考えだ．そうすれば，得られた性比の推定値がこれらの因子に左右されるかどうかを，統計的に調べることができる．たとえば，罠につける餌を変えた場合に性比に大きな変化が見られたとすれば，餌への引きつけられ方の性差が結果に影響を及ぼしていると考えられる．

第 5 章

【問 5.1】すべてのメスを一度に鳥かごに入れてテストすると，あるメスの選択が，別のメスの選択から影響を受ける可能性がある．つまり，個々のメスの選択が，好みを知るための独立な測定値ではなくなってしまう．なぜかというと，より大きな同じグループに属していたいという，ただそれだけの理由で，他のメス鳥たちと同じものを選ぶ可能性が高いからだ．あるいは，他のメスに攻撃されたとか，単にスペースがなかったというだけの理由で，一部の個体は，もし自由に選べたなら選ばなかったほうに行ってしまう可能性もあるからだ．

【問 5.2】毛髪の色については，各個人を独立なデータ点とみなしておそらく大丈夫だろう．少しだけ心配なのは，血縁関係による偽反復があるかもしれないことだ．歯医者に行くのを極度に怖がる場合や，大がかりな治療を受ける場合は，家族が付き添うこともあるからだ．しかし，そのようなケースはかなりまれなので，無視しても大丈夫だろう．一方，見知らぬ人との会話のほうは，偽反復は無視できない問題となる．第一，誰かが話をしているとすれば，その人には話の相手がいるはずなのだから！　したがって，話をしようという決断は，互いに独立ではない．さらに，2 人の間で会話が始まれば，他の人たちの間でも，別の会話を始めることへの遠慮が弱まる可能性が高い．このように，個々の人間を独立な反復体とみなすことはできないので，一番良いのは，この「場」をひとつの反復体とみなすこと，そして，そこにいた男性と女性それぞれの人数と，話に加わった男性と女性それぞれの人数を記録することである．

【問 5.3】心配すべき非独立性の問題はある．赤血球数の測定値が 360 個あるといっても，これらはたった 60 人の被験者からとられたものだ．各被験者からとられた 6 つの測定値は，薬が赤血球数に及ぼす影響を調べるための互いに独立なデータ点ではない．

これに対処するための最も簡単な方法は，それぞれの被験者に対し，6 つのデータ点を使って 1 つのデータ点を作り出すことである．今の場合は，赤血球数の平均をとるのがいいだろう．複雑なマルチレベルの統計法を使えば，これらのデータ点をすべて使って解析できるが，その場合でさえ，360 個の測定値を独立データ点として使うことはできない．

【問 5.4】この問に対する答は，研究対象システムの生物学的実態によって変わってくる．特に，同一の血液サンプルからとった 3 つの測定値間のばらつき，および，同一の個体からとった 2 つのサンプル間のばらつきがどのくらいあるかによる．同じ血液サンプルからとった 3 つの血液塗沫標本の測定値間に，ほとんどばらつきがないことがわかっているならば，各血液サンプルを 1 回測定すれば十分だろう．しかし，塗沫標本間で測定値に大きなばらつきがあるならば，1 つのサンプルから複数の測定値をとってそれを平均するほうが，1 回しか数えないより，そのサンプルの「真の」赤血球数により近い推定値が得られるだろう．これと同じことは，各被験者から血液サンプルを 1 つとるのと複数とるのとでは，どちらが良いかという問題にも当てはまる．このように，くり返しサンプルをとることは，研究対象システムに元々あるランダムなばらつきに対処するための効果的な方法だと言える．

第 6 章

【問 6.1】答は，期待している効果の大きさによる．それが大きい場合は，動物の数を増やして検出力をほんの少し上げても意味はない．期待している効果が中程度ならば，明らかに規模の大きい実験のほうが良く，小さい実験はおこなう価値がない．もし期待している効果が 0.5 より小さければ，どちらの実験もする意味がない．ばらつきを減らすか，何か他のものを測定することを考えるべきだろう．

【問 6.2】1 番目のケースでは，研究について一生懸命考えていることを褒(ほ)めたあと，使う霊長類の数を減らすことについて考えるよう強く勧める．96 % というのは非常に高い検出力だ．研究のために絶対に必要な数より多い動物を使うのは，倫理的に（それに費用の面でも）非常に大きな問題である．

2 番目のケースでは，生き物の福祉と費用の問題ははるかに小さい．しかし，葉の損傷の測定は時間がかかり，その分，他の仕事をする（または睡眠をとる！）時間にしわ寄せが行く．したがって，ここでも実験の規模を小さくすることを考えるよう（1 番目のケースより少し弱めに）アドバイスする．

【問 6.3】おもな利点は，遺伝的に同一の個体をたくさん得られることである．原理的に言って，遺伝的に同一の個体どうしのほうが，遺伝的に異なる個体どうしに比べて，ばらつきが少ない．その結果，研究の検出力が増すと考えられる．

【問 6.4】サンプルサイズを増やすことは，検出力の増加につながる．しかし，2 つ目の培養器を使うと，ランダムなばらつきの原因を 1 つ加えることになり，その結果，検出力を減少させる可能性がある．2 つの培養器に大きな違いがあるときや，実験の規模がすでに非常に大きいときは別として，一般的には，サンプルサイズを増やすことによる検出力の増分のほうが，培養器を加えることによる検出力の損失分より大きいと考えられる．いずれにしても，この研究では，ブロックデザイン（第 9 章参照）を使って実験するよう勧めたい．

【問 6.5】考えられる利点は，尾羽の長さの差を大きくすることで効果量が大きくなり，その結果，研究の検出力が上がることである．しかし，このような尾羽の長さは，メスが自然の中で出会うであろう範囲を超えている．したがって，研究で得られた結果は，メスの行動が自然なものではないという理由で，批判されるだろう．

第 7 章

【問 7.1】思わない．トマトの実験では，実験の規模を最小化しなければならない強い倫理的理由はない．さらに，この液体肥料をあたえなかったときのトマトの成長率のデータを，歴史的対照群としての先行研究から得たとしても，対照群と実験群のトマトの遺伝的性質が違うのではないか，という悪魔の代弁者の疑問を解消できるだろうか．あるいは，2 つのグループはまったく同じ培地，同じ環境下で育っていないではないか，という批判に申し開きができるだろうか．どちらも難しい．したがって，同時進行対照群のほうが，確実にすぐれた方法である．

【問 7.2】できない．なぜなら，今や液体肥料の濃度は，時間と交絡してしまったからだ．たとえば次のような状況を考えよう．対照群のトマトの株は，3 つの実験すべてで同じ成長率を示したが，高濃度の肥料をあたえられた株は，低濃度の肥料をあたえられた株より，成長率が高かった．これは確かに，肥料の濃度が影響を及ぼしていることの決定的な証拠だと言えるだろうか？　いや，言えない．高濃度群の実験をしたときの環境下では，低濃度群の実験をしたときの環境下でより，（どういう濃度であれ）肥料の効果が出やすかっただけなのかもしれない．そんなことはないだろう，とあなたは思うかもしれないが，悪魔の代弁者が簡単に納得すると思ってはいけない．すべての処理群の実験を同時におこなえば，この問題は解消する．

【問 7.3】病気が心配なので，実験を始める前に温室を大掃除し，不要ながらくたを取り除いておく．新しい土，新しい鉢，殺菌した道具を使う．できれば，実験中の株の付近での人の出入りが極力少ない温室を使う．看板を立て，トマトの株が進行中の実験の一部であることを説明し，連絡先を書いておく（そして，どういう理由であれ，また，どんなに短い間であれ，株を動かさなければならないときや，近くで作業をするときは，連絡するよう頼んでおく）．しかし，実験が長くなればなるほど，脱落株が出るリスクは高くなる．ただ，ここでは検出力とどう折り合いをつけるかを考えることも必要だ．なぜなら，実験を長く続ければ続けるほど，処理群間の成長率の違いはよりはっきりしてくるからだ．したがって，実験をどのくらい長く続けるかは，これら対立要因の最善の折衷案を考慮して決めることになるだろう．

【問 7.4】豆が処理群にランダムに割りふられていないことが問題である．ここでは，処理群への豆の割りふりは，それぞれの豆にいくつの卵を産むかという，メスの甲虫の決定にもとづいている．異なる豆の間には多くの相違点がある．中には幼虫の発達に影響するものもあるだろう．豆を処理群にランダムに割りふらないかぎり，そこから系統立った偏りが生まれる可能性がある．もしかしたら，メスは豆の質を見きわめて，その質に合った数の卵を産んでいるのかもしれない．そして，2 つの卵が産み付けられた豆のほうが，平均すると，1 つの卵の豆より質が良いかもしれない．その場合は，競争に関する処理が豆の質と交絡してしまう．これを解消するには，2 つの卵が産み付けられた豆ばかりを選んで，それらをランダムに処理群に割りふり，低競争群に割りふられた豆から卵を 1 つ取り除くといいだろう．

第 8 章

【問 8.1】その意味は，1 つの因子の効果が他の 2 つの因子の値に左右されることだ，と言いたくなるが，実際の状況はもっと複雑である．上の説明は，3 つのうちの 2 つの因子だけの間にみられる相互作用がいくつかあるときの説明だ．3 因子間の相互作用はそれとは別のことを意味している．最も近い説明は次のようなものである．殺虫剤処理の効果は，肥料の量によって変わる（つまり，殺虫剤の使用と肥料の量の間に相互作用がある）だけでなく，この相互作用そのものが，トマトの品種に影響を受ける．このようなことは，たとえば次のような場合に起こる．2 つの品種のうち，一方の品種では，肥料と殺虫剤が別々に成長に影響を及ぼすが，もう一方の品種では，低肥料処理よりも高肥料処理の場合に，殺虫剤の効果がより大きい．つまり，3 つの因子間の相互作用を解釈するには，3 つのうち 2 つの因子（たとえば殺虫剤の有無と肥料の量）の間の相互作用を，残り 1 因子のそれぞれの値について（つまり，トマトの品種ごとに別々に）調べる以外に賢明な方法はない，ということだ．

【問 8.2】この結論には多くの理由で賛成できない．まず気になるのは，2 つの実験が時を隔（へだ）てておこなわれたことだ．このせいで，2 つの実験結果の違いは必ずしもスズによるとは限らず，実験と実験の間に研究室で変化した他の何かによる可能性が出てきてしまった．それに，実験に使われた植物がどこで採取されたか明示されていないので，それらが本当に独立な反復体かどうか確かめようがない．しかし，ここで一番気になるのは相互作用の問題である．教授の仮説は相互作用に関する仮説である．植物がスズによりうまく対処できるように進化してきたのだとすれば，元鉱山の植物は，他所の植物に比べて，スズがある場合はより良く育ち，スズがない場合は生長の程度が同じくらいか，または悪いはずだ．つまり，ひとつの因子（植物の採取場所）の影響は，もうひとつの因子のレベル（スズの有無）によって異なるはずだ，という仮説である．ところが教授は，2つの実験をおこなってそれらを別々に解析しただけで，相互作用の検証をしていない．したがって，これは早まった結論だと言えるだろう．

【問 8.3】実験を数回くり返す必要がある．3つの培養器をすべて使う実験を，別々に3回おこなうといいだろう．毎回，3つの温度を3つの異なる培養器に割りふるが，3回全部を通して見たとき，どの培養器も3つの温度処理のすべてで使われるようにする．こうすれば，培養器と実験時期が酵母の成長にどう影響するかを，統計解析で調べることができる．さらに，解析によってこれらの因子の影響を制御できるので，調べたい因子（温度と増殖培地）の効果が検出しやすくなる．

第9章

【問 9.1】場合による．ブロック化が効果的なのは，ブロック化に使う変数によって，ばらつきのかなりの部分が説明できることがわかっている場合だけ，つまり，2人の科学者の間で評価が大きく異なる場合だけである．予備研究をして，同じトマトのサンプルを2人が別々に評価し，食い違いがあるかどうか比べてみるといい．もし食い違いがあれば，どこにその原因があるのかを突き止め，評価が一致するように努力する．そのあと別のトマトのサンプルを評価してみて，今度は一致するかどうかを見る．もし完全に一致すれば，評価者によって評価がばらつくことはもう心配しなくていい．もし，まだ一致しないなら，すべてを1人で評価することはできないか，また，2人のうちどちらがその評価者になるかについて合意は可能かを，検討してみるといいだろう．ここで学ぶべきことは，不要なばらつきの源（みなもと）を取り除くほうが，ブロック化や他の方法を使ってそうしたばらつきを制御するよりも良い，ということだ．

しかし，もし科学者が2人とも必要で，かつ，同じトマトを2人が同じように評価できる見込みがないなら，評価者をブロックにすることは，この不要なばらつきを制御するためのひとつの方法である．このとき，評価者はそれぞれ，各温室の半分のトマト，各処理群の半分のトマトを評価する．注意を要するのはトマトの株を評価者に割りふるときで，たとえば「評価者Aは温室のドアに近いほうの半分を見る」のようなルールを作って，系統立った割りふりをしてはいけない．これをすると，評価者の影響が見つかった場合，それが評価者のせいなのか，それとも温室内の置き場所のせいなのか，わからなくなる．トマトの株をランダムに評価者に割りふる作業はそんなに簡単なものではない．したがって，観察者間のばらつきを制御しようとするよりは，それを減らす方法を考えるほうがいいだろう（観察者間のばらつき，つまり観察者間変動について詳しいことは第11章参照）．

【問 9.2】もともとの健康レベルが，被験者間で大きく異なると考えられるので，ブロック化は魅力的である．年齢と性別は簡単にデータがとれるが，これらが被験者間の健康度のばらつきに大きく影響しているかどうかは確かではない．それより，実験開始時における健康度を測る何らかの尺度を使って，ブロックを作るほうがいいだろう．ボランティアの学生たちが体力増進のために日頃実行している運動のレベルについて，アンケートで答えてもらってもいいし，計測をおこなって体脂肪の指標を計算してもいい．

第 10 章

【問 10.1】おそらく農園には，各鶏小屋で産み落とされた卵の数の記録がとってあるだろう．記録があれば，それに目をとおして，他の鶏小屋より一貫して多くの卵を生産している鶏小屋がないかどうか，調べてみるといい．もしそのような鶏小屋があったら，過去の卵生産にもとづいてブロック化する価値はあるだろう．

【問 10.2】調べられるだろう．しかし，このデザインは，相殺型のデザインに比べて，実行するのがより容易でもないし，より安上がりでもなく，検出力もはるかに低くなるだろう．そうなる理由のひとつは，グループ間の比較をしなければならなくなるからだ．もうひとつの理由は，実験処理の効果を検出するための被験体内比較を，半数の被験体でおこなわなければならないからだ．

第 11 章

【問 11.1】それぞれのヒナの測定日を記録しておき，それを共変数として統計解析に含めるべきだ．しかし，実験期間中に測定者が漂流していないかどうかも，調べたほうがいいかもしれない．しかるべき訓練を受けた測定者をあと 2 人加え，主測定者と同じヒナを何羽か測ってもらうといいだろう．このとき，2 人の測定は互いに独立でなければならず，それぞれが主測定者の測定とも独立でなければならない．さらに，主測定者には，彼が測った測定値のいくつかを他の人に測ってもらってチェックされることを知らせるが，それがどれかは伝えないでおく．3 組の測定値を比べれば，主測定者に漂流が起こったときにもそれを知ることができる．なぜなら，3 人の測定者が同じように漂流する可能性はとても低いからだ．それに，人間の本来的な性質として，測定値の一部が他人にチェックされると知れば，主測定者はふだんより注意深くなるだろう．その結果，漂流そのものが起こりにくくなると考えられる．最後に，この研究では，どんなに努力しても，時間の影響を完全に取り除いたり制御したりすることはできないかもしれないことを，心に留めておくほうがいい．そして，そのことが，得られる結果や引き出せる結論にどのように影響するかを考えるべきだ．

【問 11.2】この場合は使わないと思う．2 個のストップウォッチと 2 人の担当者，数人のボランティアを使って，注意深く予備研究をすれば，精度の低さや不正確さが主実験の結果に強い影響を及ぼすほど大きくはないことを示すデータが簡単にとれるはずだ．それに，2つのストップウォッチにかかる費用は，自動システムの費用の1％にも満たない．労働力のコストは増すが，労働力は安い（または，友達がいればコストはかからない）．ストップウォッチ担当者を集め，いっしょに練習して，予備データをとるために使う時間は，自動システムの設置に必要な時間の10％にも満たないだろう．

ただ，記録するタイムが上の場合よりはるかに短く，ストップウォッチの使用による精度の問題がより大きい場合は，違う結論になるかもしれない．たとえば，レーシングカーが60mを走るタイムを記録するならば，面倒でも自動システムを導入する価値はあるだろう．

【問11.3】観察場所の多くの側面が，甲虫の多様性に影響をあたえると考えられる．今調べようとしている樹木タイプの他にも，標高や，木で覆われた部分の面積，といった変数が影響するだろう．針葉樹林と広葉樹林を1つずつしか調べなかったとすると，その2つの森林は，樹木タイプ以外に，たとえば標高のような他の面でも異なっている可能性が高い．つまり，たった2つの森林だけでは，2つの場所で見つかった甲虫の多様性の違いが，関心の的である変数（樹木タイプ）のせいなのか，それとも何らかの第三の変数（標高など）のせいなのか，知りようがない．もっと多くの森林を調べなくてはならない．そうすれば，第三の変数の影響を統計的に制御することができる．この問題は，別の見方から，次のように答えることもできる．ただ1つの森林のたくさんの木からとった測定値は，その森林タイプについて知るための独立な測定値ではない．したがって，森林タイプ間の違いについて知りたい場合には，これらは偽反復された測定値となる．

【問11.4】衛星写真のところで勧めた方法（くり返し性の研究）は使えない．同じネコを2回以上測ることはできないからだ．それに，2回以上ネコを連れてきてもらえたとしても，測定と測定の間に体重は変化しているはずだ．

測定技術が不注意によって変動する余地を，できるかぎり小さくしなければならない．測定の手順をきっちりと定め，文書にしておく．この文書には，背中に沿って長さを測るときのネコの姿勢や，両端（頭のてっぺんと尾の付け根）の明確な決め方が含まれていなければならない．体重は電子秤で測り，電子秤は定期的に較正する．より大きな誤差が予想されるのは，体重より長さの測定である．したがって，初めに長さを測り，次に体重を測り，最後にもう1回長さを測るといい．そうすれば，測定がより難しい変数については，ネコ1匹につき2つの測定値を得ることができる．

さらに，第三者があなたに知らせずにいくつかの測定をくり返すよう，手配しておくといいだろう．つまり，問11.1の解答例で述べたのと同じようなやり方をする．

最後に，時間とともに観察者が漂流する心配があるならば，異なる処理群のネコの間で測定の順序を可能ならランダム化すべきである．

【問11.5】意図せずして観察者という交絡変数を持ち込むことになる．2つの処理群の間に違いが見つかっても，それが処理の違いによるものなのか，それともその一部またはすべてが，データを記録した2人の観察者の違いによるものなのかわからない．

【問 11.6】まず，互いに密接なつながりを持ったことのない数人の精神科医が，別々に，各被験者を診断する必要がある．また，ジェンダーの問題について強い意見を表明したことのある精神科医は，できれば避けたほうがいいだろう．そして，もし観察者バイアスの可能性を完全に取り除くことができないならば，完璧なデザインをするのが不可能な他のすべての場合と同じく，それが結果や結論にどんな影響を及ぼすかを明確にしておくべきである．

【問 11.7】まず，被験者に面接をする必要があるかどうかを考える．面接をせず，文書で質問に答えてもらうだけでも，観察者効果のリスクなしに，同じくらい有効なデータがとれるかもしれない．

面接者は，被験者から「この人は自分に個人的に興味を持っている」と思われないような人でなければならない．たとえば，被験者がおそらくこれまでに会ったことはなく，今後も会いそうにない人でなければならない．

面接で特定の答を（無意識に）被験者に促さないよう，面接者を注意深く訓練しよう．また，被験者に観察者効果が起こりにくくなるように，事前準備（たとえば回答の匿名性を強調するなど）をデザインしよう．

【問 11.8】著者たちにはわからない！　しかし，もしあなたの実験が，このような方法でデータをとるプロセスを含んでいるなら，答を知らなければならない．予備研究をして，この方法で 30 分間データをとってみよう．最後の 5 分間は，最初の 5 分で使ったのと同じスライドを使う．この 2 つで花粉の数が一致しているならば，30 分程度の時間では疲労は問題にならないと言えるだろう．ただ，予備研究をしなければ，このことはわからないし，疲労はすぐにも始まるのではないかという悪魔の代弁者に反論することもできない．

実験デザインのフローチャート

以下の数ページにはいくつかフローチャートが示されている．これらは，実験デザインに含まれる異なるステージを，読者が1つずつステップを踏んで進んでいけるように作成したものだ．実験を計画するたびに使うチェックリストのようなものだと思ってもらえればいい．これを見ながら，本書で学んだ重要な問題をすべて考慮したかどうかを確かめてほしい．これらの問題をきちんと考えたかどうかで，実験が成功して価値のある結果を生み出せるか，それともつまらない結果しか得られないかが決まってくる．次のように考えるといい．実験を注意深くデザインするのに必要な時間は，実際に結果を得るために費やす時間に比べれば，ほんのわずかなものにすぎない．それを少し増やすだけで，ずっと長い時間を過ごす実験室や野外で，はるかに自信をもっていられるだろう，と．面倒だと思うかもしれないが，信じてもらって大丈夫だ，デザインに費やす時間は，費やすに値する時間である．成功を祈る．

図の中で，各ステップに書かれた番号は，それに関連する節や小節の番号を表している．

(i) 予備観察

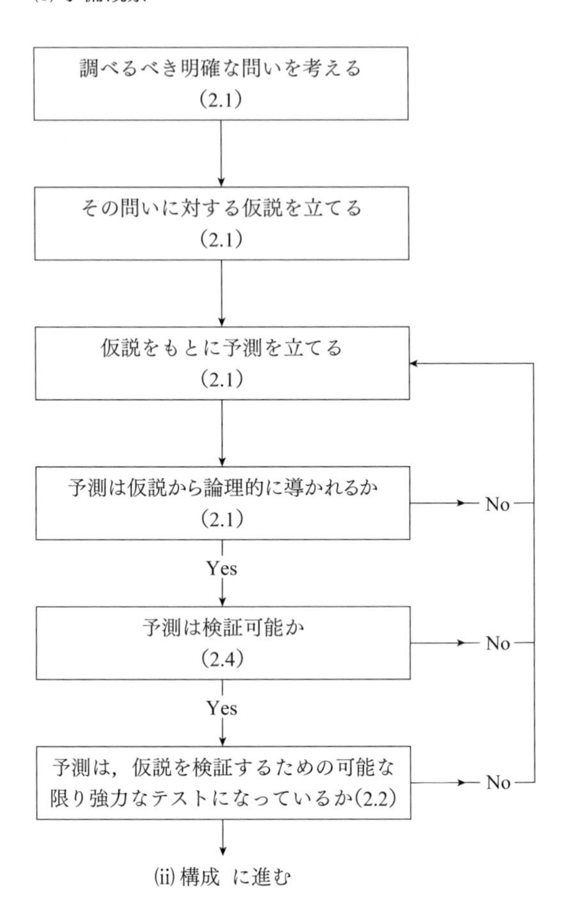
調べるべき明確な問いを考える
(2.1)
その問いに対する仮説を立てる
(2.1)
仮説をもとに予測を立てる
(2.1)
予測は仮説から論理的に導かれるか
(2.1)
No
Yes
予測は検証可能か
(2.4)
No
Yes
予測は，仮説を検証するための可能な限り強力なテストになっているか(2.2)
No
(ii) 構成 に進む

(ii) 構成

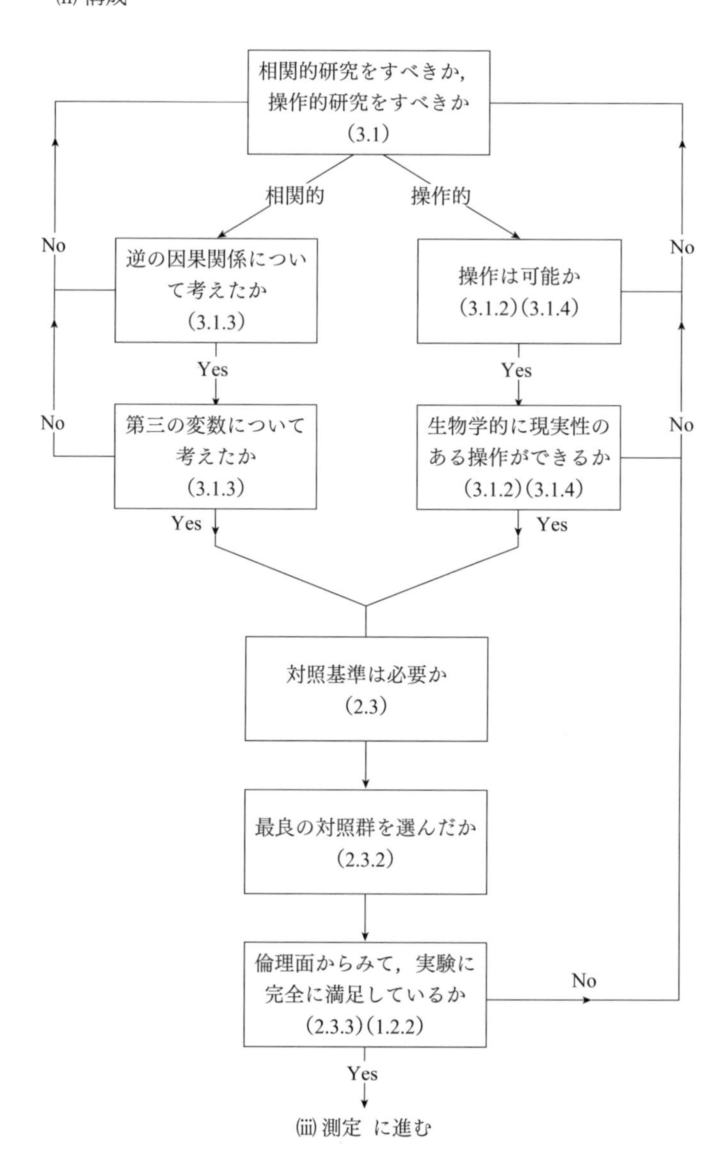

(iii) 測定 に進む

(iii) 測定

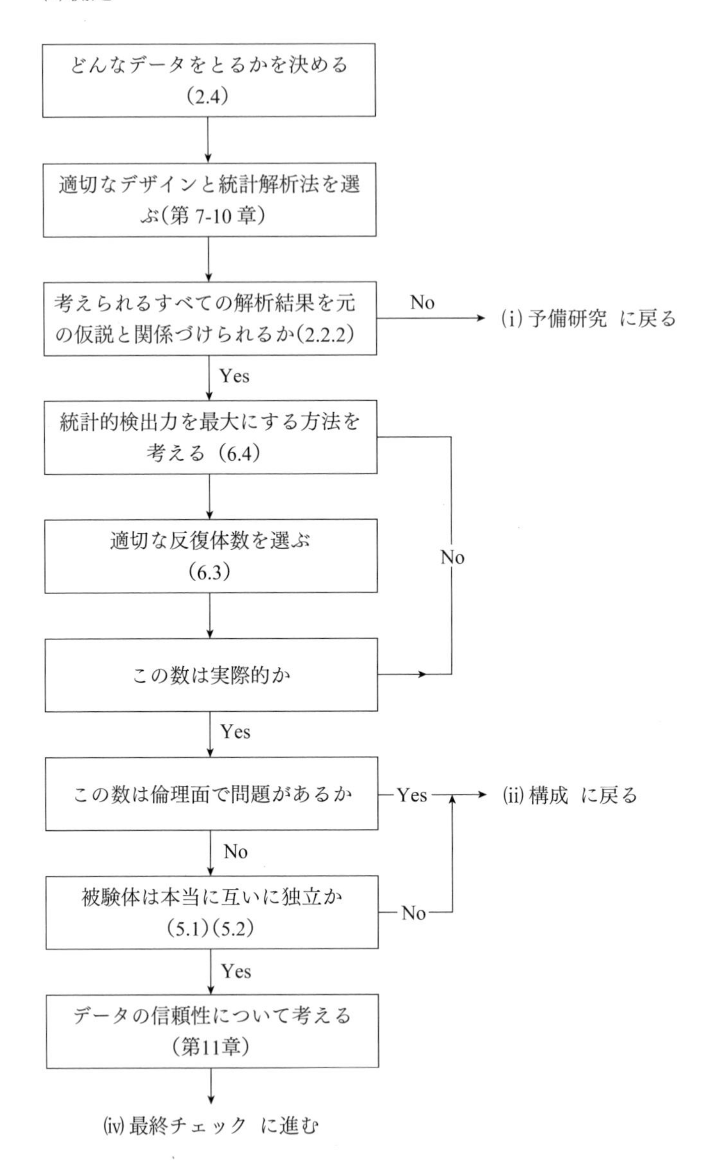

どんなデータをとるかを決める（2.4）
適切なデザインと統計解析法を選ぶ（第 7-10 章）
考えられるすべての解析結果を元の仮説と関係づけられるか（2.2.2）
No
(i) 予備研究 に戻る
Yes
統計的検出力を最大にする方法を考える（6.4）
適切な反復体数を選ぶ（6.3）
No
この数は実際的か
Yes
この数は倫理面で問題があるか
Yes
(ii) 構成 に戻る
No
被験体は本当に互いに独立か（5.1）（5.2）
No
Yes
データの信頼性について考える（第11章）
(iv) 最終チェック に進む

(iv) 最終チェック

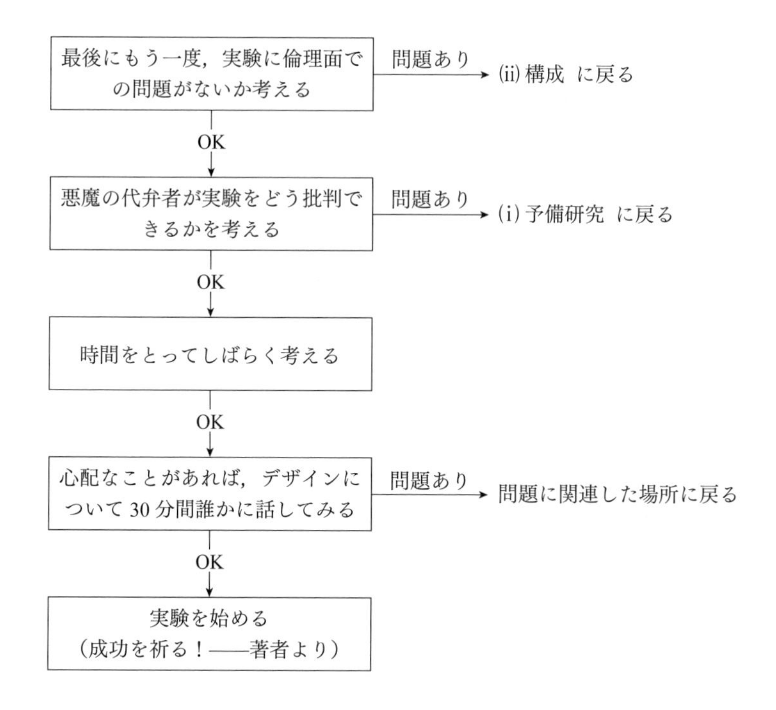
最後にもう一度，実験に倫理面での問題がないか考える
問題あり
(ii) 構成 に戻る
OK
悪魔の代弁者が実験をどう批判できるかを考える
問題あり
(i) 予備研究 に戻る
OK
時間をとってしばらく考える
OK
心配なことがあれば，デザインについて30分間誰かに話してみる
問題あり
問題に関連した場所に戻る
OK
実験を始める
（成功を祈る！——著者より）

参考文献

デザイン一般に関する他の本

Principles of Experimental Design for the Life Sciences, Murray R. Selwyn, 1996 CRC Press, 0849394619
とてもわかりやすく書かれている．数学的能力もあまり必要としない．臨床試験や人を対象とする医学一般に興味のある人に特に勧める．

Experimental Design and Analysis in Animal Sciences, T. R. Morris, 1999 CAPI Publishing, 0851993494
本書に続く，第一歩にふさわしい本．アンバランス型デザインなど，本書で扱わなかった内容を取り上げている．数学的な負担はほとんどない．タイトルからわかるように，農学関連分野の学生に良い本である．

Practical Statistics and Experimental Design for Plant and Crop Science, Alan G. Clewer and David Scarisbrick, 2001, John Wiley & Sons Ltd, 047899097
読者が作物学者であろうとなかろうと，強く推薦したい本．非常に優れた統計入門書であり，これを読むと統計学と実験デザインのつながりがよくわかる．前の 2 冊よりいくらか多くの数学的能力を必要とするが，わかりやすさと興味を引く書き方のお手本のような本である．多くの科学者にとって，実験デザインと統計解析はこの 1 冊で足りるだろう．

Introduction to the Design and Analysis of Experiments, Geoffrey M. Clarke and Robert E. Kempson, 1997, Arnold, 0340645555
前書（Clewer & Scarisbrick）に比べて，生命科学のより広範囲の分野から例をとっている．かなりの数学的能力を必要とする．それ以外の点では，前書と似ている．

Experimental Designs, William G. Cochran and Gertrude M. Cox, 1957（2nd ed.）, John Wiley & Sons Ltd, 0471545678
古いからといって気にしないように．これは古典的な教科書である．実験デザインに恋をし，専門家になりたいと思い，数学が怖くないなら，この本である．自分で良い実験をデザインできればよく，他人に御託を並べる気がないなら，これまでに挙げた本のほうが良いだろう．

検出力分析とサンプルサイズ

Statistical Power Analysis for the Behavioural Sciences, Jacob Cohen 1988 (2nd ed.), Lawrence Erlbaum Associates, 0805802835
少し古いが，敬遠しないように．これは最も信頼のおける教科書である．唯一の欠点は高価なことで，以下に挙げる2冊のおよそ4倍もする．

Design Sensitivity: Statistical Power for Experimental Research, Mark W. Lipsey, 1990, Sage Publications Inc (USA), 0803930631
社会学者に向けて書かれているが，とてもわかりやすく，前書（Cohen）とよく似ている．前書を買う決心がつかなければ，この本を読むのが一番良いだろう．これで満足すればそれで良いし，結局Cohenを買うにしても，この本を読んでおけば少しは手ごわさが減るだろう．

Statistical Power Analysis, Kevin R. Murphy, Brett Myors, and Allen Wolach, 2014, Routledge, 1848725884
推薦している3冊のうちで，最もとっつきやすい本．この本をここに載せた理由は2つある．ひとつはとてもわかりやすく書かれていること．もうひとつは，他の2冊を使いこなすには数式を扱う能力がいくらか必要だが，この本は，数学に自信のない人でもある程度利用できるように書かれていることだ．この本は，1日もあれば最初から最後まで読むことができる．だからといって，内容が貧弱なわけではない．一部の読者にとっては，必要な検出力分析をするにはこの本があれば十分だろう．

非常に大規模な生態学の実験では（たとえば，湖や川のシステム全体を操作しなければならないような場合），反復ができないかもしれない．しかし，こういう実験では反復は必要ないと主張する前に，注意深く考えることが必要だ．そのために，以下を読むことを勧める．
Oksanen, L. (2001) Logic of experiments in ecology: is pseudoreplication a pseudoissue? *Oikos* 94, 27–38.

検出力を計算してくれるコンピューター・ソフトはたくさんある（多くは，インターネットで無料で手に入る）．お気に入りの検索エンジンで，“検出力　ソフト”あるいは“検出力計算”などと入力すればいい．昔から人気のあるG*Powerの最新版は，http://www.psycho.uni-duesseldorf.de/abteilungen/aap/gpower3/ で，無料で手に入る．

アンバランス型デザインを使う際の問題についてさらに知りたい人は，以下を読むといい．
Ruxton, G. D. (1998) Experimental design: minimizing suffering may not always mean minimizing number of subjects. *Animal Behaviour* 56, 511–12.

ランダム化

幅広い読者に向けて，偽反復の概念を紹介したのは，次の論文である．
Hurlbert, S. H.（1984）Pseudoreplication and the design of ecological field experiments. *Ecological Monographs* 54, 187–211.

この論文には，偽反復がとてもわかりやすく説明されているだけでなく，デザイン一般についての考えもいろいろ述べられていて，読み物としておもしろい．有名な統計学者の人生についての歴史的洞察もなかなか興味深い．強く推薦する．科学論文に 2000 回以上引用されていることも推薦理由の一部である！

種間比較を効果的におこなうためのテクニックについてさらに知りたい人には，以下の論文が直観的な手引きとなるだろう．Harvey, P. H. and Purvis, A.（1991）Comparative methods for explaining adaptations. *Nature* 351, 619–24

この論文がおもしろく感じられたら，以下に挙げる本を 1 冊読むといい．

The Phylogenetic Handbook Second Edition : A Practical Approach to Phylogenetic Analysis and Hypothesis Testing, Edited by Phillippe Lemey, 2009, Cambridge University Press, 0521730716

Modern Phylogenetic Comparative Methods and Their Application in Evolutionary Biology : Concepts and Practice, Edited by Laslo Zsolt Garamszegi, 2014, Springer, 3662435497

初めて読む統計の本

Choosing and Using Statistics, Calvin Dytham, 2010（3rd ed.）, Wiley Blackwell, 1405198397
この本を好きな人はみな，この本がものすごく好きである．この本の大きな強みは，あなたのデータにどの統計検定法を使えばいいか，そして実際にさまざまな統計ソフトを使って，その検定をどのようにおこなうかを，手っとり早く教えてくれる点だ．これは統計法の使い方についての本であって，統計的なものの考え方についての本ではない．

Practical Statistics for Field Biology, Jim Fowler, Lou Cohen, and Phil Jarvis, 1998, John Wiley & Sons Ltd, 0471982962
前書（Dytham）とは正反対の本である．特定の統計ソフトに関する細かな記述はなく，さまざまな統計法の背後にある論理について多く書かれている．しかし，これが数学頭（あたま）向きの難解な本だとは思ってほしくない．いたって常識的なアドバイスが満載で，数学よりも言葉を使った論理で話を進めている．目を開かれるような興味深い例がたくさん載っている．

Practical Statistics for Experimental Biologists, Alastair C. Wardlaw, 2000, John Wiley & Sons Ltd, 0471988227

前書（Fowler et al.）と非常によく似ている．主な違いは，特定のコンピューター・ソフト（Minitab）のために作られた例を多く挙げていることと，野外調査よりも室内実験の例が多いことである．

Biomeasurement, Dawn Hawkins, 2014（3rd ed.）, Oxford University Press, 0199650446
上の 2 冊と非常に似た領域をカバーし，SPSS を使って実際に統計検定をするための実践的なアドバイスをあたえている．おそらく，すべての本の中で，統計学に特に不安のある学生に対して，最も思いやりのある本．だからといって，扱う素材のレベルが低いわけではない．実際，この本の特別な強みは，学術論文から引いた具体例をいくつも使っていることだ．さらなる強みは，非常に充実したウェブサイトである．

Asking Questions in Biology, Chris Barnard, Francis Gilbert, and Peter McGregor, 2011（4th ed.）, Benjamin Cummings, 0273734687
これは，初等統計学の教科書の内容をはるかに超える本である．適切な問いを問うことから始まって，その問いをよくデザインされた実験にし，実験で得られたデータを解析し，最後に研究結果を発表するまで，科学研究でたどるすべてのプロセスを学生に見せようと努めている．256 ページという分量では，上の側面の一つ一つをもれなく説明することは不可能だ．しかし，自分の実験をまさにこれから始めようという人々にとっては，実践的なアドバイスと知恵がいっぱいの本である．

Modern Statistics for the Life Sciences, Alan Grafen and Rosie Hails, 2002, Oxford University Press, 0199252319
タイトルの modern という言葉が表しているように，この本は，伝統的な初等統計学の教科書とはいささか異なるアプローチをとっている．つまり，いくつもの統計検定法をバラバラな道具として紹介する代わりに，統計モデルの構築と一般線形モデルという強力で柔軟な新しいテクニックを基礎とした，包括的な枠組みを提供している．おそらくいつか統計学は，ほとんどの講座でこの方法で教えられるようになるのだろう．だが，今のところはまだ伝統的な方法が幅を利かせている．この本は，統計検定法の根底にある論理について直観的な理解を得たい学生に特に向いている．

より高度な（そして高価な）一般統計学の本

Biometry, Robert R. Sokal and F. James Rohlf, 2012（4th ed.）, W. H. Freeman, 0716786044
この本が扱っている問題に関しては，この本の右に出るものはない．手抜きもしていないし，難しい問題を避けてもいない．この本が勧めているのは，とにかく細心の注意を払って解析するように，ということだけだ．仮にあなたの実験にあまり標準的ではない問題があって，手元の初歩的な教科書がそれを扱っていない場合でも，この本を開けばきっと見つかるだろう．すらすら読める本ではないが，時間をかければ，やさしい本では探すのに苦労するよう

な解決法を教えてもらえるはずだ．

Biostatistical Analysis, J. H. Zar, 2013（5th ed.）, Prentice Hall, 1292024046
前書（Sokal and Rohlf）は少しとっつきにくいと感じる人もいる．それなら本書を読むべきだ．初歩的な本に比べると，数学的要素はずっと多い．しかしこの本はそれをゆっくり時間をかけて説明してくれる．強く推薦する．

Experimental Design and Data Analysis for Biologists, Gerry P. Auinn and Michael J. Keough, 2002, Cambridge University Press, 0521009766
前の 2 冊ほど網羅的ではないが，その分，多変量統計学を詳しく扱うなど，前の 2 冊が取り上げなかった領域をカバーしている．実験デザインの扱いもより詳しい．大きなまとまりを一度に読み通すことを促すような，哲学的な調子で書かれている．しかし，公式を手早く調べるのにとても便利な本でもある．前書（Zar）に匹敵する良書と言える．両方を眺めて，自分に合うほうを選ぶといいだろう．

Designing Experiments and Analyzing Data : A Model Comparison Approach, S. E. Maxwell and H. D. Delaney, 2003（2nd ed.）, Taylor and Francis, 0805837186
実験デザインと統計モデルのつながりを本当に理解したい人にとっては，打ってつけの本である．統計モデルの当てはめがどのように働くか，わかりやすく説明しているので，読者は自分で理解した上で解析ができるようになる．

Experiments in Ecology, A. J. Underwood, 1996, Cambridge University Press, 0521556961
デザインと統計法をブレンドした本．普通の書き方とは少し違うので，ある人にとっては完璧だが，そう思わない人もいるだろう．ANOVA をよく使う人にとくにお勧めする．サブサンプリングの説明もすぐれている．

被験体内デザイン

上に紹介したより高度な統計学の教科書はどれも被験体内デザインを扱っている．しかし，もしこのテーマにどっぷり浸かりたいなら，次に挙げる信頼のおける教科書を読むといい．

Design and Analysis of Cross-over Trials, B. Jones and M. G. Kenward, 2014（3rd ed.）, Chapman & Hall/CRC, 1439861420

同様にすばらしいのは，
Cross-over Trials in Clinical Research, S. Senn, 2002（2nd ed.）, Wiley, 0471496537

生態学，動物行動学

これらの分野では，データをとるのがとても難しい．さいわい，助けとなるすばらしい本が何冊かある．

Measuring Behaviour : An Introductory Guide, Paul Martin and Patrick Bateson, 2007 (3rd ed.), Cambridge University Press, 0521535632
多くの教授はよく使い込まれたこの本の旧版を本棚に置いているはずだ．学部生のときに買って，今でも参考にしている本．簡潔，明瞭で，有益なアドバイスが満載だ．どんなに強く推薦してもしすぎることはない．

Observing Animal Behaviour, Marian Stamp Dawkins, 2007, Oxford University Press, 019856936X
薄い本だが，常識的で実践的なアドバイスがたくさん載っている．科学者として効果的に考えることを助けてくれる，最も思慮に富んだ本のひとつ．

Ecological Census Techniques, William J. Sutherland, 2006 (2nd ed.), Cambridge University Press, 0521606365
とにかく，野生動物の個体群を調査するつもりなら，これが最初に読むべき本である．

Ecological Methodology, Charles J. Krebs, 1999 (2nd ed.), Addison-Wesley, 0321021738
生態学におけるデータ採取のデザインと解析を扱った，かなり分厚い，良い意味で百科事典的な本．文章も書き方もすばらしい．ユーモアと知恵に満ちている．

Handbook of Ethological Methods, Philip N. Lehmer, 1996 (2nd ed.), Cambridge University Press, 0521637503
素材は多くの点で前書（Krebs）に似ている．前書に比べ，さまざまな機器の仕組みや，野外作業への良いアドバイスに重点を置いている．しかし，データをとり終わったあとの解析は前書ほど詳しくない．

訳者あとがき

本書はオックスフォード大学出版局から2016年に出版された *Experimental Design for the Life Sciences* 第4版の翻訳です．原書は2003年に初版が出て，2006年に第2版，2011年に第3版，と版を重ねてきたロングセラーです．生命科学の研究をこれから始める（またはすでに始めた）学生に向けて，研究の最も基本的な心得を，具体的に，わかりやすく説明しています．

本書で言う生命科学とは，文字通り生命を研究対象とする自然科学です。そこには生物学，植物学，動物学，生態学から，農学，畜産学，薬学，医学，疫学，分子生物学，バイオテクノロジーまで，実にさまざまな分野が含まれます。そして，これらの分野に共通する，研究の最も基本的な心得とは，そもそもどうやって問いを見つけるか，から始まって，その問いをどのように研究に結びつけるか，実行すると決めた研究で調べたいことを調べるために，何をどのように計画すべきか，そのときどういうことに注意すべきか，といった事柄に関する，実践的な原理や方法を指しています．

「実践的」と聞くと，お決まりの手順を型通りに並べたマニュアル本を思い浮かべる人がいるかもしれませんが，これはそういう本ではありません．本書は読者にじっくり考えることを要求します．「実践的」というのは，統計や哲学的な背景を説明する場合も，細かい計算や理論や思弁に深入りすることなく，あくまでも実験者の立場に立っている，という意味です．本書は，研究に向けてスタートしたときから，どの段階で何について考えることが重要なのか，何に時間をかけなければならないのか，またそれはなぜか，といったことを，実験者としての視点で，具体例を使って詳しく説明してくれます．

その説明の中で，研究材料の生き物に対する倫理的配慮の大切さを強調していることも，本書の大きな特徴です。倫理的配慮は，一般性のある研究結果を得るためにも必要なことですが，研究が野外より実験室，生体内より生体外でおこなわれ，実験の環境が自然から切り離されていくほど忘れがちな，したがって生命科学者がとくに心に留めておかなければならない事柄です．

著者のグレアム・D・ラクストン氏とニック・コルグレイヴ氏は，ともに進化と生態学に関心のある生物学者です．ラクストン氏はセント・アンドリューズ大学の生物学部教授．コルグレイヴ氏はエディンバラ大学の生物科学部上級講師で，15 年前から学生に実験デザインと統計を教えています．本書には，彼らが生命科学者として，また教育者としての経験から得た知識と知恵が惜しみなく提供されています．

1960 年にノーベル医学生理学賞を受賞したピーター・メダワーは，『若き科学者へ』（みすず書房）の序論の中で，あなたが科学者であるかどうかは，肩書きではなく，何をするかによって決まる，と言っています．仮に，今，あなたは公共の水泳プールに雇われている従業員で，細菌やカビなどの繁殖を監視しているとしましょう．意欲的なあなたは，細菌学や菌類学を学ぶかもしれません．そうすれば，人間にとって快適なプールの温度と湿度が，微生物の繁殖にも適していることを知るでしょう．しかし，細菌やカビ類の繁殖を抑えるために塩素を増やせば，人体に害が及びます．そこで，あなたは次のような問題を考え始めます．経営者に莫大な費用を出させたり，客足を遠のかせたりすることなく，細菌やカビ類を抑える最善の方法は何だろう，と．この問題を解くために，あなたは小規模な実験をして，いろいろな浄化法の効果を比べてみます．微生物の濃度とプール入場者の人数の関係を記録し，その日の予想入場者数に応じて塩素の濃度を調整してみます．こういうことをするなら，あなたは単なる従業員としてではなく，一個の科学者として行動しているのだ，とメダワーは言っています．

ある意味ではその通りです．あなたはお決まりの科学的手順を機械的に遂行するのではなく，自発的に学んで頭と心を働かせ，あなたならではの問いを見つけました．これは科学研究の大事な要件を満たしています．ただ，その問いを解くために，実験をどのようにデザインしたかが問題です．いろいろな浄化法の効果をどのように比較し，微生物の濃度をどのように測定したでしょうか．たとえ最新の機器を使っても，それらの方法が適切でなければ，あなたの実験は科学的とは見なされず，結果を信用してもらうことはできません．実験が科学的であるためには，いくつか満たすべき条件があり，考慮すべき事柄があります．それらの条件や事柄は，科学者たちが長い年月をかけて練り上げてきたものです．中には，ともすれば見落としがちなものも少なくありません．本書を読めば，そうした要注意事項を単に知るだけではなく，いつもそれらに気をつけるようになるでしょう．

生命科学の研究は，自然界の複雑さに起因する特有の問題を抱えています．言い換えると，「ランダムなばらつき」と，それをもたらす「交絡因子」に対処しなければなりません．本書はこれらの概念を最初から導入し，研究の基本的心得を述べる中で，これらと密接な関係にある，データ点の独立性，反復，ランダムサンプリング，偽反復，ランダム化といった重要な概念を，さまざまな例を通して，噛んで含めるように説明しています．

そして，これらと合わせて，問いかけにきちんと答えてくれる実験をするために必要な概念（対照群，統計的検出力，相互作用など），すべての実験の基本型となる1因子完全ランダム化デザイン，より複雑なブロックデザインと被験体内デザイン，相互作用を調べることができる複因子デザイン，といった，事前に知っておくべき基本事項をきちんと押さえながら，良質なデータをとるための測定上の留意点まで，こまごまとアドバイスをあたえています．本書を熟読すれば，シンプルで骨太な研究をするための準備は整ったと言えるでしょう．

あなたの大学には，観察や実験に先立って，本書のような内容を教える授業はあるでしょうか．もしなければ，ぜひ本書を読んでください．わざわざ本を読まなくても，指導教授の実験を見よう見まねでやるからいい，あるいは，実験なら中学，高校のときからさんざんやってきたから，今さら学ぶことはない，などと思うのは間違いです．また，仮に授業で教わっていても，本書を副読本として読むメリットはとても大きいはずです．これまでにいくつか実験をデザインしてきたある博士課程の学生も「知ってはいても，きちんとわかっていなかったことに注意を向けさせてくれる」と言っています（Amazon.co.uk の読者評）．いずれにせよ，急がば回れ．本書を読んで，そこに述べられている考え方を実践し，ぜひとも著者たちの言うような「より良い科学者」になってください．

本書の翻訳は2人でおこないました．麻生がまず粗訳をし，それを土台に南條が訳文を作り，麻生がそれをチェックして，2人で協議して直すべきところを直しました．原著の不明な箇所についての質問に，誠実に答えてくださった著者たちに感謝します．本書の出版を後押ししてくださった生物物理学者の郷通子先生，チェックと修正が済んだ原稿を読み，的確なアドバイスをくださった長浜バイオ大学の塩生真史先生，編集でお世話になった名古屋大学出版会の神舘健司氏に感謝します．

私たちが共同で訳した本はこれで2冊目です．1冊目の『実データで学ぶ，使うための統計入門』（日本評論社）も，眼目は実験とサンプリングのデザインにありました．しかし，残念ながら数多くの統計本に埋もれ，生命科学の実験デザインを基礎から学びたい読者の手元には必ずしも届きませんでした．これに対して本書は，一冊が丸ごと実験デザインにあてられているので，そのような読者にきっと届くと信じています．どうぞこの本を糧とし，生き物に対する倫理的配慮と健全な批判精神を身につけて，思慮深い実験をデザインしてください．

訳者　麻生一枝・南條郁子

索　引

＊印は脚注に登場するページを示す.

サ　行

タ　行

ナ　行

ハ　行

マ・ヤ行

ラ・ワ行

《訳者紹介》

麻生一枝（あそうかずえ）

お茶の水女子大学理学部数学科卒業，オレゴン州立大学動物学科卒業，
プエルトリコ大学海洋生物学修士，ハワイ大学動物学Ph. D
オハイオ州立大学ポスドク研究員，長浜バイオ大学准教授などを経て
現　在　サイエンスライター
著　書　『科学でわかる男と女になるしくみ』（2011年，ソフトバンク・クリエイティブ），『科学者をまどわす魔法の数字，インパクト・ファクターの正体』（2021年，日本評論社）他
訳　書　『実データで学ぶ，使うための統計入門』（共訳，2008年，日本評論社）

南條郁子（なんじょういくこ）

お茶の水女子大学理学部数学科卒業
現　在　翻訳者
訳　書　『実データで学ぶ，使うための統計入門』（共訳，2008年，日本評論社），『ふたりの微積分』（2012年，岩波書店），『「蓋然性」の探求』（2018年，みすず書房，日本翻訳文化賞受賞），『予測不可能性，あるいは計算の魔』（2018年，みすず書房）他

生命科学の実験デザイン［第４版］

2019 年 6 月 15 日　初版第 1 刷発行
2021 年 6 月 1 日　初版第 2 刷発行

定価はカバーに
表示しています

訳　者　麻　生　一　枝
　　　　南　條　郁　子

発行者　西　澤　泰　彦

発行所　一般財団法人　名古屋大学出版会
〒 464-0814　名古屋市千種区不老町 1 名古屋大学構内
電話(052)781-5027/FAX(052)781-0697

印刷・製本 ㈱太洋社　ISBN978-4-8158-0950-8
乱丁・落丁はお取替えいたします。